6

Enterprise IT

기업정보시스템

핵심 정보통신기술 총서

삼성SDS 기술사회 지음

전면 3 개정판

한울
아카데미

이 도서의 국립중앙도서관 출판예정도서목록(CIP)은 서지정보유통지원시스템 홈페이지(http://seoji.nl.go.kr)
와 국가자료공동목록시스템(http://www.nl.go.kr/kolisnet)에서 이용하실 수 있습니다.
(CIP제어번호: CIP2019010208)

1999년 처음 출간한 이래 '핵심 정보통신기술 총서'는 이론과 실무를 겸비한 전문 서적으로, 기술사가 되고자 하는 수험생은 물론이고 정보기술에 대한 이해를 높이려는 일반인들에게 폭넓은 사랑을 받아왔습니다. 이처럼 '핵심 정보통신기술 총서'가 기술 전문 서적으로는 보기 드물게 장수할 수 있었던 것은 국내 최고의 기술력을 보유한 삼성SDS 기술사회 회원 150여 명의 열정과 정성이 독자들의 마음을 움직였기 때문이라 생각합니다. 즉, 단순히 이론을 나열하는 데 그치지 않고, 살아 있는 현장의 경험을 담으면서도 급변하는 정보기술과 주변 환경에 맞추어 늘 새로움을 추구한 노력의 결과라 할 수 있습니다.

이번 개정판에서는 이전 판의 7권 구성에, 4차 산업혁명을 선도하는 지능화 기술의 기본 개념인 '알고리즘과 통계'(제8권)를 추가했습니다. 또한 분야별로 다루는 내용을 재구성했습니다. 컴퓨터 구조 분야는 컴퓨터의 구조와 사용자를 위한 운영체제 위주로 재정비했으며, 컴퓨터 구조를 다루는 데 기본인 디지털 논리회로 부분을 추가하여 컴퓨터 구조에 대한 이해를 높이고자 했습니다. 정보통신 분야는 인터넷통신, 유선통신, 무선통신, 멀티미디어통신, 통신 응용 서비스로 재분류하고 기본 지식과 기술을 유사한 영역으로 함께 설명하여 정보통신 분야를 이해하는 데 도움이 되도록 구성했습니다. 데이터베이스 분야는 이전 판의 데이터베이스 개념, 데이터 모델링 등에 데이터베이스 품질 영역을 추가했으며 실무 사례 위주로 재정비했습니다. ICT 융합 기술 분야는 최근 산업 분야의 디지털 트랜스포메이션 패러다임 변화에 따라 사업의 응용 범위가 워낙 방대하여 모든 내용을 포함하는 데 한계가 있습니다. 따라서 이를 효과적으로 그룹핑하기 위해 융합 산업 분야의 패러다임 변화와 빅데이터, 클라우드 컴퓨팅, 모빌리티, 사용자 경험UX, ICT 융합 서비스 등으로 분류했습니다. 기업정보시스템 분야는 엔터프라이즈급 기업에 적용되는 최신 IT를 더욱 깊이 있게 설명하고자 했고, 실제 프로젝트가 활발히 진행되고 있는 주제를 중심으로 내용을 재편했습니다. 아울러 알고리즘통계 분야는 빅데이터 분석과 인공지능의 핵심 개념인 알고리즘에 대한 개념과 그 응용 분야에 대한 기초 이론부터 실무 내용까지 포함했습니다.

국내 최고의 ICT 기업인 삼성SDS에 걸맞게 '핵심 정보통신기술 총서'를 기술 분야의 명품으로 만들고자 삼성SDS 기술사회의 집필진은 최선을 다했습니다. 현장에서 축적한 각자의 경험과 지식을 최대한 활용했으며, 객관성을 확보하기 위해 관련 서적과 각종 인터넷 사이트를 하나하나 참조하면서 검증했습니다. 아직 부족한 내용이 있을 수 있고 이 때문에 또 다른 개선이 필요할지 모르지만, 이 또한 완벽함을 향해 전진하는 과정이라 생각하며 부족한 부분에 대한 강호제현의 지적을 겸허한 마음으로 받아들이겠습니다. 모쪼록 독자 여러분의 따뜻한 관심과 아낌없는 성원을 부탁드립니다.

현장 업무로 바쁜 와중에도 개정판 출간을 위해 최선을 다해준 삼성SDS 기술사회 집필진께 감사드리며, 번거로울 수도 있는 개정 작업을 마다하지 않고 지금껏 지속적으로 출판을 맡아주신 한울엠플러스(주)에도 감사를 드립니다. 또한 이 자리를 빌려 총서 출간에 많은 관심과 격려를 보내주신 모든 분과 특별히 삼성SDS 기술사회를 언제나 아낌없이 지원해주시는 홍원표 대표님께 진심으로 감사드립니다.

2019년 3월
삼성SDS주식회사 기술사회
회장 이영길

책을 내는 것은 무척 어려운 일입니다. 더욱이 복잡하고 전문적인 기술에 관해 이해하기 쉽게 저술하려면 고도의 전문성과 인내가 필요합니다. 치열한 산업 현장에서 업무를 수행하는 와중에 이렇게 책을 통해 전문지식을 공유하고자 한 필자들의 노력에 박수를 보내며, 1999년 첫 출간 이후 이번 전면3개정판에 이르기까지 끊임없이 개정을 이어온 꾸준함에 경의를 표합니다.

그동안 정보통신기술ICT은 프로세스 효율화와 시스템화를 통해 기업과 공공기관의 업무 혁신을 이끌어왔습니다. 최근에는 클라우드, 사물인터넷, 인공지능, 블록체인 등의 와해성 기술disruptive technology이 접목되면서 개인의 생활 방식은 물론이고 기업과 공공기관의 운영 방식에도 큰 변화를 가져오고 있습니다. 이런 시점에 컴퓨터의 구조에서부터 디지털 트랜스포메이션에 이르기까지 다양한 ICT 기술의 기본 개념과 적용 사례를 다룬 '핵심 정보통신기술 총서'는 좋은 길잡이가 될 것입니다.

삼성SDS의 사내 기술사들로 이뤄진 필자들과는 프로젝트나 연구개발 사이트에서 자주 만납니다. 그때마다 새로운 기술 변화는 물론이고 그 기술을 일선 현장에 적용하는 방안에 대해 깊이 토론합니다. 이 책에는 그런 필자들의 고민과 경험, 노하우가 배어 있어, 같은 업에 종사하는 분들과 세상의 변화를 알고자 하는 분들에게 도움이 될 것으로 생각합니다.

"세상에서 변하지 않는 단 한 가지는 모든 것은 변한다는 사실"이라고 합니다. 좋은 작품을 만들어 출간하는 필자들과 이 책을 읽는 모든 분에게 끊임없는 도전과 발전의 계기가 되기를 바랍니다. 감사합니다.

2019년 3월
삼성SDS주식회사
대표이사 홍원표

Contents

D
IT 전략

E
IT 거버넌스

H
재해복구

I

IT 기반 기업정보시스템 트렌드

Enterprise IT

A

기업정보시스템 개요

—

A-1. 엔터프라이즈 IT와 제4차 산업혁명

엔터프라이즈 IT와
제4차 산업혁명

━━━

기업에서의 IT는 기업운영의 보조 역할이 아닌 경영의 핵심도구로 자리 잡은 지 오래다. 오늘날 우리는 IT가 없는 업무환경을 상상할 수조차 없으며, 제4차 산업혁명 시대 IT는 인간보다 더 빠르고 정확한 분석과 판단을 가능하게 하는 인공지능, 사물인터넷과 빅데이터, 블록체인 등 진보된 기술들이 유기적으로 결합하여 기업에 새로운 가치를 제공할 수 있게 되었으며, 기업들은 새로운 변화의 기회를 맞이하고 있다.

1 엔터프라이즈 IT의 개념과 특징

엔터프라이즈 IT는 기업 또는 조직의 운영과 기능 향상을 위해 사용되는 IT 기술을 총칭한다. 기업에서는 여러 가지 종류의 자원을 활용하여 다수의 직원이 협업을 통해 문제를 해결하는데, 이를 위해 많은 IT 기술이 사용되고 있다. IT 기술을 통해 업무효율과 생산성 향상, 원가절감을 달성하거나 경영진의 기업경영전략 등 중요한 의사결정을 지원하는 역할을 수행하고 있으며, 그 IT 기술 자체가 기업의 제품/서비스가 되기도 한다.

기업환경에서 IT의 역할은 무엇일까? 기업에서 IT는 정보를 다루는 시스템이다. 그리고 기업에서 관리되어야 하는 정보는 기업에서 발생하는 모든 활동이 대상이 될 수 있으며, 제품, 서비스, 포트폴리오, 도구, 원자재, 인력, 자원, 설비, 자금, 재무, 내부 프로세스, 정책, 전략, 로드맵, 경영환경, 의사결정사항 등이 그것이다. 엔터프라이즈 IT는 기업에서 이런 정보들을 제때에 활용할 수 있도록 적절히 가공하여 제공하는 역할을 수행해야 한다.

의사결정을 위해 필요한 정보의 가시화Visibility와 이에 따른 적절한 판단을 실행하는 지능화Intelligence, 지연시간 없이 이를 처리할 수 있는 가속화Acceleration, 이렇게 세 가지로 요약할 수 있겠다.

1.1 **가시화**Visibility

눈에 보이지 않는 정보를 우리가 관리할 수 있는 형태로 변환시켜주는 역할은 모든 IT 과제의 핵심 논제이다. 관리하기 위해서는 관리대상에 대한 정보가 수집되어야 하고 그것을 정리해 시각화하여 제공되어야 한다. 전사의 자원을 관리하는 ERP Enterprise Resource Planning는 기업 내부에서 발생하는 사건들에 대한 정보들을 디지털화하고 이를 관리할 수 있는 형태로 제공한다. EP Enterprise Portal는 기업 내 업무를 잘 정리하여 가시화해준다.

가시화를 위해 가장 중요한 것은 어떻게 관리대상을 센싱하느냐이다. 기업의 업무프로세스를 분석하고, 생산현장에 사물인터넷 기술을 도입하여 설비/생산장비로부터의 정보를 수집하기 위한 노력과 투자를 한다. 이런 노력을 통해 얼마나 정확하고 신속하게 정보를 수집하느냐가 성공적인 엔터프라이즈 관리의 첫걸음이 된다.

1.2 **지능화**Intelligence

기업에서는 정보를 인지Awareness한 후에 이를 바탕으로 의사결정Decision을 수행하고, 이 판단 결과에 따라 이후 업무를 수행Action하게 된다. 기업의 경영 방향은 여기서의 의사결정들의 조합에 따라 결정된다고 할 수 있다. 대부분의 기업들이 업무 프로세스에 IT를 활용하여 업무를 자동화하고, 최근에는 인공지능 기술을 활용하여 고객 혹은 수율 분석 등 주요 경영 활동에 응용하고 있다.

1.3 **가속화**Acceleration

Time To Market
한 제품을 개발하고 만들어 시장에 내놓는 데까지 걸리는 시간을 가리킨다.

가속화는 기업의 업무수행 프로세스를 얼마나 신속히 수행하여 고객 서비스에 대한 처리시간Time To Market을 단축하느냐를 의미한다. 상품의 생명주기가 단축되고 시장의 수요가 점점 빨리 변하는 오늘날의 환경에서 이런 변화의 감지에서부터 제품의 출시·판매까지의 시간을 단축하는 것은 기업 경쟁력의 핵심이 된다. 이에 기업들은 IT 기술을 활용하여 이 시간을 단축하기 위해 노력해왔고, 엔터프라이즈 IT의 또 하나의 목표가 여기에 있다.

오늘날 엔터프라이즈 IT에서 가속화를 수행하는 핵심요소는 감지시간 Detection Time 과 대응시간 Response Time 의 두 가지 축으로 이루어진다. 시장에서의 기회와 위협을 빠르게 감지하고 이에 대한 빠른 대응체계를 갖추어야 하고, 생산현황과 자원현황을 빠르게 감지하여 이에 대한 생산계획 변화를 빠르게 결정해야 한다. 앞서 언급된 인지 Awareness, 의사결정 Decision, 수행 Action 의 사이클 타임을 최소화하는 접근을 통해 경쟁력을 극대화하는 것이다.

2 제4차 산업혁명의 기술

제4차 산업혁명은 인공 지능, 사물 인터넷, 빅데이터, 모바일 등 첨단 정보통신기술이 경제·사회 전반에 융합되어 혁신적인 변화가 나타나는 차세대 산업혁명을 말하며, 인공지능AI, 사물인터넷IoT, 클라우드 컴퓨팅, 빅데이터 등 첨단 기술이 기존 산업과 서비스에 융합되거나 3D 프린팅, 로봇공학, 생명공학, 나노기술 등 여러 분야의 신기술과 결합되어 실세계 모든 제품·서비스를 네트워크로 연결하고 사물을 지능화한다. 또한 제4차 산업혁명은 초연결hyperconnectivity과 초지능superintelligence을 특징으로 하며 넓은 범위scope에 빠른 속도velocity로 크게 영향impact을 미친다.

기업 IT 관점에서 제4차 산업혁명 기술의 활용성을 이해하고 준비하기 위한 노력이 필요하다. 관련 기술을 살펴보자.

세계경제포럼WEF은 제4차 산업혁명을 주도하는 혁신기술로 인공지능AI, 사물인터넷IoT, 3D 프린팅, 블록체인, 나노기술 등을 지목하며, 『제4차 산업혁명』의 저자 클라우스 슈밥Klaus Schwab은 주요 혁신기술들을 물리학 기술, 디지털 기술, 생물학 기술이라는 메가트랜드 관점에서 분류했다.

위의 기술들이 단독으로 사용되기보다 상호 유기적으로 융합되고 있는데, 예를 들어 3D 프린팅과 유전공학이 결합하여 생체조직 프린팅 같은 융복합 제품이 발명되고, 물리학·디지털·생물학 기술이 사이버 물리 시스템

분류	기술	설명
물리학 기술	무인운송수단	센서와 인공지능의 발달로 자율체계화된 모든 기계의 능력이 빠른 속도로 발전함에 따라 드론, 트럭, 항공기, 보트 등 다양한 무인운송수단 등장
	3D 프린팅	디지털설계도를 기반으로 유연한 소재로 3차원 물체를 적층하는 방식. 현재 자동차, 항공우주, 의료산업에서 주로 활용
	로봇공학	센서의 발달로 주변 환경에 대한 이해와 적응이 높아짐. 클라우드 서버를 통해 원격정보에 접근이 가능하고 다른 로봇들과 네트워크로 연결됨
	신소재	그래핀과 같은 최첨단 나노소재는 강철보다 200배 이상 강하고 머리카락의 100만 분의 1만큼 얇고 뛰어난 열과 전기 전도성을 가짐
디지털 기술	사물인터넷 (IoT)	상호연결된 기술과 다양한 플랫폼을 기반으로 사물의 정보를 수집, 분석, 지시가 가능해짐. 작은 저전력 센서들이 제조공정, 물류, 도시, 운송망, 에너지 분야까지 내장되어 활용
	블록체인 시스템	암호화되어 모두에게 공유되므로 특정사용자가 시스템을 통제할 수 없고 정보의 투명성과 신뢰가 필요한 각종 국가발급 증명서, 보험금 청구, 의료기록, 투표, 물류, 금융거래 등 영역에 활용
생물학 기술	유전학	과학기술 발달로 유전자 염기서열분석 비용과 시간이 단축
	합성생물학	DNA를 기록하여 유기체를 제작할 수 있어 심장병, 암 등 난치병 치료를 위한 의학 분야에 직접적인 영향을 줄 수 있음
	유전자 편집	인간의 성체세포 변형, 유전자 변형 동식물도 만들 수 있음

으로 연결되면서 새로운 부가가치를 창출할 것으로 전망하고 있다. 중요한 점은 제4차 산업혁명 시대에는 디지털 IT를 중심으로 기술 간의 융복합을 통해 새로운 가치창출이 가능한 서비스가 제공되어야 경쟁력을 얻을 수 있다.

산업혁명 단계	내용	사회/기술적 변화
제1차 산업혁명 (18세기)	증기기관 기반의 기계화 혁명	증기기관을 활용하여 영국의 섬유 공업이 거대 산업화
제2차 산업혁명 (19~20세기 초)	전기에너지 기반의 대량생산 혁명	공장에 전력이 보급되어 벨트 컨베이어를 사용한 대량생산 보급
제3차 산업혁명 (20세기 후반)	컴퓨터와 인터넷 기반의 지식정보 혁명	인터넷 스마트 혁명으로 미국 주도의 글로벌 IT기업 부상
제4차 산업혁명 (2015년~)	IoT·인공지능·사이버물리시스템(CPS) 기반의 만물 초지능 혁명	사람, 사물, 공간을 초연결·초지능화하여 산업구조, 사회시스템 혁신

3 제4차 산업혁명 시대의 엔터프라이즈 IT 발전 방향

제4차 산업혁명 시대 기업의 IT는 기본적인 역할을 더욱 공고히 하고 더 혁신적인 가치를 제공하기 위해 제4차 산업혁명의 혁신 기술들을 활용하여 제조 라인 지능화 및 생산성 향상, 블록체인 기반 계약정보관리로 투명성 강

화 및 신뢰향상, 맞춤형 데이터 분석을 통한 고객 가치 증가, 디지털 기술기
반 비즈니스 모델 강화 등 다양한 시도와 적극적 투자가 이루어지고 있다.
특히 사물인터넷, 클라우드, 네트워크 인프라 기술의 발전에 따라 가능하게
된 빅데이터의 활용은 기업의 가치를 변화시키고 성장시킬 핵심 자원이 되
고 있다.

국가	주요 내용
미국	- 첨단제조파트너십(AMP), 첨단제조업 위한 국가 전략수립 - 첨단 제조 혁신을 통해 국가 경쟁력 강화 및 일자리 창출, 경제 활성화
독일	- 제조업의 주도권을 이어가기 위해 Industry 4.0 발표 - ICT와 제조업의 융합, 국가 간 표준화를 통한 스마트 팩토리 등 추진
한국	- 제조업 패러다임 변화에 맞춰 제조업 3.0 발표 - IT융합, 스마트 생산방식 확산, 제조업 소프트 파워 강화 등
중국	- 혁신형 고부가 산업으로의 재편을 위해 제조업 2025 발표 - 30년 후 제조업 선도국가 지위 확립 목표
일본	- 일본 산업 부흥 전략, 산업 경쟁력 강화법 - 비교우위산업 발굴, 신시장 창출, 인재육성 및 확보체계 개혁, 지역혁신

국가 차원에서도 대내외 산업 환경 변화에 대응하기 위해 주요국들은 산
업경쟁력 강화 전략을 발표하면서 제조업 혁신과 제4차 산업혁명을 이끌 차
세대 미래 산업 발굴에 뛰어들고 있다.

참고자료
클라우스 슈밥. 2016. 『The Fourth Industrial Revolution』. 새로운현재(메가북스).
클라우스 슈밥. 2018. 『클라우스 슈밥의 제4차 산업혁명 더 넥스트』. 새로운현재.
삼성SDS기술사회 내부자료.
제4차 산업혁명[The Fourth Industrial Revolution, 第4次產業革命] (IT용어사전,
한국정보통신기술협회).
롤랜드버거. 2017. 『4차 산업혁명 이미 와 있는 미래』. 다산 3.0.

B

전략 분석

—

Value Chain

가치사슬은 기업의 경쟁우위 원천을 체계적으로 정확하게 파악하기 위한 경영분석 도구로서 기업을 활동 기반 관점에서 바라본다. 즉 기업을 활동의 집합체로 보고 개별 기업의 가치활동 속에서 원가우위 및 차별화를 발견하고 경쟁우위를 점할 수 있도록 한다.

1 가치사슬 Value Chain 개요

모든 기업은 디자인, 생산, 판매, 운송, 제품지원 등 제반 활동들의 집합체라고 볼 수 있다. 기업은 전략적으로 중요한 활동을 경쟁자보다 저렴하게 혹은 더 좋은 방법으로 수행함으로써 경쟁우위를 확보한다.

가치사슬은 기업의 경쟁우위 원천을 파악하기 위해 기업이 수행하는 모든 활동을 점검해보고 이런 활동들이 어떻게 상호작용하는지를 체계적으로 분석하는 도구이다. 기업은 가치사슬을 통해 원가의 형태와 현존하거나 잠재적으로 존재하는 차별화의 원천을 이해할 수 있고 경쟁우위의 원천을 파악할 수 있다.

가치란 한 기업이 제공하는 제품을 구매하기 위해 구매자가 기꺼이 지불하려는 금액을 말한다. 기업이 이익을 창출하기 위해서는 제품생산에 들어가는 원가를 초과하는 가치를 만들어야 한다. 즉 기업의 가치는 가치활동 수행에 든 비용을 초과할 때 이익을 남기는 것이다.

가치활동은 기업이 구매자에게 가치 있는 제품을 생산하기 위해 필요한 구성요소로, 크게 본원적 활동Primary Activities과 지원활동Support Activities 두 가지로 구분된다.

가치사슬(Value Chain)

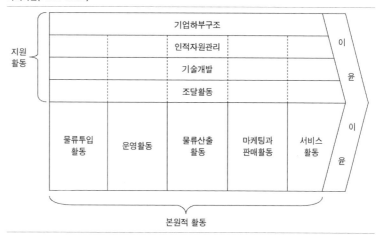

그림의 점선들은 조달활동, 기술개발, 인적자원관리가 전체 가치사슬을 지원하는 것과 동시에 특정 본원적 활동과 연관될 수 있다는 뜻이다. 다만 기업의 하부구조는 특정 본원적 활동과는 관련되지 않고 가치사슬을 전반적으로 지원한다.

1.1 본원적 활동

본원적 활동은 제품의 물리적 제조과정과 판매, 그리고 구매자에게 전달되는 물적 유통과정, 사후 서비스를 포함한다. 본원적 활동은 다섯 가지 범주로 나눌 수 있다.

다섯 가지 활동은 기업의 전략과 기업이 속해 있는 산업의 특성에 따라 다시 여러 가지 활동으로 나눌 수 있다. 산업의 특성에 따라서는 하나의 특정 활동이 다른 활동에 비해 경쟁우위에 결정적 역할을 하기도 한다. 예를 들어 유통업자는 조달 및 판매물류 활동이 다른 활동보다 훨씬 중요하며, 이동통신 서비스 업체는 서비스 활동이 경쟁우위 창출의 핵심활동이 된다.

본원적 활동

활동 범주	설명
물류투입활동 (Inbound Logistics)	투입요소를 구입·저장하고 제품에 이를 분배하는 것과 관련된 활동
운영활동 (Operations)	투입요소를 최종 제품 형태로 가공하는 것과 관련된 활동
물류산출활동 (Outbound Logistics)	제품을 구매자에게 유통시키기 위한 수집·저장과 관련된 활동
마케팅과 판매활동 (Marketing and Sales)	구매자가 제품을 구입할 수 있는 수단을 제공하는 활동
서비스 활동 (Services)	제품가치를 유지하거나 높여주는 활동. 제품설치, 수리, 사용방법 교육, 부품 공급과 같은 활동을 포함

1.2 지원활동

지원활동은 구매한 투입요소, 기술, 인적자원과 기타 회사 전반에 걸친 기능을 제공함으로써 본원적 활동을 보조해주는 활동이다. 지원활동은 네 가지 범주로 나눌 수 있다.

지원활동

활동 범주	설명
조달활동 (Procurement)	기업의 가치사슬 내에서 사용되는 투입요소를 구매하는 기능. 일반적으로 구매한 투입요소는 본원적 활동과 연관되어 있지만 지원활동을 포함하여 모든 가치활동에 사용됨
기술개발 (Technology Development)	제품과 공정을 개선하기 위해 수행되는 활동. 가치활동에 포함된 수많은 기술을 지원하며 모든 산업에서 경쟁우위를 획득하는 데 중요한 역할을 함
인적자원관리 (Human Resource Management)	채용, 훈련, 교육, 보상 등 인사관리의 제반활동으로 구성됨
기업하부구조 (Firm Infrastructure)	일반관리, 기획업무, 재무관리, 법률문제관리, 품질관리 등으로 구성. 다른 지원활동과는 달리 개별적 가치활동이 아닌 전체 가치사슬을 지원함

본원적 활동과 마찬가지로 지원활동도 주어진 산업의 특성에 따라 다시 여러 가지 개별적인 특정 가치활동으로 세분화할 수 있다. 예를 들어 기술개발은 부품설계, 외양설계, 현장검사, 공정설계 등의 활동으로 나눌 수 있다.

2 가치사슬 정의

기업의 가치사슬은 기업 내 다양한 가치활동으로 구성된다. 가치활동을 어느 수준까지 분리해야 하고, 어느 범주에 분류해야 할지는 판단이 필요하다. 예를 들어 제조라든지 마케팅과 같은 광범위한 개념의 활동은 다시 하위 활동으로 분리해야 하는데, 이때 제품의 흐름이라든지 주문의 흐름, 문서의 흐름을 참조하면 분리작업에 유용하다. 가치활동을 계속 분리하다 보면 어느 정도 독립적이고 협소한 수준의 활동들로 나눌 수 있게 된다. 가치활동은 가치사슬을 분석하는 목적과 활동의 경제적 원리에 따라 분류의 적정 수준이 정해진다.

각각의 가치활동을 나누고 분리하는 기본 원리에 원가우위와 차별화를 사용할 수 있다. 원가우위와 차별화는 기업이 가질 수 있는 두 가지 본질적 경쟁우위 요소이다. 따라서 각 가치활동은 차별화에 대해 높은 잠재적 영향력을 가지고 있거나 원가에 상당한 비중을 차지해야 한다. 원가와 차별화에 큰 영향을 주는 몇몇 가치활동은 더욱 세분화하여 정밀한 분석을 해야 한다. 어떤 활동들은 경쟁우위에 별로 중요하지 않아 함께 묶어서 분류하기도 한다.

가치활동에 대한 범주의 선택도 판단이 필요하다. 예를 들어 주문처리는 마케팅과 판매활동 혹은 서비스 활동으로 구분될 수 있는데, 유통업자의 경우는 마케팅 기능에 가까운 반면, 판매원의 주문처리는 서비스 활동으로 분류할 수 있다. 따라서 각 가치활동은 그 활동이 기업의 경쟁우위에 대한 기여의 정도를 가장 잘 대변하는 범주에 할당되어야 한다. 즉 가치활동의 분류는 사업에 가장 훌륭한 통찰력을 제공해주는 방향으로 선택해야 한다. 한편 각 가치활동의 순서배열은 전반적으로 활동이 일어나는 과정의 흐름에 따라 배열해야 한다. 경영자가 가치사슬에 대해 직관적으로 명료하게 알 수 있도록 순서를 정해야 한다.

3 가치사슬 연계

가치사슬 내 한 활동의 수행은 다른 활동의 비용이나 효율성에 영향을 주기 때문에 연계가 자동적으로 이루어진다. 가치사슬은 독립적인 활동들의 단순 집합이 아니라 서로 관련성이 있는 활동의 체계적인 시스템으로, 각각의 활동은 가치사슬 내에 서로 연계되어 있다. 이러한 연계를 어떻게 하느냐에 따라 원가우위와 차별화를 꾀할 수 있으므로 연계는 매우 중요하다.

연계는 최적화Optimization와 조정Coordination의 두 가지 방법을 통해 경쟁우위를 이끌어낸다. 의도적으로 한 활동에서 원가를 높임으로써 다른 활동의 비용을 낮출 수 있을 뿐 아니라 두 활동의 총원가를 절감할 수도 있다. 예를 들자면, 조달활동과 조립활동 간 연계된 활동을 잘 조정함으로써 재고비용을 줄일 수 있다. 연계된 활동을 결합하여 최적화하기 위해서 이들 사이에 존재하는 트레이드오프 관계를 해결하는 것이 중요한 과제이다.

가치 시스템

| 공급자 가치사슬 | 기업 가치사슬 | 유통 가치사슬 | 구매자 가치사슬 |
| 전방 가치 | 기업 가치 | 후방 가치 | |

연계는 기업 내 가치활동을 연결할 뿐만 아니라 공급자, 유통업자 등의 외부 가치사슬과도 상호 의존적인 관계를 형성한다. 이를 수직적 연계라고 한다.

공급자 가치사슬 연계의 대표적 예로는 공급자의 배달 빈도 및 시기와 기업의 원자재 재고 사이의 연계, 공급의 응용기술 수준과 기업의 기술개발비용 간의 연계 등을 들 수 있다. 공급자 가치사슬 연계를 이용하여 기업의 원가를 절감하려는 시도는 공급자의 원가를 상승시킬 수 있다. 이런 경우 연계의 가치를 유지하기 위해서는 이에 대한 보상으로 공급자에 지불하는 가격을 올려줄 수 있어야 한다.

유통 가치사슬 연계의 경우도 이와 유사하다. 유통업자의 창고의 위치와 원자재를 다루는 능력은 기업의 판매물류 유통비용 및 포장비용에 영향을 미칠 수 있다. 또한 유통업자의 판매 및 촉진활동은 기업의 판매원가를 낮출 수 있다. 이러한 활동은 유통경로상 원가를 증가시킬 수 있으므로 기업은 유통채널의 이윤폭을 올려주는 정책적 고려가 필요하다.

수직적 연계는 독립된 기업 간의 문제이므로 이를 어떻게 활용하고 그로부터 발생한 혜택을 어떻게 분배하느냐에 대해 합의하는 것은 쉬운 일이 아니다. 고도의 협력과 신뢰가 요구되며 기업은 상당한 교섭력을 가지고 있어야 한다. 반면 이런 연계를 잘 활용하면 이를 모방하기 어려우므로 그 보상이 매우 크며 기업은 이러한 외부와의 연계 최적화를 통해서 경쟁력을 확보한다.

참고자료
마이클 포터. 2008. 『경쟁전략』. 조동성 옮김. 21세기북스.

기출문제
56회 관리 마이클 포터의 경쟁전략 분석 모델과 Value Chain 모델을 예를 들어 설명하시오. (25점)

B-2

5-Force

—

산업구조는 기업경영에 직접적인 영향을 미치는 주요한 환경으로, 산업 내 경쟁강도는 해당 산업의 잠재수익률에 영향을 미친다. 5-Force는 산업 내 경쟁을 유발하는 요인을 다섯 가지 관점에서 분석하여 경쟁기업과 자사의 산업 내 위치를 파악하고 기업의 경쟁전략 수립에 도움을 주는 경영전략 분석 모델이다.

1 5-Force 개요

기업경영은 기업을 둘러싼 경제, 사회, 기술, 문화 등의 주변 환경으로부터 광범위하게 포괄적으로 영향을 받지만, 해당 기업이 속한 산업구조로부터 더욱 직접적인 영향을 받는다. 특정 산업의 경쟁강도는 그 산업의 잠재적인 수익성을 결정하는데, 마이클 포터Michael Porter는 다음 그림에서 보이는 것과 같이 다섯 가지 요인을 산업경쟁을 유발하는 요인으로 정의했다.

　어떤 산업에서든지 경쟁은 이 다섯 가지 세력 간의 경쟁상황으로 나타나지만, 각 산업은 각자의 독특한 구조를 가지고 있기 때문에 산업에 따라 다섯 가지 요인 모두가 똑같이 중요하지는 않다. 예를 들어 상업용 비행기 시장의 경우, 많은 양의 비행기를 구매하는 항공사의 교섭력은 큰 반면에 신규 진입 위협, 대체재 위협, 공급사의 힘은 상대적으로 약하다.

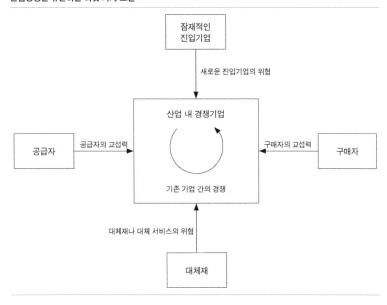

2 5-Force 경쟁요인

기업의 수익성은 산업의 경쟁강도에 영향을 받는다. 즉 새로운 경쟁자의 진입, 대체재의 위협, 구매자의 교섭력, 공급자의 교섭력, 기존 경쟁자 간의 경쟁상황 등의 다섯 가지 요인은 산업의 총체적인 경쟁강도를 결정하고, 이는 곧 해당 산업과 산업에 속한 기업의 수익성에 직접적인 영향을 준다. 예를 들어 강력한 구매자는 비용이 많이 드는 서비스를 요구할 수 있고, 강력한 공급자는 교섭력을 바탕으로 원가인상을 요구할 수 있다. 따라서 산업 내 경쟁우위를 확보하고자 하는 기업에 5-Force 경쟁요인의 분석과 이해는 전략적으로 매우 중요하다.

2.1 새로운 경쟁자의 진입

새로운 기업은 새로운 시장 확보라는 목적을 위해 상당한 자원을 가지고 산업에 진입한다. 이는 곧 가격인하 혹은 부대비용 상승으로 이어지고, 결국 전반적인 수익성 저하를 가져올 가능성이 높다. 그러나 해당 산업에 존재하고 있는 기존 진입장벽이 높을 때는 신규 진입기업의 위협으로부터 영향이 적다. 규모의 경제, 제품 차별화, 높은 교체비용, 유통경로 선점, 원가우위 등으로 새로운 경쟁자의 진입장벽을 두껍게 할 수 있다.

2.2 대체재의 위협

대체재가 존재하는 산업은 가격 결정에 제한이 따를 수밖에 없어 이윤폭을 잠식해버릴 위험이 있다. 특히 대체재가 자사의 제품과 가격 및 효능 면에서 대체성을 계속 향상하거나 대체재를 생산하는 산업이 높은 이윤을 얻고 있을 경우 위험이 되므로 추세분석에 관심을 기울여야 한다. 대체재를 분석하려면 얼핏 보아서 무관한 듯 보이는 다른 산업의 변화나 영업활동까지 세심하게 관찰해야 한다.

2.3 구매자의 교섭력

구매자들은 가격 인하나 품질 향상 및 서비스 증대를 요구할 수 있다. 또한 경쟁기업을 서로 대립시켜 이득을 보려고 할 수도 있다. 이러한 행위들은 결국 해당 산업의 수익성을 감소시키게 된다. 대량으로 구매하는 경우, 제품 표준화나 차별화가 안 되어 있어 언제나 다른 업체를 통해 구매할 수 있는 경우, 구매자 이윤폭이 낮은 경우, 구매부품을 직접 생산할 수 있어 이를 가격 협상수단으로 사용하는 경우, 구매자가 수요상황이나 실질적인 시장가격과 원가에 대한 자세한 정보를 가지고 있는 경우, 구매자 집단의 교섭력은 강력하다.

2.4 공급자의 교섭력

공급자는 기업들에 대해 납품단가 인상을 통해 특정 산업의 수익을 잠식할 수 있다. 구매자 수보다 공급자의 수가 상대적으로 적은 경우, 대체재가 없는 경우, 제품이 차별화되어 있는 경우, 기업의 공급자 교체비용이 큰 경우, 공급자는 강력한 교섭력을 지니게 된다.

2.5 기존 경쟁자 간의 경쟁상황

기존 경쟁기업들 간의 경쟁은 가격, 광고, 신제품 개발, 대고객 서비스나 제품보증 등의 형태로 전개되며, 대부분의 산업에서 어느 한 기업의 경쟁조치는 다른 기업들에 크게 영향을 미친다. 기업들은 상호 의존적이므로 특정기업의 경쟁조치는 자연스럽게 보복조치와 대응조치를 불러와 해당 산업의 수익성을 떨어뜨리는 역할을 한다. 경쟁기업의 수가 많고 크기와 파워 면에서 비슷한 경우, 산업 성장의 정체, 희박한 제품 차별성, 높은 고정비와 재고비용, 대규모 시설확충, 높은 철수장벽 등은 기존 기업들 간의 경쟁강도를 높이고 가격경쟁을 유발해 산업 전체 수익성을 악화시킬 수 있다. 따라서 새로운 형태의 서비스나 혁신적인 마케팅, 제품의 전환이나 대체를 통한 차별화 등의 대응전략이 필요하다.

3 5-Force 시사점

산업의 경쟁강도를 결정하는 다섯 가지 세력을 이해하는 것은 전략 개발의 시발점이라 할 수 있다. 다섯 가지 세력은 왜 산업의 수익성이 현재 수준인지에 대한 이유를 밝혀준다. 기업은 산업 수익성의 원인을 밝힌 후에 산업의 현황을 기업전략에 반영할 수 있다. 즉 자사의 산업 내 경쟁지위를 파악하고 수익성을 향상시킬 수 있는 전략적 혁신을 발견할 수 있다. 역으로 기업은 자사의 전략을 통해 산업구조를 결정하는 다섯 가지 요인에 영향을 미쳐 산업구조를 변화시킬 수도 있다. 많은 성공적인 기업의 전략은 이러한 방식으로 산업 내 경쟁규칙을 바꿔왔다.

다섯 가지 세력 분석틀은 기업들이 기존 산업 안에서 포지셔닝하는 기회를 찾도록 인도할 뿐만 아니라 진입과 퇴출을 엄밀하게 분석할 수 있도록 도와준다. 산업구조가 쇠퇴하거나 해당 기업이 그 산업 내에서 우수한 포지셔닝을 할 가망이 없을 때는 퇴출 신호로 받아들여야 한다. 반대로 새로운 산업에 진입을 고려하고 있다면 다섯 가지 세력 분석틀을 통해 미래 산업을 선택하는 데 활용할 수 있다.

기업전략의 핵심은 경쟁세력들의 압력을 방어하고, 경쟁세력의 힘을 자사에 유리하도록 조정하는 것이다. 경쟁세력과 그 경쟁세력에 영향을 미치는 세부요인을 이해하면 특정 산업의 경쟁상황이 일정 기간 동안 어떻게 전개될 것이며, 어떤 요소들이 영향을 끼칠지 알 수 있다. 경영자들은 산업구조에 대한 이해를 통해 현재 경쟁세력에 가장 잘 대응할 수 있는 위치로 포지셔닝하고, 이런 세력들의 변화를 예측하고 세력 간의 힘을 조절하여 기업에 유리한 산업기회로 활용할 수 있다. 산업구조에 대한 이해는 기업이 효과적인 경쟁 포지셔닝을 수립할 때 없어서는 안 될 요소이다.

참고자료
마이클 포터. 2008. 『경쟁전략』. 조동성 옮김. 21세기북스.

기출문제
95회 정보관리 A 전자는 세계 전역에 생산기지 및 판매망을 확보하고 있는 글로벌 기업으로서 글로벌 재정위기, 지구 환경 변화 등 세계의 급변하는 경영환경에 대한 민첩성을 향상하고 미래 지향적인 정보시스템을 구축하기 위하여 정보화 전략계획(ISP)을 수립하고자 한다. A 전자의 아래 현황에 따라 다음 질문에 답하시오. (단, 구체적인 기업환경 및 정보시스템의 현황은 가정하여 작성) (25점)

〈A 전자 정보시스템 현황〉
가. A 전자의 정보화 비전
　글로벌 환경 변화에 신속한 대응 확보 가능한 스마트 정보시스템 구축
나. 보유시스템
　포털시스템, ERP, CRM, 영업관리시스템, 생산자동화시스템

(1) ISP 수립 절차에 대하여 설명하시오.
(2) 5-Force, 7S, SWOT 분석을 활용하여 환경분석 결과를 제시하시오.
(3) A 전자의 정보화 비전에 따른 TO-BE 모델을 도출하시오.
81회 관리 정보전략 수립 시 환경분석을 통해 주요 성공요인을 도출하기 위해 사용하는 5-Force 분석, 7S 분석, SWOT 분석의 기법과 연결 절차에 대하여 설명하시오. (25점)
56회 관리 마이클 포터의 경쟁전략 분석 모델과 Value Chain 모델을 예를 들어 설명하시오. (25점)

7S

7S는 문화를 포함하여 기업의 전체 모습을 이해하기 위한 분석기법이다. 7S에서는 조직 전체를 이해하기 위해 조직도나 경영계획 등의 하드웨어적 요소(Hard S)와 조직이 속한 사람들이 만들어가는 기업문화나 가치관 등의 소프트웨어적 요소(Soft S)로 기업을 파악한다.

1 7S 모델 개요

7S 모델은 전체적인 조직의 관점에서 문화를 이해하고 바람직한 방향으로 조직을 개발하는 데 중요한 틀을 제공하는 모델로, 미국 선진기업의 성공사례를 연구한 톰 피터스Tom Peters 와 로버트 워터먼Robert Waterman 의 저서 『초우량 기업의 조건In Search of Excellence』에서 소개되었다.

　7S 모델은 조직혁신의 측면에서 필요하다고 생각하는 일곱 가지 경영요소들에 대한 분석을 통해 기업 전체를 진단하고, 전략을 수립·실행·평가하는 도구이다. 즉 7S 모델은 기업의 내부 역량을 분석하는 종합적인 분석기법이다. 글로벌 컨설팅 그룹 매킨지Mckinsey 에서 7S 모델을 비효율적 조직을 분석하고 컨설팅하기 위한 기본 모델로 도입하면서 매킨지의 7S 모델이라고도 불린다.

　7S 모델은 전략 모델이기보다는 조직개발이나 조직변화 모델에 가깝다. 일곱 가지 구성요소 중 조직의 뼈대가 되는 근간인 조직Structure, 전략Strategy, 제도Systems 3개 요소는 하드웨어적 요소Hard S로 구분하며, 나머지 공유가치

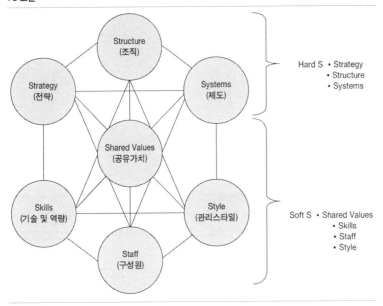

Shared Values, 기술 및 역량Skills, 구성원Staff, 관리 스타일Style 4개 요소는 소프트웨어적 요소Soft S로 분류한다. 하드웨어적 요소는 기업의 노력만으로 단시간 내에 구축 혹은 변경이 가능하지만, 소프트웨어적 요소는 쉽게 변화시킬 수 없는 요인들로 양성에 시간이 걸린다. 따라서 근본적인 조직혁신을 위해서는 소프트웨어적 요소에 더욱 초점을 맞춰 변화에 유연하게 대응할 수 있는 기업환경을 조성해야 한다.

2 7S 모델 구성요소

7S 모델은 기업 전체적인 관점에서 조직문화를 이해하고, 바람직한 방향으로 조직을 개발하는 데 중요한 틀을 제공한다. 7S의 각 요소들은 기업의 일부분을 설명하며, 이들이 모여서 기업 전체의 독특한 특성과 문화를 보여준다. 7S를 구성하고 있는 7개 항목의 의미는 다음과 같다.

2.1 전략 Strategy

전략은 변화하는 시장환경에 기업이 어떻게 적응할 것인가 하는 장기적인 목적과 계획, 그리고 이를 달성하기 위한 자원배분 방식 등을 말한다. 전략은 경쟁우위를 확보하기 위한 방법을 포함한다.

2.2 조직 Structure

조직은 전략을 실행하기 위한 틀이다. 조직구조나 직무분류, 역할과 책임 등이 이에 해당하며, 수행과업을 전문화·세분화하고 그에 따른 권한을 분할하는 방식을 포함한다.

2.3 제도 Systems

제도는 조직의 모든 활동을 제어하는 공식적인 프로세스와 절차를 말한다. 경영관리 시스템, 성과측정 및 보상시스템, 기획, 예산편성, 자원할당 시스템, 정보시스템 및 배분시스템을 포함한다. 조직 Structure 과 제도 Systems 는 구성원들의 행동을 체계화하고 특정 방향으로 유도하는 중요한 역할을 한다.

2.4 공유가치 Shared Values

공유가치는 조직에서 널리 공유되며 중요한 행동원칙으로서 사용되는 핵심 가치로 믿음, 신념 등을 말한다. 공유가치는 조직구성원들의 행동이나 사고를 특정 방향으로 이끌어가는 기준으로, 구성원들 사이에서 조직의 존속이나 성공의 근본적인 요인이라고 인식하는 것이 보통 공유가치인 경우가 많다. 예를 들면 구성원들이 공통으로 갖고 있는 가치관이나 이념, 기업의 존재 목적 등이 이에 해당된다.

2.5 기술 및 역량 Skills

기술 및 역량은 과학적 또는 전문적 지식일 수도 있고, 경영관행이나 프로

7S 분석을 위한 체크리스트

구분	내용
전략 (Strategy)	- 우리의 전략은 무엇인가? - 우리의 목표를 어떻게 달성하고자 하는가? - 지속적 경쟁우위를 위한 회사 내의 원천은 무엇인가? - 사업활동에서 무엇이 전략적 우선순위에 드는가?
조직 (Structure)	- 회사 조직은 어떻게 구성되어 있는가? - 각 조직 간 활동이 어떻게 조율되고 있는가? - 조직은 어떻게 집중화되고 분권화되는가? - 팀이 어떻게 구성되고 정비되는가? - 보고체계와 책임소재는 어떠한가?
제도 (Systems)	- 조직을 운영하는 주요 시스템은 무엇인가? - 시스템에 대한 통제는 어디에 있으며 어떻게 모니터되고 평가되는가? - 팀 활동을 지속하기 위해 지켜야 할 내규나 내부절차는?
공유가치 (Shared Values)	- 핵심가치는 무엇인가? - 종업원은 회사의 존재 이유와 비전에 대해 공유된 이해를 갖고 있는가? - 사내 문화 및 팀 문화는 무엇인가?
기술 및 역량 (Skills)	- 회사가 특히 잘하는 또는 좋은 성과를 가져오는 스킬은 무엇인가? - 현재 직원들이 업무를 수행할 능력이 있는가? - 조직이 개발해야 할 필요가 있는 새로운 스킬은 무엇인가? - 숙련이 어떻게 모니터되고 평가되고 있는가?
구성원 (Staff)	- 팀 내 어떤 직위와 직책이 있는가? - 조직은 사람들을 어떻게 채용하고 훈련시키는가? - 조직구성의 인구통계학적 특징은 무엇인가?
관리 스타일 (Style)	- 경영진은 어떻게 의사결정을 하는가? (참여 지향적 또는 상명하달의 지시적) - 최고경영자의 리더십 스타일은? - 경영진은 얼마나 효율적인가?

젝트를 관리하는 역량일 수도 있다. 즉 장치 및 공정기술뿐만 아니라 구성원의 동기부여 및 목표관리, 예산관리 등과 같이 조직 내에 존재하는 관리적인 역량도 포함된다.

2.6 구성원 Staff

구성원은 기업이 필요로 하는 사람의 유형을 말하며, 기업문화 형성의 주체이기도 하다. 여기서 구성원은 단순히 인력 구성을 말하는 것뿐만 아니라 그들이 갖고 있는 능력이나 지식 등의 집합체를 말한다. 구성원의 인구학적 구성, 경험, 훈련과 교육 등을 포함한다.

2.7 관리 스타일 Style

관리 스타일은 구성원들을 이끌어가는 전반적인 조직관리 스타일을 말한다. 예를 들면 개방적·참여적·민주적·온정적·유기적 스타일 등이 있다. 스타일은 조직 전반의 측면뿐만 아니라 구성원 개개인의 측면, 특히 CEO의 리더십 스타일도 기업을 이해하는 데 중요한 요인이다.

3 7S 모델에 대한 평가 및 고려사항

7S 모델은 조직의 강점과 약점을 분석하거나 조직의 전략적 이슈를 파악해야 할 때, 조직의 혁신과 변화의 방향을 설정해야 할 때, 조직의 관리자가 조직관리에서 관심을 가져야 할 부분을 파악하고자 할 때 유용하게 사용될 수 있다.

7S 모형은 비교적 적용이 용이하고, 조직변화를 이해하는 툴로 사용될 수 있으며, 조직의 합리적인 하드웨어적 요소와 감성적인 소프트웨어적 요소를 연계하여 조직의 주요 특성을 광범위하게 분석할 수 있다는 장점을 지닌다. 그러나 7S 모델은 조직의 정치적 영역을 다루고 있지 않기 때문에 조직 내 권력의 역학관계 등을 파악하는 데는 한계가 있다. 또한 현실적으로 7개 구성요소 간의 복잡한 상호관계를 파악하기가 쉽지 않으며, 7S 모형의 실시간 관리나 모니터링 도구로의 활용도 어렵다.

일반적으로 7S의 각 요소들이 서로 긴밀하게 연결될수록 조직문화가 뚜렷하고 강하게 나타나고, 반대로 연결이 약할수록 애매하고 허약한 조직문화가 형성된다. 따라서 조직문화를 제대로 이해하기 위해서는 7S의 각각의 요소들이 건전하게 개발되었는지를 확인하고, 서로 어떻게 연결되어 있는지를 함께 살펴봐야 한다.

참고자료
비즈하스피탈(http://www.bizhospital.co.kr).

95회 정보관리 A 전자는 세계 전역에 생산기지 및 판매망을 확보하고 있는 글로벌 기업으로서 글로벌 재정위기, 지구 환경 변화 등 세계의 급변하는 경영환경에 대한 민첩성을 향상하고 미래 지향적인 정보시스템을 구축하기 위하여 정보화 전략계획(ISP)을 수립하고자 한다. A 전자의 아래 현황에 따라 다음 질문에 답하시오. (단, 구체적인 기업환경 및 정보시스템의 현황은 가정하여 작성) (25점)

〈A 전자 정보시스템 현황〉
가. A 전자의 정보화 비전
　　글로벌 환경 변화에 신속한 대응 확보 가능한 스마트 정보시스템 구축
나. 보유시스템
　　포털시스템, ERP, CRM, 영업관리시스템, 생산자동화시스템

(1) ISP 수립 절차에 대하여 설명하시오.
(2) 5-Force, 7S, SWOT 분석을 활용하여 환경분석 결과를 제시하시오.
(3) A 전자의 정보화 비전에 따른 TO-BE 모델을 도출하시오.

81회 관리 정보전략 수립 시 환경분석을 통해 주요 성공요인을 도출하기 위해 사용하는 5-Force 분석, 7S 분석, SWOT 분석의 기법과 연결 절차에 대하여 설명하시오. (25점)

B-4

MECE/LISS

___

기업 활동을 포함한 의사결정 수행 시, 모든 사항을 누락 없이 고려하면 최선의 결정이 나오기 쉽겠지만, 현실적인 비용과 시간 문제로 그렇지 못한 경우 우선순위에 따라 핵심 부분에 제한하여 접근해야 할 수 있다. 이러한 사상으로 경영전략 관점에서 MECE와 LISS를 살펴보도록 하자.

1 MECE/LISS의 개념과 목적

MECE와 LISS는 경영 컨설팅 회사인 맥킨지에서 주창한 '전략적 사고 기법'의 하나로서, 특정 사안에 대한 접근 방법을 제시하며 문제의 그룹핑, 분석 방안의 그룹핑, 보고서의 논지 등 다양한 분야에 응용될 수 있다.

MECE Mutually Exclusive Collectively Exhaustive는 중복되지 않고 각각의 합이 전체를 포함할 수 있는 요소의 집합 및 전략적 사고 방법이며 LISS Linearly Independent Spanning Set는 상호 중복 되지 않고 각각의 합이 전체가 되지는 않지만 각각의 부분 집합에 속한 중요한 의미를 명확히 하는 전략적 사고 방법이다.

둘 다 동일한 차원에서 개념상의 중복이 없는 것이 조건이며 MECE는 빠짐없이, LISS는 핵심적인 중요 과제를 명확화하는 것이 특징이다. 방대한 양의 프로세스, 업무 분석 시에는 MECE에 기반하여 누락 없이 분석하기 어려우므로 LISS에 기반하고 핵심에 우선하여 중점적으로 접근하는 방법도 필요하다.

2 MECE/LISS의 상세설명

유사와 상반되는 특징을 동시에 가진 두 가지를 명확하게 비교하기 위해서는 표 형태가 직관적이며, 다음과 같은 형태로 각각을 다시 정리할 수 있다.

2.1 MECE/LISS의 분석요소

항목	MECE	LISS
개념	MECE(Mutually Exclusive Collectively Exhaustive)는 중복되지 않고 각각의 합이 전체를 포함할 수 있는 요소의 집합 및 전략적 사고 방법	LISS(Linearly Independent Spanning Set)는 상호 중복되지는 않고 각각의 합이 전체가 되지 않지만 각각의 부분 집합에 속한 중요한 의미를 명확히 하는 전략적 사고 방법
개념도		
적용 예	계절(봄, 여름, 가을, 겨울), 남성과 여성으로 분류, 전 연령대를 분석	남성과 여성으로 분류하고 30대 남성과 30대 여성을 분석(일부 핵심만 분석)
장점	빠짐없는 완벽한 분석	중요 과제의 명확화

2.2 MECE/LISS의 분석방법

특성	설명 및 예제	활용사례
수평적 (일의 흐름)	완성을 위한 처리 순서에 따라 순차적으로 접근 예) 벽돌담장을 쌓으려면, 토지를 준비 →재료를 획득 → 벽돌을 쌓는다	Process 진척도 Flow/Step
수직적 (구성요소)	완성을 위한 구성 요소 단위로 접근 예) 벽돌담장을 쌓으려면 적당한 벽돌, 적당한 모르타르, 숙련된 작업자, 좋은 날씨	- 반대의 개념: S/W 와 H/W, 장점과 단점 - 프레임워크: 4C, 4P, 7S

MECE에 기반하여 누락 없이 그룹핑 후 핵심에 집중하는 것이 LISS인 만큼, 명확한 MECE가 선행되어야 LISS도 가능하다.

MECE를 적용하기 위해서는 먼저 전체집합을 명확히 하는 것이 중요하며 전체집합도 명확하지 않고 MECE를 충족시키기 어려운 경우에는 LISS 개념을 활용한다.

참고자료

김동철·서영우. 2008.『경연전략 수립 방법론』. 시그마인사이트.

기출문제

101회 응용 고객이 IT 환경개선에 대한 컨설팅을 요구하였다. 컨설팅 기본원리인 MECE(Mutually Exclusive Collectively Exhaustive)와 LISS(Linearly Independent Spanning Set)를 비교하고 MECE와 LISS를 적용한 방법론에 대하여 3가지 이상 설명하시오.

SWOT 분석

미국의 경영컨설턴트인 알버트 험프리(Albert Humphrey)가 고안한 SWOT 분석은 직관적이며 응용범위가 넓은 일반화된 분석 기법으로 여러 분야에서 널리 사용되고 있다. 기업의 내·외부환경을 동시에 파악하는 SWOT 분석에 대하여 살펴보도록 하자.

1 SWOT 분석의 개념

SWOT 분석은 기업의 내부환경과 외부환경을 분석하여 강점strength, 약점 weakness, 기회opportunity, 위협threat 요인을 규정, 네 가지 요인의 조합으로 경영전략을 수립하는 기법이다.

SWOT 분석의 가장 큰 장점은 기업의 내·외부환경 변화를 동시에 파악할 수 있고 기업의 내부 환경을 분석하여 강점과 약점을 찾아내며, 외부환경 분석을 통해서 기회와 위협을 찾아낼 수 있다는 것이다.

SWOT 분석의 목적은 환경요인들의 변화에 대한 기회를 포착하는 것이며, 거시적 측면의 대안을 설정하는 데 유리한 기법이다.

2 SWOT 분석의 상세설명

내부와 외부 환경분석에서 도출된 핵심 이슈를 그루핑하여 전략을 도출하는 각 요소와 단계를 살펴보도록 하자.

2.1 SWOT 분석의 분석요소

	내부환경 분석 (자사기술, 인적, 물적 자원)	
구분	강점 (Strengths)	약점 (Weaknesses)
기회 (Opportunities)	SO 내부 강점과 외부 기회 요인을 극대화	WO 외부 기회를 이용하여 내부 약점을 강점으로 전환
위협 (Threats)	ST 외부 위협을 최소화하기 위해 내부 강점을 극대화	WT 내부 약점과 외부 위협을 최소화

(외부환경 분석(정치, 경제, 사회, 문화))

4가지 분석요소 비교 후 목적달성의 우선순위, 실행가능성, 차별성, 적합성 등을 고려해서 핵심전략 의사결정의 요소를 제공한다.

분석환경	분석요소	분석 내용
내부환경	강점(Strengths)	범경쟁사와 비교하여 우위에 있는 자사기술 등의 역량 기술 예) 원천기술 특허
	약점(Weaknesses)	자사의 내부환경을 분석하여 도출된 위험요소 예) 원천기술 부족
외부환경	기회(Opportunities)	시장환경 속에서 자사의 기회요소 예) 수요확대, 사업기회 증대
	위협(Threats)	시장환경 속에서 자사의 위협요소 예) 경쟁증대, 새로운 역할 요구

2.2 SWOT 분석의 전략과제 도출 방안

분석 구분	분석 전략	상세 설명
SO	공격적 전략	강점을 극대화 → 기회 확대 전략
ST	다양화 전략	강점을 활용 → 위협을 회피하거나 최소화 전략
WO	방향전환 전략	약점을 회피, 보완 → 기회 확대 전략
WT	방어적 전략	약점을 최소화 → 위협을 회피하거나 최소화 전략

일반적으로 강점과 기회를 살리며 약점과 위협을 줄이는 방향으로 경영전략을 수립한다.

분석을 위한 리스트에 가중치가 없는 한계점이 동시에 존재하지만, SWOT 분석을 통해서 내부와 외부를 다각적이며, 동시에 직관적으로 빠르게 판단하고 문제점을 쉽게 파악하는 것이 가능하다.

참고자료
김동철·서영우. 2008. 『경연전략 수립 방법론』. 시그마인사이트.

기출문제
99회 관리 A회사는 고품질, 높은 가격의 특수한 주방기구를 카탈로그나 점포를 통해 판매하고 있다. 이 회사는 점포수가 많지 않고 온라인 비즈니스는 취약하지만 전화를 이용한 고객 서비스가 매우 뛰어나서 좋은 성과를 올리고 있다. 이러한 상황에서 주방기구 분야에도 인터넷 쇼핑이 활성화되고 인터넷 기술로 무장한 경쟁기업들이 대대적으로 생겨나기 시작했다. 한편, 인터넷 상에서의 개인정보 유출, 아이디 도용 등이 새로운 사회적 이슈로 떠오르고 있다. A기업이 취할 수 있는 전략을 SWOT 분석을 이용해서 제시하시오.

95회 관리 A전자는 세계 전역에 생산기지 및 판매망을 확보하고 있는 글로벌 기업으로서 글로벌 재정위기, 지구 환경 변화 등 세계의 급변하는 경영환경에 대한 민첩성을 향상하고 미래 지향적인 정보시스템을 구축하기 위하여 정보화 전략계획(ISP)을 수립하고자 한다.

A전자의 아래 현황에 따라 다음 질문에 답하시오.
(단, 구체적인 기업 환경 및 정보시스템의 현황은 가정하여 작성)

〈A전자 정보시스템 현황〉
가. A전자의 정보화 비전
　　글로벌 환경 변화에 신속한 대응 확보 가능한 스마트 정보시스템 구축
나. 보유시스템
　　포탈시스템, ERP, CRM, 영업관리시스템, 생산자동화시스템

---

(1) ISP 수립 절차에 대하여 설명하시오.
(2) 5-Force, 7S, SWOT 분석을 활용하여 환경분석 결과를 제시하시오.
(3) A전자의 정보화 비전에 따른 TO-BE 모델을 도출하시오.
81회 관리 정보전략 수립 시 환경분석을 통해 주요성공요인을 도출하기 위해 사용하는 5-Force 분석 7S 분석, SWOT분석의 기법과 연결 절차에 대하여 설명하시오.
80회 관리 문제해결분석 방법론인 4C(Circumstance, Customer, Competition, Company)와 SWOT(Strengths, Weaknesses, Opportunities, Threats)을 설명하시오.

BSC/IT-BSC

BSC(Balanced Scorecard: 균형성과표)는 전략 성과관리 도구로서, 다양한 관점의 경영지표의 설계와 측정, 관리를 통해 조직의 의사결정자를 위한 경영 계기판(Management Cockpit) 역할을 하며, 재무적 관점뿐 아니라 고객, 내부 프로세스, 학습과 성장 관점까지 포괄한다.

1 BSC의 정의와 특징

BSC Balanced Scorecard (균형성과표)는 전략 성과관리 도구로서, 다양한 관점의 경영지표의 설계와 측정, 관리를 통해 조직의 의사결정자들이 신속하고 포괄적으로 경영현황을 파악하고 통제하기 위한 것이다.

조직의 성과를 관리하고 통제하기 위해서는 성과의 기준이 필요하며, 전통적으로 이러한 활동은 주로 재무적인 관점에서 이루어져 왔다. 단순한 형태의 계산부터 시작한 재무적인 성과측정은 복식부기를 거쳐서 오늘날의 경제적 부가가치 EVA: Economic Value Added 개념에 이르기까지 지속적으로 진화되어 왔다. 재무적인 성과측정은 산업사회의 발전과 병행되어왔으며, 20세기에 GM과 같은 거대 기업들의 성공의 주요인이 되어왔다. 그러나 이렇게 재무적인 관점에 과도하게 의존하는 것에 대한 우려 역시 제기되어왔다.

재무적인 관점의 성과측정의 문제점으로는 우선 조직의 가치창출 활동이 오늘날 점점 유형의 고정자산에 덜 좌우되게 되어 재무적인 지표로는 조직의 성과를 반영하기 어렵게 되었다는 점, 과거의 성과에 대해서는 훌륭히 알 수 있으나 미래의 성과 예측에는 취약하다는 점, 장기적인 관점이 아닌 단기 수익에 집착하게 된다는 점 등을 들 수 있다. 이러한 문제점을 극복하기 위해 다양한 성과측정 방법들이 시도되고 있으며, BSC는 다양한 관점에서 성과를 측정하고 관리하기 위한 대표적인 관점이다.

BSC는 로버트 캐플런Robert S. Kaplan과 데이비드 노턴David P. Norton이 1992년에 발표한 논문을 통해 제안되어 널리 퍼지게 되었다. 주로 재무, 고객, 내부 프로세스, 학습과 성장의 네 가지 관점에 따라 다양한 성과지표로 구성되어 조직의 성과를 종합적이고 균형적으로 측정하는 성과평가 시스템이다.

BSC의 의미는 균형Balanced에 있다. 우선 외부적 측정지표와 내부적 측정지표 간 균형이다. 주주와 고객을 위한 외부적 측정지표와 핵심적 비즈니스 프로세스, 학습과 성장이라는 내부적 측정지표 간에 균형이 잡혀 있다. 다음으로 과거 노력의 산물인 과거 성과 측정지표와 미래 성과를 이끌어나갈 측정지표 간에도 균형이 잡혀 있다. 그리고 객관적으로 쉽게 정량화되는 결과물 측정지표와 다소 주관적 판단을 요하는 성장과 동인 간의 지표에도 균형이 잡혀 있다. 다음으로 단기적 목표와 장기적 목표 간에도 균형이 잡혀 있으며, 재무적 측정지표와 비재무적 측정지표 간에 균형이 잡혀 있다.

또한 BSC는 전략과 연계된다. 우선 BSC를 통해 조직이 달성하고자 하는 공통의 비전과 경영목표를 구현하기 위한 구체적인 방법론을 성과 측정지표를 통해 명확화할 수 있다. 다음으로 조직의 비전과 경영목표 달성을 위한 구체적인 실현방법을 제시해주는 경영의 핵심역량 부문의 측정지표로서 지표 간의 인과관계를 명확히 하여 종합적인 경영전략 모델을 구축할 수 있게 해준다. 그리고 경영목표를 달성하기 위한 재무 적성과 경로를 알려줌으로써 전략적 목표를 달성하는 방법이나 궤적을 알려주고 이러한 활동이 성공적으로 수행되는지에 대한 성과지표를 제공해준다. 재무적 성과뿐 아니라 고객, 내부업무 처리, 정보 인프라 등의 다양한 비재무적 성과도 성과지표화하여 측정할 수 있다. 이렇게 통합 경영전략 모델의 목표달성을 위한 구체적인 방안을 제시하여 모든 단위 조직과 개인의 업무활동을 명확화하고 마인드를 제고할 수 있다.

그리고 BSC는 의사소통의 도구이기도 하다. 비록 전략을 잘 정의하더라도 '전략이 무엇인가'나 '전략에 따라 구체적으로 어떻게 할 것인가'는 모호할 수 있다. BSC를 통해 전략을 구체화하여 어떠한 성과지표를 가져갈 것인가를 명확히 하여 전략에 대한 조직구성원 간의 의사소통을 원활하게 하고 조직 공동의 목표를 추구할 수 있게 한다.

BSC의 대표적인 구성요소는 다음과 같다.

구성요소	정의
BSC(Balanced Scorecard: 균형성과표)	- 캐플런과 노턴이 개발한 새로운 전략 성과관리 기법이다. - 전략의 정렬, 네 가지 관점 간 균형관계와 KPI 상호 간 인과관계를 성과관리의 핵심도구로 활용한다.
Perspectives(관점)	- 전략의 분해 요소이다. - 대표적으로 재무, 고객, 프로세스, 학습과 성장 관점이 있다.
CSF(Critical Success Factor: 전략적 목표, 핵심 성공요소)	- 비전과 전략의 성공적 달성을 위한 필수 관리요소이다. - BSC에서는 보통 네 가지 관점으로 구성된다. - 전략목표(Strategy Objectives) 형태로 표현된다.
Strategy Map(전략 맵, 인과관계)	- BSC상의 CSF들 간의 인과관계를 나타내주는 그림이다. - 인과관계(Cause and Effect Linkage)를 보여준다.
KPI(Key Performance Indicator: 핵심성과지표)	CSF의 수준과 성공 여부를 측정할 수 있도록 관리방법을 표현한 계수로, 지표를 계량화하여 관리한다. (예: 주가, 이익, 시장점유율, 고객만족도 등의 측정지표)
Targets(목표치)	각 KPI의 기간별 목표수준을 수치로 표현한 것이다. (예: 10% 향상, 1억 원 절감 등의 목표)

2 BSC의 관점과 구성

BSC는 보통 재무적 관점, 고객 관점, 내부 프로세스 관점, 학습과 성장 관점으로 구성된다.

재무적Financial 관점은 전통적인 성과측정 관점으로, 특히 영리조직에서 더욱 중요하다. 재무적 관점에서의 성과지표들은 다른 관점과 관련된 성과지표들을 이용해서 실행한 전략이 실제 향상된 결과를 낳는지를 보여준다. 고객만족, 품질, 적시 배송 등을 아무리 잘하더라도 그것이 조직의 재무적 성과의 향상에 기여하지 못한다면 결국은 무의미한 일이 될 것이다. 재무적 관점의 성과지표들은 주로 후행지표이며, 수익성, 매출성장률, EVA 등이 그 예이다.

고객Customer 관점에서는 목표 고객이 누구이며, 그 목표 고객에게 조직이 전달해야 하는 가치가 무엇인가가 정의되어야 한다. 이것이 잘못될 경우에는 '모든 고객들에게 모든 것을 제공한다'가 되기 쉬운데, 이것은 결국 초점

구분	관점별 측정방법
재무적 관점	사업단위의 성장 단계에 따라 각기 다른 지표로 측정한다. - 성장기 사업: 마이너스 현금흐름, 낮은 투자수익률 등 성과가 좋지 않을 것이므로 새로운 시장 접근과 역량 형성의 관점에서 지표 설정(성장률, 신제품 매출 비중 등) - 성숙기 사업: 현재 시장점유율의 유지와 향상, 투자 자본의 수익 극대화 관점에서 지표 설정(시장점유율, ROIC 등) - 수확기 사업: 현금회수 금액, 단위당 원가 등 투자 회수기간 단축 및 현금 유입의 극대화 관점에서 지표 설정(회수율, 투자 회수기간 단축률 등)
고객 관점	경쟁시장의 세그먼트별 고객의 가치 명제로 측정한다. - 시장 세그먼테이션을 통한 타깃 시장의 고객 가치 명제(가격, 품질, 디자인, 브랜드 이미지 등)에 대하여 - 고객 가치 명제의 추진 성과를 측정할 수 있는 지표 설정(시장점유율, 고객유지율, 고객확보율, 고객만족도, 고객수익성 등)
내부 프로세스 관점	고객과 주주의 목적을 달성하는 데 가장 중요한 내부 프로세스의 성과측정이다. - 기업 내부 가치사슬의 각 프로세스(혁신 프로세스, 운영 프로세스, 사후 서비스 프로세스)에 대하여 - 각 프로세스의 성과를 측정할 수 있는 지표 설정(신규고객 확보율, 품질 향상 정도, 반품률 등)
학습과 성장 관점	장기적 성장과 개선을 이루는 데 필요한 기반구조를 측정한다. - 선행 요인(종업원 개개인의 역량, 정보시스템 구축 정도, 동기부여와 임파워먼트 등)에 대하여 - 기반구조의 구축 정도에 따라 성과를 측정할 수 있는 지표 설정(종업원 개개인의 만족도, 직원 유지도, 직원 생산성 등)

이 없는 것으로 조직이 다른 조직이나 경쟁자와 차별화될 수 없다. 고객 관점의 성과지표로는 고객만족, 고객충성도, 시장점유율, 고객확보 등이 있을 수 있다.

내부 프로세스Internal Business Processes 관점에서는 고객과 이해관계자에게 가치를 지속적으로 제공하기 위해서는 조직이 어떤 프로세스에서 다른 조직보다 탁월해야 하는가를 본다. 조직이 가치를 제공하고 고객을 만족시키기 위해서는 어떤 내부 프로세스를 어떻게 효율적으로 운용해야 하는가라는 문제를 수반한다. 내부 프로세스 관점에서는 이러한 내부 프로세스를 인식하고 추적 가능한 측정지표를 만든다. 내부 프로세스에는 제품개발, 생산, 배송, 사후 서비스 등에서 나올 수 있다.

학습과 성장Learning and Growth 관점은 다른 성과측정 관점들이 가능하게 하는 요소들을 측정하려는 것이다. 가치제공과 고객만족을 위한 성과지표를 도출하고 보면, 조직구성원의 숙련도나 조직 인프라가 목표달성에 필요한 수준과 차이가 있다는 것을 발견할 수 있다. 학습과 성장 관점의 성과지표들은 조직과 구성원 수준의 목표와 현실 간의 차이를 줄여서 미래의 지속적인 성과달성을 도모한다. 보통 이 관점의 성과지표는 다른 성과지표보다 나중에 개발하는 경향이 있으며, 다른 성과지표를 개발하는 데 힘을 소진한

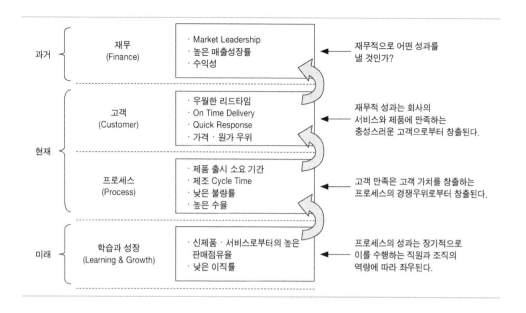

결과 단순히 인적자원과 관련하여 남은 관점 정도로 치부하는 경향이 있다. 학습과 성장 관점의 성과지표에는 직원숙련도, 직원만족, 정보획득 가능성 등이 있을 수 있다.

이러한 4개의 관점은 학습과 성장이라는 미래에 대한 준비로부터 시작하여 내부 프로세스와 고객이라는 현재의 노력을 통해 재무적 성과라는 열매를 맺게 되는 것으로 이해할 수 있다.

3 BSC의 추진

BSC의 추진은 계획 단계와 개발 단계로 나눌 수 있으며 의사소통 계획도 고려해야 한다.

먼저 계획 단계는 조직에 BSC를 구축하기 위한 준비 단계로서 6단계로 구분할 수 있다. 1단계에서는 먼저 BSC에 대한 목표를 개발한다. 2단계에서는 적합한 대상 조직을 결정한다. 3단계에서는 경영진의 지원확보가 필요하다. 4단계에서는 실제 BSC를 구축할 팀을 구성한다. 5단계에서는 BSC 프로젝트 계획을 수립한다. 마지막 6단계에서는 의사소통 계획을 수립한다.

BSC 구축을 위한 준비가 되면 실제 BSC를 구축하는 개발 단계에 들어가게 되는데 7단계로 구분할 수 있다. 1단계에서는 BSC 프로젝트를 위한 기초자료를 취합하고 배포한다. 2단계에서는 취합된 기초자료를 바탕으로 미션, 가치, 비전, 전략을 개발하고 이를 확인한다. 3단계에서는 경영진 인터뷰를 수행한다. 경영진 인터뷰를 통해 조직의 경쟁위치, 핵심 성공요소, BSC 성과지표에 관한 피드백을 수집한다. 다음 4단계에서는 실제로 BSC 관점별 목표 및 성과지표를 개발한다. 성과지표를 개발했다면 경영진 워크숍을 거쳐 경영진의 합의를 받아야 하며 경영진의 권고사항을 모두 포함시켜야 한다. 경영진 워크숍 이후에는 직원 피드백을 수집한다. 그다음으로 5단계에서는 인과관계Cause-and-Effect를 개발하고 역시 임원 워크숍을 수행한다. 여기에서 가장 중요한 것은 인과관계의 수준과 시기에 대한 경영진의 토론이다. 6단계에서는 성과지표에 대한 목표를 수립한다. 성과지표 자체는 전체 그림의 절반일 뿐이며 목표값이 나머지 절반에 해당한다. 이 목표값과의 비교를 통해 결과값에 의미를 부여할 수 있다. 당연하겠지만 목표값 설정은 전체 BSC 구축 과정에서 가장 어려운 부분 중 하나이다. 일단 목표값이 도출되면 임원 워크숍을 통해 최종적인 합의를 도출한다. 마지막 7단계에서는 지속적인 BSC 구축계획 개발이다. BSC는 일회적인 것이 아니며, 조직의 모든 관리 프로세스와 연결하고 책임을 구체화하고 예산과 계획을 전략적 목표와 연결시키며 보상시스템과 정렬시키는 등의 활동이 지속적으로 필요하다.

BSC가 제대로 구축되고 운영되려면 의사소통 계획은 필수적이다. 조직의 모든 계층에서 BSC를 알 수 있게 해야 하며, 모든 직원에게 BSC의 핵심 개념에 대해 교육해야 한다. 핵심 이해관계자를 참여시켜야 하고, BSC 구축 프로세스에 참여하도록 해야 한다. 또한 BSC에 대해 열광하도록 해야 하고, BSC 구축의 결과물을 신속하고 효과적으로 전파해야 한다. 의사소통 계획 수립에는 W5 Who, What, When, Where, Why 접근법을 이용한다.

4 BSC의 고려사항과 기대효과

BSC의 고려사항은 비즈니스 측면과 시스템 측면으로 나누어볼 수 있다.

먼저 비즈니스 측면에서 BSC의 평가지표는 기업의 비전과 전략적 목표를 연계하는 것이어야 하며, 또한 평가 항목·지표 간에 기업의 성과 달성을 위한 상호 인과관계를 분석할 수 있어야 한다. 그리고 전사 차원의 BSC는 하부조직 단위나 개인 단위의 성과표와 연계해 통일성이 있어야 한다. 정량적 정보뿐 아니라 정성적 정보도 도출될 수 있어야 하며 동적 커뮤니케이션과 피드백을 허용해야 하고 전사적으로 모든 계층에 걸쳐 시행되어야 한다.

시스템 측면에서는 시스템의 사용방법이 용이해야 한다. 그래야 BSC가 성공적으로 정착할 수 있다. 그리고 적시성을 확보하면서 BSC의 평가지표를 관리하기 위해서는 무엇보다도 다른 정보시스템과의 통합이 불가피하다. 따라서 다른 시스템과 일체감 있게 구축·통합되어야 한다. BSC 시스템은 조직의 기존 시스템과 따로 떨어져 존재할 수 없다. 최소한 하나 이상의 정보시스템, 데이터 웨어하우스 등과 연계되어 수치 데이터를 획득해야 하며, BSC 시스템에서 획득한 정보를 데이터 웨어하우스 등에서 필요한 정보로 전환할 수 있어야 한다.

이러한 BSC의 고려사항에 따라 적용했다면 다음과 같은 기대효과가 가능하다.

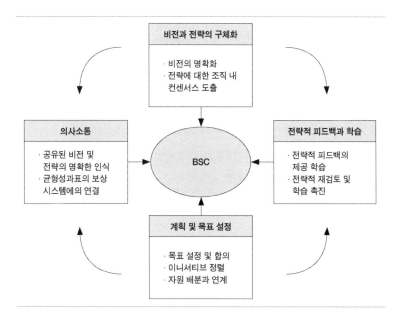

5 IT-BSC

구분		연구자			네 가지 관점	
BSC	Norton and Kaplan (1992)	**재무** 매출성장률, 현금흐름, 영업 이익, 경제적 부가가치	**고객** 고객 확보와 유지율, 시장 점유율, 고객수익성, 고객 만족도	**내부 프로세스 관점** 신제품 개발 주기, 작업 처리량, 불량률, 품질	**학습과 성장** 직원만족도, 생산성, 직원 역량, 기술 하부구조, 조직 문화	
IT-BSC	Grembergen (2001)	**경영 기여** IT 비용 통계, 전략 공헌도, 시너지 창출, IT ROI	**사용자 지향** 사용자 만족, 사용자와의 협력, 서비스 수준	**운영의 탁월성** 프로세스 우수성, 응답성, 보안과 안전	**미래 지향** 서비스 역량 강화, 직원 관리 효과성, 기업 아키텍처	
	Meyerson (2001)	**경영 관점** 정보시스템 비용, 정보시스템과 사업의 연계	**사용자 관점** 사용자의 만족과 협력	**정보시스템 관점** 정보시스템 효율성·속도·품질·비용·계획 달성률	**학습과 성장** 대리권, 민첩성, 속도, 완성도, 연결성, 지능성	
	이승찬 외 (1999)	**사업 가치 측면** 활용성, 시스템 기여도, 적절성, 효율성, 도입 효과	**사용자 측면** 시스템 만족도, 화면 구성, 사용 편리성, 오류, 요구 충족도	**내부 프로세스 측면** 신뢰도, 품질, 입력력 환경, 타 시스템과의 연계성, 재현도	**미래 지향적 측면** 정확도, 유연성, 인지도, 미래 지향도, 향후 시스템 관리 정도	
	Eickelmann (2001)	**재무** 비용절감, 효율적 자산 활용, 높은 IT 투자 수익	**고객** 품질, 신뢰성, 안전성	**내부 프로세스** 소프트웨어, 시스템 공학 접근법	**학습과 성장** 기술 기반, 교육 프로그램, 자질 평가 프로그램	
	GAO (1998)	**전략 관점** 조직 목표, 포트폴리오 관리, 재무적 성과, 정보자원 활용	**고객 관점** 고객 협력·참여, 고객만족도, 업무절차 지원	**정보화 업무 성과 관점** 시스템 개발·유지보수, 가용성, 아키텍처 준용, 사업 성과	**학습과 혁신 관점** 신기술 활용, 방법론 현행화, 직원 만족·보유, 인적자원 강화	

BSC는 원래 경영 전반을 대상으로 개발된 성과평가 기법이다. 이를 IT 투자 평가에 적용하기 위해서 IT 투자 평가 중심으로 수정한 BSC 기법이 IT-BSC이다. 대상이 다른 만큼 네 가지 관점도 다르게 구성되며, 연구자에 따라 다른 관점이 제시되고 있다.

참고자료
위키피디아(http://en.wikipedia.org/wiki/Balanced_scorecard).
Paul R. Niven. 2003. 『BSC STEP BY STEP』. 삼일회계법인(PwC) 경영컨설팅 본부 옮김. 시그마인사이트컴.

기출문제
90회 관리 균형성과표(Balanced Scorecard) 또는 전략지도(Strategy Map)의 관점 중 내부 프로세스 관점(Internal Process Perspective)에서 다루어야 할 4종류의 비즈니스 프로세스에 대해 설명하시오. (10점)

90회 응용 피터 드러커는 저서 『성과를 향한 도전』을 통해 "지식 노동자에 대한 동기부여는 자신이 성과를 올릴 수 있느냐에 달려 있다"고 했다 국내 기업들이 성과관리를 위해 사용하는 MBO(Management By Objective: 목표에 의한 성과관리) 방식과 BSC(Balanced Scorecard: 균형성과관리) 방식에 대해 설명하시오. (25점)

77회 관리 벤치마킹(BM: Benchmarking), 비즈니스 리엔지니어링(BPR: Business Process Reengineering), SCM(Supply Chain Management), BSC(Business Scorecard) 등과 같은 다양한 경영혁신 기법들과 경영에 대한 건전한 이해를 시스템 개발자들은 반드시 하고 있어야 한다. 그 이유를 설명하고, 특히 경영환경의 변화와 정보 사용자의 입장에서 기술하시오. (25점)

Enterprise IT

C

경영 기법

—

캐즘 Chasm

매년, 매월 다양한 첨단 기술과 새로운 상품들이 시장에 출시되고 언론에 발표되는 시대이다. 이러한 상품과 기술들은 출시되고 상품화되어 대중에게 판매되는 경우도 있지만 그 반대로 아무도 모르는 사이에 시장에서 도태되어 사라지는 경우도 존재한다. 이와 같이 새로운 기술과 상품이 시장에서 수용되어 대중에게 판매되고 철수하는 시장에서의 수용 주기(Adoption Lifecycle)를 캐즘(Chasm)이론이라고 하며, 특히 캐즘의 시점을 극복하여 대중에게 판매되는 Mainstreet Market으로 갈 수 있는 경영전략을 의미하기도 한다.

1 캐즘의 개념

캐즘Chasm 이론은 하나의 기술이나 상품이 시장에 출시되고 주목을 받아 일부 사용자들에게 수요를 창출하다가 주력시장으로 진출하거나 퇴출되는 기술의 수용주기를 의미하는 시장의 이론이다. 이 캐즘 이론의 핵심은 선각 시장Ealry Market에서 주력시장Mainstreet Market으로 도약하는 그 사이에 존재하는 성공과 실패의 시점을 캐즘이라 정의하고 캐즘을 극복하고 주력시장으로 갈 수 있는 다양한 전략이 필요하다는 것이다. 이는 첨단 기술부터 전통적인 산업군의 상품도 해당이 될 수 있는 범용적인 이론이지만 주로 최신 ICT 기술과 상품에 대하여 많이 적용되는 이론이다. 혁신 수용자와 선각 수용자가 존재하는 선각 시장은 전체 시장의 단 15% 내외를 차지하는 작은 시장이므로 캐즘을 극복하여 전체 시장의 70% 내외를 차지하는 주력 시장으로 진출하는 것이 기업의 성패를 좌우하는 전략이 될 것이며 이를 위해 시장의 기술수용주기별 사용자의 특성을 파악할 필요가 있다.

혁신 수용자Innovators는 새로 출시된 기술과 상품을 어느 사용자보다 빨리

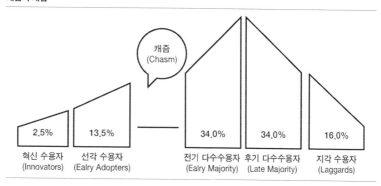

인지하고 해당 기술과 상품의 시험대가 되기를 자처하며 이를 전파하고 기술적으로 진보시키는 데 만족감을 얻는 수요자이다. 2.5%라는 작은 비율을 차지하는 수요자 그룹이지만 기술적인 수준과 전파력은 높다고 볼 수 있다. 선각 수용자Ealry Adopters는 혁신 수용자에 의해 발굴되고 전파된 기술과 상품이 미래에도 사용될 가치가 있음을 인지하고 시장성을 판단한 후, 시장에 확대되어 주력 상품이 되기를 원하는, 기술적으로 앞서 있는 수요자이다. 기업은 이 선각 수용자들을 통해 주력 시장에 진출하기 전 다양한 방식으로 홍보와 기술완성도 향상 활동을 벌인다. 전기 다수 수용자Early Majority와 후기 다수수용자Late Majority는 주력시장에 이미 진출한 상품과 기술을 시장성, 가치, 가격, 성능, 인지도, 사용성 등 다양한 항목을 기반으로 판단하고 구매하는 일반적인 대중을 의미한다. 이 주력 시장의 구매자들이 전체 시장의 대부분 구매력을 보유하고 있으며 선각 시장에서의 상품 인지도와 평가가 이들을 움직이는 하나의 기반이 된다. 마지막으로 지각 수용자는 시장에서 상품이 퇴출되어가는 마지막 단계에서 가격의 합리성과 충분한 시장 검증, 안정성 등을 판단하여 수동적이며 보수적으로 움직이는 수요층이다. 일반적으로 앞 단계에서의 상품의 성공, 실패에 따라 좌우되는 구매층이라고 볼 수 있다.

2 캐즘의 상세 전략

캐즘을 극복하고 주력시장에서 성공하는 상품과 기술을 위해서는 다양한 기업 전략이 도출될 수 있다.

2.1 틈새 시장 진입 전략

주력 시장에서 시장 점유율을 차지하는 최대 상품이 되는 것이 어렵다는 것으로 판단되는 경우 선각 수용자와 혁신 수용자 단계에서의 수요자들을 기반으로 틈새시장만을 유지하는 전략이다. 틈새시장은 주력시장보다 그 범위가 작고 구매력이 낮은 단점이 있는 반면에 수요자들의 충성심과 시장 지속력이 높다는 장점이 존재한다. 이를 위해서는 주력 시장 진출을 위한 과도한 홍보비용과 다수의 수요를 맞추기 위한 범용화를 포기하는 대신 틈새시장의 수요자를 위한 맞춤형 전략을 유지하는 것이 바람직하다.

2.2 선각 수용자 활용 전략

혁신 수용자는 대부분 시장에서 항상 새로운 기술을 탐닉하는 성향이 있으므로 전략적인 활용이 어려운 반면에 선각 수용자는 기술적인 우위를 기반으로 주력 시장에서 자발적 전파를 마다하지 않는 특성을 가졌다. 이를 이용하여 선각 수용자를 하나의 홍보 수단으로 적극적으로 활용하고 주력시장에서 선각 다수수용자에 대한 하나의 시장 리더로 활동할 수 있도록 하는 전략이다. 선각 수용자들의 경우 일반적으로 커뮤니티가 활성화되어 있는 경우가 많으므로 이 커뮤니티를 활용하여 마케팅을 수행하거나 커뮤니티가 존재하지 않는 경우 간접적으로 지원하는 경우를 들 수 있다.

3 캐즘전략의 사례

전기자동차 기술을 사례로 들어 캐즘Chasm전략을 설명한다면 다음과 같은 사례가 될 수 있다. 약 10여 년 전 아직 전기자동차가 활성화되지 않고 안정성에 대한 확신이 없던 그 시절에 전기자동차의 시장은 전체 내연기관 자동차 시장에 비해 아주 작았다. 하지만 그때에도 일부 혁신자들은 전기자동차를 구매하였으며 새로운 기술에 탐닉하고 누구보다 먼저 전기자동차를 실험하고 직접 타본다는 즐거움을 느끼는 사용자이다. 이 혁신자 단계가 지나면 선각 수용자들이 전기자동차의 기술을 알게 되고 그 미래와 비전을 매력적으로 느끼며 전기자동차가 앞으로 일반화될 것이라는 기대감을 가지고 구매하게 되는데 이때가 Early Market의 단계이다. 이 단계가 지나면 캐즘이 오게 되며 이 시점을 넘어 본격적인 Mainstreet Market으로 진출하여 시장의 주도권을 쥐거나 또는 반대로 시장에서 철수하는 기업이 될 수도 있다. 전기자동차의 경우 경쟁사의 출현, 시장의 포화도, 기술발전 정도, 정부의 지원금, 규제 범위, 언론의 친화도 등 아주 다양한 요소가 결합되어 캐즘을 극복할 수 있을 것이며 전기자동차뿐만 아니라 다양한 상품과 기술들이 이 캐즘을 극복하기 위한 전략을 도입하고 있다.

CSR, CSV, PSR

IT는 분명 우리 사회를 더 빠르고 효율적으로 변화시키는 역할을 하고 있다. 디지털 기기의 확산에서 디지털 소외계층의 발생이나 게임중독에 대한 우려와 같이 일부 부정적인 시각 또한 존재한다. 이런 이유로 우리는 IT 산업을 고민할 때에도 CSR과 CSV을 함께 생각해볼 필요가 있다.

1 CSR, CSV, PSR

기업의 사회적 책임을 CSR Corporate Social Responsibility 이라고 한다. 기업은 전통적으로 있었던 노동관행의 준수나 공정경쟁 등의 요구사항과 더불어 인권, 환경, 소비자 보호에 대한 책임을 추가로 요구받고 있다. 이런 사회적 책임은 법률적인 강제성은 약하지만 기업이 존속하기 위해 윤리적으로 반드시 요구되는 사항들이고, 많은 기업들이 이를 따르며 공익을 실현해가고 있다.

CSV Corporate Social Value 는 기업의 사회적 책임CSR을 넘어서 기업이 경쟁우위를 만들어가면서 동시에 지역사회의 사회적·경제적 환경을 발전시키며 공생을 추구하는 경영전략을 말한다. CSV는 처음부터 사업적 관점의 경제가치와 사회적 가치를 동시에 생각하는 것이다. 이 때문에 CSV는 단순한 정책적 접근이 아닌 경영전략으로까지 승화된다.

다음 그림은 CSV라는 개념을 처음 제시한 하버드 비즈니스 스쿨의 마이클 포터Michael Porter 교수의 모델로 CSV를 설명하는 유명한 그림이다. 왼쪽

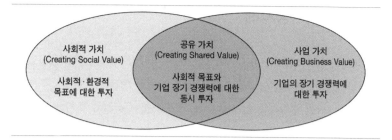

의 사회적 가치와 오른쪽의 비즈니스적 가치 추구의 접점 속에 양쪽의 가치를 동시에 창출하는 신규 비즈니스 모델을 추구할 수 있다는 제안이다. 공익에 대한 투자 중 장기적으로 기업의 경쟁력에 영향을 미치는 요소를 찾고 이를 잘 활용하는 방안을 적용해보자는 의미이다.

이렇듯 CSR과 CSV의 차이점은 비즈니스와의 연계 여부에 있다. 기존의 CSR이 기업의 실제 비즈니스와는 상관없이 단기적 프로그램에 집중하여 기업을 평판을 관리하는 수준이었다면, CSV는 기업의 상황에 맞추어 정부 및 NGO Non-Government Organization 등과 협력하여 지역 클러스터를 구축하는 등 기업목표와 사회적 가치 창출의 목표를 공유한다.

구분	CSR	CSV
가치	사회적으로 선한 활동	비용에 대비한 사회적·경제적 활용
개념	기업시민의식, 기업사회공헌, 지속 가능성	기업과 지역사회 가치 창출에 협력
인식	이익 창출 행위와 별개의 행동	이익 창출 행위와 통합된 행동
선정과정	외부 관계자와 내부의 재량에 의해 어젠다 생성	기업의 특정 상황에 맞게 내재적으로 설정

PSR Personal Social Responsibility 은 기업에서의 CSR과 마찬가지로 개인 또한 사회적인 책임이 있다는 개념이다. 개인 또한 자신의 행동이 사회에 미치는 영향을 생각하고 책임지는 자세가 필요하다. PSR의 적극적인 실현은 여러 공익활동에 대한 개인의 참여나 기부 등을 통해 달성되며 CSR을 실현하는 데 꼭 필요한 요소라고 할 수 있다.

2 CSV의 적용사례

마이클 포터 교수는 CSR과 CSV를 설명하면서 공정무역을 예로 들고 있다. 가난한 농부가 재배한 농작물에 대해 높은 가격을 책정하여 이들을 지원하는 것은 기업의 수익을 악화시킬 수 있지만 사회적 빈곤을 해결할 수 있는 CSR에 해당한다. 반면 기업이 해당 농작물에 대한 농법을 개선하고 농부를 위한 지역 협력과 지원체계를 갖추는 쪽으로 기업의 투자가 진행된다면, 가난한 농부들을 지원하여 사회적 가치를 향상시킬 뿐 아니라 장기적 관점에서 기업에서도 안정적이고 효율적인 농작물 공급망을 확보하게 되는 역할을 수행할 수 있다.

이와 유사한 실제 사례로 글로벌 식품업체 네슬레Nestle가 있다. 네슬레는 낙후된 커피농장 지역에 농업기술, 금융, 물류기업을 모아 클러스터를 형성하고 농민들에게 지속적인 교육, 은행 대출, 비료와 살충제 등을 지원했고, 이를 통해 커피농장은 수확량을 증가시키고 고품질의 원료를 생산할 수 있게 되었다. CSV를 통해 지역사회는 더 높은 소득을, 네슬레는 자사 제품의 품질 향상과 동시에 브랜드 관리의 효과까지 얻게 된 것이다.

네슬레의 사례는 CEO의 의지와 믿음을 통해 CSV를 달성한 모범사례로 꼽힌다. 네슬레는 2000년대 후반부터 기업의 궁극적인 경영이념으로 CSV를 도입했다. 페터 브라베크 테트마테Peter Brabeck Letmathe 네슬레 회장은 CSV에 대한 믿음과 의지를 천명하고 방향을 명시하며 CSV를 추진했고, 이로써 네슬레의 핵심 사업과 사회적 문제를 연결하는 새로운 기회를 만들었다. 네슬레는 현재에도 농촌지역 개발, 수자원, 영양이라는 3대 핵심가치 분야를 선정하고 CSV 활동을 지속하고 있다.

또 다른 사례로 월마트가 있다. 월마트의 CEO 리 스콧 주니어Lee Scott Jr.는 열악한 노동조건, 불공정한 경쟁, 환경파괴 등으로 '유통 공룡'이라는 비난을 받게 되자 CSV 활동을 통해 기업 이미지 회복에 나섰다. 이후 월마트는 폐기물 제로화, 재생에너지 사용, 지속 가능한 제품 판매를 3대 전략으로 삼고 포장지 등 폐기물을 재분류하여 재활용하고 전 세계 푸드뱅크에 식품을 기부하여 음식물 폐기물을 줄이는 등의 활동을 수행했다. 월마트는 이를 통해 자사 기업의 비용절감 및 이미지 개선과 함께 이산화탄소 절감, 공급업체의 생산비용 절감, 화물트럭 운송량 효율화, 농가 소득증대 등 사회적 효과까지 얻을 수 있었다.

국내 사례 그리고 IT 기업의 사례로 KT의 '에코노베이션' 활동을 들 수 있다. KT는 지난 2011년 CSV 조직을 구성하고 개발자와 함께 더불어 성장할 수 있는 개발자 생태계 구축을 캐치프레이즈로 스마트스쿨, 경진대회 등 다양한 활동들을 전개하고 있다. 지자체, 대학, 3rd Party와 제휴하여 토털 솔루션 지원, 개발환경 조성, 해외시장 확대, 국내시장 확대 등의 가치를 만들어가고자 하는 것이 이들의 목표이다.

이런 활동들을 통해 실력 있는 개발자가 발굴되고, 전문성 있는 개발사가 육성되며, 개발자들 간 정보가 더 활발히 공유되며, 시장진출에 대한 새로운 기회가 창출될 수 있다면, 이는 기업뿐 아니라 IT 산업 전체에 대한 가치창출이 아닐 수 없다.

3 CSV의 적용방법

마이클 포터의 CSV 제안 이후 이를 적용하기 위한 방법과 전략에 관한 많은 연구와 제안이 있었다. 최초로 마이클 포터는 세 가지 원칙을 제시했는데, 상품과 시장의 재인식, 가치사슬의 재정의, 지역 클러스터의 구축이 그것이다. 포터의 제안은 기업이 이 전략을 채택했을 때 CSV의 정의에 기초하여

적용 방법	주요 내용	대표 사례
상품과 시장을 재인식하라	사회적 문제와 위기에 기반을 둔 사회의 Needs는 거대하지만, 정작 비즈니스는 전통적인 이익창출의 원천에만 집착. 그러므로 사회적·환경적 가치를 창출하면서 동시에 이익을 창출하는 장기적인 성장 기반을 찾아야 함	GE는 Ecomagination을 통해 환경가치와 상품가치를 동시에 충족시키며 180억 달러의 매출을 올림
가치사슬의 생산성 정의를 다시 하라	- 전통적으로 외부효과라고 여겨왔던 사회적·환경적 영향은 최근 들어 비즈니스 가치사슬에서 발생하는 비용으로 인식됨 - 에너지 사용, 운송, 자원 사용, 구매, 유통, 직원 생산성 등의 사회적·환경적 영향을 고려하여 가치사슬 단계마다의 생산성을 다시 정의 내릴 필요가 있음	코카콜라는 2012년까지 물 사용량 20% 절감계획을 세우고, 절반가량을 줄이는 데 성공함(자원 사용)
지역 클러스터를 구축하라	단일 기업만으로는 CSV의 효과를 극대화하기는 역부족. 지역사회의 협력업체, 시민사회기관, 공공·정부기관과 타 지역 단위의 클러스터를 구축하여 전략효과를 극대화해야 함	Nestle의 네스프레소. 커피 농장 클러스터를 구축, 농부들에게 기술지원 등을 통해 품질 향상과 동시에 브랜드 관리에 성공함

각 가치사슬 단계별로 무엇을 해야 하는지 설명하는 것에 가깝게 느껴진다.

마이클 포터와 함께 CSV를 처음 소개한 경영컨설팅회사 FSG의 마크 크레이머Mark Kramer 공동대표는 CSV를 실행하기 위한 몇 가지 시사점을 제시한다. CEO의 강력한 의지와 리더십, 오랜 시간이 소요되는 과정과 리스크에 대한 감수 의지, 조직 전체의 변화관리 등이 그것인데, 이는 기업에서 CSV를 성공적으로 적용하기 위한 필요조건의 관점에 조금 더 집중하고 있다.

이 밖에도 많은 학계와 기업에서 CSR을 CSV로 발전시키기 위한 연구와 사례를 제시하고 있다. 하지만 공통적으로 가장 강조된 사항은 그 과정이 결코 쉽지 않을 것이며, 기업 전체의 비전과 방향성을 재설계해야 한다는 사실이다. 따라서 이를 위해 외부조직과의 긴밀한 협업과 정밀한 내부 프로세스 체제 정비가 필요하고 리더의 의지와 임직원 참여의 중요성이 무엇보다 강조되고 있다.

 참고자료

≪CHIEF EXECUTIVE≫, 2013년 9월 호.

Michael E. Porter and Mark R. Kramer. 2011. "Creating Shared Value." *Harvard Business Review*, January.

플랫폼 비즈니스

플랫폼이라는 용어는 인터넷이 발전하기 이전의 전통적인 환경에서도 시장 지배적인 사업자에 의한 구조적인 형태로 존재해왔었다. 하지만 인터넷과 모바일 등 ICT 기술의 급격한 발전으로 플랫폼에 의한 집단 및 규모의 경제효과가 극대화되었고 이를 이용한 성공적인 플랫폼 사업자들이 등장하게 되었다. 이러한 플랫폼 사업자들은 해당 분야의 시장 주도적인 지배력을 보유하게 되었으며 새로운 신기술이 등장할 때마다 플랫폼 비즈니스의 중요성이 대두되고 있다.

1 플랫폼 개요

플랫폼은 다양한 종류의 시스템을 만들기 위해 공통적으로 사용하는 기반 모듈 또는 다양한 제품이나 서비스를 만들기 위해 사용하는 토대를 말한다. 검색 서비스를 제공하고 이를 매개로 광고주와 사용자를 중개하는 구글은 검색 플랫폼이고, 애플리케이션 개발자와 사용자를 연결하는 운영체제는 애플리케이션 실행 플랫폼이며, 인터넷 판매자와 사용자를 연결하는 아마존은 온라인 쇼핑 플랫폼이다.

플랫폼 주요 기능은 연결기능, 비용감소기능, 검색비용 절감기능, 커뮤니티에 의한 네트워크 효과, 상호작용을 촉진시키기 위해 제3의 그룹을 끼워 넣는 삼각 프리즘 기능 등이 있다. 각 기능별 내용 및 특성은 다음 표를 참조하기 바란다.

주요기능	설명	특징
연결 기능	- 증권거래소, 옥션과 같이 복수 그룹의 교류를 촉진시키는 '장'을 제공하고 서로 연결 - 그룹 사이의 흥미를 끌 만한 요인이 존재해야 함 - 플랫폼을 제공하는 공급자는 그룹을 위한 장소, 시스템, 결제, 문제 해결 등의 인프라를 제공함	- 차별적 가치 제공 - 커넥터와 인터페이스 제공(API, 프로토콜)
비용감소 기능	- 각 그룹이 개별적으로 처리할 경우 시간과 비용이 많이 드는 기능을 플랫폼이 대신 제공 - 백화점이 담당하고 있는 화장실, 주차장, 고객관리 기능 - 게임기 제조회사(닌텐도)의 복사방지, SW 갱신 기능 등	- 플랫폼 전략 체계 수립 - 편리한 사용자 환경
검색 비용 절감 기능	- 플랫폼이 제공하는 브랜드가 사용자에게 신뢰를 부여 - 서비스에 대한 일정 수준의 질을 보장함	- 관리체계 - 품질인증 시스템
커뮤니티에 의한 네트워크 효과	바이러스처럼 입소문이 퍼진다는 의미의 바이럴 효과에 의해 참가 그룹 간에 신뢰의 분위기가 형성되고 정보의 상호교류가 일어나며 플랫폼에 대한 '애착'이 늘어남	- 출시 초기 참여자 확보를 위한 노력 - 입소문
삼각 프리즘 기능	- 빛의 반사 방향을 바꾸는 프리즘처럼 언뜻 보면 직접적인 상호작용이 일어나지 않을 것 같은 두 개 이상의 그룹을 서로 연결해주는 기능 - 직접적인 상호작용이 이루어지고 있는 두 그룹이라 하더라도 그 상호작용을 더욱 촉진하기 위해 제3의 그룹을 끼워 넣는 경우 있음	- 새로운 기능 추가 - 번들링

2 플랫폼 비즈니스 유형

플랫폼 비즈니스는 복수 그룹의 요구를 중개하며 그룹 간의 상호작용을 환기시키고 그 시장의 경제권을 만드는 비즈니스 모델이라 할 수 있다.

플랫폼 비즈니스 유형은 참여 그룹에 따라 단면 플랫폼Single-Sided Platform, 양면 플랫폼Two-Sided Platform, 다면 플랫폼Multi-Sided Platform으로 분류할 수 있다.

양면시장Two-Sided Market 또는 다면시장Multi-Sided Market은 구매자와 판매자 간의 거래와 같이 단일 또는 복수의 플랫폼 사용자에게 동시에 가치를 제공하면서 이에 대한 적절한 비용적 수익을 함께 달성할 수 있는 시장을 말한다. 신문은 광고주와 독자에게 각각 광고를 게재할 수 있는 채널과 정보를 수집할 수 있는 소스로서의 가치를 제공하면서 광고주와 독자 모두에게 광고수수료와 구독료라는 수익을 얻는 대표적인 양면시장이다.

C • 경영 기법

유형	설명	사례
단면 플랫폼	- 기존 제조회사나 소매점처럼 한 회사에서 구입하여 가공한 후 판매하는 모델 - 다른 회사와의 제휴 없이 단독으로 사업	단독 쇼핑몰
양면 플랫폼	두 개의 그룹을 연결	중매 사이트
다면 플랫폼	각종 서비스를 제공하는 여러 서비스 사업자와 수많은 사용자를 연결	오픈 마켓

양면 플랫폼Two-Sided Platform 또는 다면 플랫폼Multi-Sided Platform 은 이런 양면시장과 다면시장에서 동작하는 플랫폼으로서 한쪽 참여자(개발자 또는 판매자)가 플랫폼에서 얻는 가치가 다른 쪽 참여자(사용자 또는 구매자)의 수에 따라 증가하고 그 반대도 성립하는 플랫폼이다. 재래시장이나 백화점 같은 물리적인 거래 공간, 이베이, 지마켓 등의 온라인 쇼핑몰, 증권시장, 신용카드 등은 모두 서로 다른 집단(판매자와 구매자)을 중개하는 양면 플랫폼이다.

양면 플랫폼은 양면시장에서 시장의 두 참여자(판매자와 구매자) 모두 수

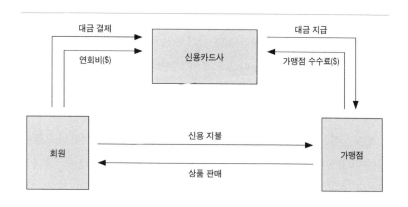

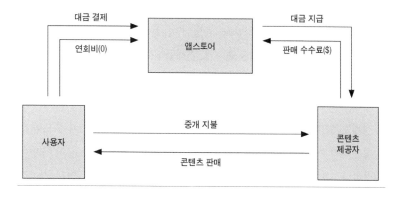

익을 창출하고 또 네트워크 효과Network Effect에 의해 수요와 공급이 선순환된다는 특징을 가진다. 그리고 여기서 플랫폼은 이 상호작용들을 중개함으로써 네트워크 효과를 만들어낸다. 이는 문제를 아주 복잡하게 만드는데, 예를 들어 신문구독료가 올라가면 가격변화와 독자이탈에 따른 구독수익의 변화를 예측해야 할 뿐 아니라 광고수요의 이탈로 인한 광고수익의 변화까지 그 영향을 분석해야 하는 식이다.

앞의 그림이 양면시장의 사례이며, 여기에 앱스토어에 광고를 게재하는 광고주나 이동통신서비스를 제공하는 통신사Carrier와 같은 시장참여자가 늘어나면 양면시장이 아닌 다면시장으로 확대된다. 이렇게 플랫폼은 일반적으로 다면시장인 경우가 대부분이지만 분석의 편의를 위해 양면시장으로 가정하고 모형화하여 문제를 단순화시켜 접근하는 경우가 많다.

3 다면 플랫폼의 유형과 활용전략

다면시장의 플랫폼을 분류하기 위해 여러 관점에서 연구가 있었다. 먼저 다면 플랫폼의 역할 및 기능에 따라 크게 세 가지로 분류하여 접근할 수 있다. 이 관점은 플랫폼 구축 또는 활용 시 플랫폼 참여자들에 대한 분석을 실행할 때 효과적이다.

첫째는 시장 조성자Market-Maker 유형이다. 국내에서 많이 활성화된 오픈마켓이 이 유형에 속하는데, 오픈마켓 플랫폼의 운영자는 마치 부동산중개업과 같이 이용자들을 유치하는 판촉활동을 수행하여 고객을 모아 거래를 중개하고 이에 대한 수수료를 받는 형식으로 수익을 창출한다. 증권거래소나 쇼핑센터도 이런 유형에 속한다고 할 수 있다.

둘째는 청중 조성자Audience-Maker 유형이다. 신문, 잡지, 인터넷 포털 등의 미디어 사업이 이 유형에 해당하는데, 거래를 직접적으로 중개하는 것은 아니지만 이들의 상호 목적을 달성할 수 있도록 연결하는 기능을 수행하면서 수익을 창출한다.

셋째는 수요 조정자Demand-Coordinator 유형이다. 별개 고객집단의 수요를 연결함으로써 가치를 창출하는 방식이며 신용카드 거래 플랫폼이 이 유형에 해당한다. 광고주가 없어도 독자가 신문에서 정보를 얻을 수 있는 것과는 달리 신용카드 거래는 신용카드를 발급하는 서비스만으로 또는 가맹점의 전표매입만으로는 가치를 창출할 수 없다. 하지만 양자가 결합되면 네트워크 효과를 발생시키는 가치가 만들어진다.

다면시장의 플랫폼은 플랫폼의 소유 형태를 기준으로 구별할 수도 있다. 소유된 플랫폼Proprietary Platform은 플랫폼의 공급자가 하나의 기업인 경우이다. 애플의 iOS나 구글의 검색 플랫폼이 그 예가 될 수 있다. 공유된 플랫폼Shared Platform은 플랫폼을 제공하는 기업이 다수인 경우이며, 앞서 예로 든 Visa의 신용카드 플랫폼이나 DVD 플랫폼 또는 Linux와 같은 플랫폼 기술은 공유되고 호환되지만 공급사에 따라서 차별화된 기능을 제시하면서 경쟁하는 모델이다.

이 두 플랫폼 모델의 구분은 플랫폼 사업을 하는 기업에게 매우 중요하다. 최근 IT 시장에서 협업이 중요한 화두가 되면서 많은 IT 비즈니스가 네트워크 효과를 필요로 하는 플랫폼 사업으로 귀결되고 있다. 이 때문에 많은 기업들이 플랫폼 구축을 고민하고 있으며, 플랫폼을 구축하고자 하는 기업은 플랫폼을 독자적으로 운용하는 방식과 경쟁사와 공유하는 방식 사이에서 전략을 고민하게 된다.

유형	설명	사례
소유된 플랫폼 (Proprietary Platform)	Two-Sided Market의 한쪽이 최소한의 비용이나 무료로 플랫폼에 참여하여 시장을 확장하는 유형	- Apple iOS - PC의 OS 시장의 사용자와 개발자
공유된 플랫폼 (Shared Platform)	Two-Sided Market의 양쪽이 같은 비율의 비용을 지불하고 유지되는 형태의 시장	- DVD의 고객과 제작사 - Subsidy Side가 없음

플랫폼 구축의 생명주기를 플랫폼 설계Platform Design, 사용자 네트워크 창출Network Mobilization, 플랫폼 완성Platform Maturity의 세 단계로 구분할 때, 각 단계별로 소유된 플랫폼과 공유된 플랫폼을 선정했을 때 발생하는 특징과 이에 따른 대응전략을 생각해보면 다음 표와 같으며 이를 통해 두 플랫폼 사이의 특징을 더욱 잘 이해할 수 있다.

보조금Subsidy과 무임승차 문제Free Rider Problem는 플랫폼 구축에서 매우 중요한 개념이다. 소유한 플랫폼을 사용할 경우 플랫폼의 관리와 제어를 한 기업에서 독점하므로 무임승차가 발생할 수 없다. 그래서 사용자를 얼마나 확보하느냐가 플랫폼의 성패를 좌우하는 가장 큰 지표가 되며, 다양한 보조금정책을 통해 사용자를 확대하는 전략이 가능하다. 하지만 단일 기업에서 이런 네트워크 확대에 대한 비용부담과 위험을 모두 부담해야 하기 때문에 실패 시 이에 대한 손실도 크다.

공유된 플랫폼의 경우 여러 동료 공급사Peer Provider가 원활히 협업할 때 강력한 모델이 될 수 있지만 현실적으로 협업이 매우 어렵다. 초기 상호 목표가 일치하여 협업이 발생하는 것 같아 보이지만 언제든지 이해관계에 따라 독자적인 플랫폼으로 분리될 가능성을 내재한다. 특히 초기 구축 이후 플랫폼의 업그레이드가 발생할 경우 해당 업그레이드를 주도했던 업체는 당연히 경쟁사와 가치를 나누지 않고 독식하고 싶어 하기 때문에 시간이 지나면서 호환성에 점차 심각한 문제가 발생할 수 있다.

단계	소유된 플랫폼	공유된 플랫폼
[1단계] 플랫폼 설계 (Platform Design)	- Free Rider Problems 해결 - Winner-Take-All 전략 실패 시 대규모 투자에 대한 손실 가능성	- 초기 확대에 유리 - Free Rider Problems 발생 가능
[2단계] 사용자 네트워크 창출 (Network Mobilization)	- 보조금(subsidy) 정책 필요 - 사용자 가치에 대한 공식을 찾는 것이 중요	- 보조금정책 사용 어려움 - 플랫폼 동료 공급자 가치에 대한 공식을 찾는 것이 중요 - 이해관계에 따라 상이한 기술에 대한 표준경쟁으로 답보상태 가능성
[3단계] 플랫폼 완성 (Platform Maturity)	- 관리의 범위 이슈 발생 - 플랫폼 다각화 기회 발생 - 대체 플랫폼에 대한 협업 또는 흡수 (수직통합) 검토 필요	- 다각화나 타 플랫폼에 대한 수직통합 어려움 - 참여 공급사들이 경쟁력 확보 위해 소유 플랫폼적인 특성을 추가함에 따라 기술 분할 가능성

4 다면시장 진입 시 고려사항

다면시장에 진입하고자 하는 기업은 해당 시장의 여러 사용자를 연결하기 위해 플랫폼의 관점에서 접근이 필요하게 되고, 플랫폼 관점에서 사업에 진입할 때에는 전통적인 접근방법과 분명히 다르다. 전통적인 시장에서는 제품의 품질과 차별화된 서비스, 적절한 판매 채널, 가격 경쟁력 등이 제품이나 서비스의 성공요인인 반면, 플랫폼 관점의 시장에서는 플랫폼에 참여하는 참여자들의 수와 이해관계에 따라 제품, 서비스의 성공 여부가 결정되기 때문이다.

가장 우선적으로 이해해야 할 플랫폼 시장의 특징은 플랫폼 시장이 승자독식Winner Take All Dynamics 구조라는 점이다. 플랫폼은 한번 선순환 구조가 만들어지면 하나의 플랫폼으로 수렴되며 비슷한 플랫폼은 공존하기가 어렵다. 페이스북이 SNSSicial Network Service 의 1위로 떠오르자 마이스페이스는 시장에서 사장되었다. 한 플랫폼이 1위가 되면 이후 업체에게는 사업기회가 잠겨버리기 때문에 '잠금효과Lock-In-Effect'라고 불리기도 한다.

잠금효과(Lock-In-Effect)
특정 제품 또는 특정 시스템이 가져오는 관련제품, 부가제품 또는 다른 서비스의 선택을 제안하는 현상

선순환 구조의 생태계를 만들기 위해서는 시장 참여자들이 스스로 플랫폼을 선택하게 만들어야 한다. 그래서 자신이 가지고 있는 자산을 개방하는 것을 적극적으로 고려할 필요가 있다. 자산의 개방은 직접적인 보조금일 수도 있고 잘 설계된 비즈니스 모델로 시장 참여 시 가치를 나눠 가지도록 만들어지는 시스템일 수도 있다.

포위망 공격Platform Envelopment 은 플랫폼 사업에서 사용되는 또 다른 중요한 전략 중 하나이다. 플랫폼은 종종 다른 플랫폼과 중첩되는Overlapping 사용자를 기반으로 한다. 포위망 공격은 이런 관계를 이용하여 다른 플랫폼의 사용자를 통합해가는 것이다. 유사한 그리고 시너지를 가지는 여러 플랫폼을 번들로 통합하게 될 경우 발생하는 가치는 독자Stand-Alone 플랫폼 환경에 비해 월등하다. 기능의 번들은 전체 가격의 하락 효과가 있다.

이런 통합 현상은 기술적으로 빠르게 성장하는 시장에서 더 두드러지게 나타난다. 기술의 성장은 시장의 경계를 빠르게 무너뜨리면서 관련된 기술과 시장을 융합Convergence 해간다. 모바일 폰이 MP3 플레이어, 비디오 플레이어, PC, 신용카드 플랫폼으로 확대되어가고 있는 것이 대표적인 사례이다.

포위망 공격이 시작되면 독자 플랫폼 업체는 자사의 사업을 팔거나 시장에서 철수할 수밖에 없다. 리얼네트웍스RealNewtorks 의 모델은 미디어 플레이어를 인터넷을 통해 무료로 배포하고 콘텐츠 회사로부터 수익을 얻는 성공적인 양면시장에서의 플랫폼이었다. 하지만 1998년 마이크로소프트는 자사의 MS streaming media server를 Windows NT 서버와 통합한 포위망 공격을 진행했고, 야후Yahoo 와 애플Apple 은 각각 자사의 포털 플랫폼과 MP3 플레이어 플랫폼에 통합된 가입 기반 음원 스트리밍 서비스Subscription Music Service로 공격을 감행했다. 독자 플랫폼인 리얼네트웍스로서는 이에 맞서는 것이 불가능했다.

다른 사례로 이베이eBay 가 인터넷 지불결제 회사인 페이팔PayPal, VoIP회

사인 스카이프Skype, 광고 사이트인 크레이그리스트Craigslist를 인수하여 통합 플랫폼을 구축하면서 구글의 구글체크아웃Google Checkout 페이먼트 서비스, VoIP 구글토크Google Talk, 리스팅서비스 구글베이스Google Base의 포위망과 경쟁하고 있다.

이런 사례들은 IT 시장에서 IT 제품의 품질이나 생산성이 더 이상 제품 성패의 요소로 충분하지 않음을 말해준다. 복잡하게 융합되어가는 IT 서비스 환경 속에서 고민의 대상은 얼마나 잘 만드느냐보다 무엇을 왜 만드느냐로 점차 바뀌어가고 있으며, IT 기술을 담당하는 사람들 또한 이제는 그 고민에 동참해야 할 시점이다.

5 플랫폼 비즈니스 향후 전망

플랫폼 비즈니스는 IT, 금융 등 서비스 산업을 중심으로 전개되었고 최근에는 숙박, 민간 교통 수단까지 급속히 확대되고 있다. 이에 따라 클라우드나 모바일, 네트워크 관련 혁신적 기술 개발이 플랫폼 비즈니스를 견인할 것이며, 관련 법 개정이 함께 검토·진행되어야 할 것이다.

참고자료
정보통신정책연구원. 2008. 「양면시장(two-sided market)」.
한국정보법학회. 「다면적 플랫폼 사업자에 대한 공정거래규제」.
히라노 아쓰시 칼·안드레이 학주. 2010. 『플랫폼 전략』. 더숲.
Thomas R. Eisenmann. *Managing Proprietary and Shared Platforms: A Life-Cycle View.*
Thomas Eisenmann, Geoffrey Parker and Marshall W. Van Alstyne. *Strategies for Two-Sided Markets.*

기출문제
113회 응용 4차 산업혁명과 더불어 이슈가 되고 있는 플랫폼 전략과 플랫폼 비즈니스에 대한 다음 각 물음을 설명하시오.
가. 플랫폼 전략과 플랫폼 비즈니스 차이점
나. 플랫폼 전략의 주요 기능
다. 플랫폼 비즈니스의 유형 및 향후 방향

107회 관리 최근 대두되는 인터넷 전문은행을 설명하고 이를 실현하기 위한 핀테크 오픈 플랫폼을 활용할 수 있는 방안을 설명하시오.

90회 관리 모바일 오픈마켓을 정의하고 여러 모바일 오픈마켓(애플의 앱스토어, 구글의 안드로이드 마켓 등)의 특징을 마켓 참여자의 관점에서 설명하시오.

C-4

Lean Startup

기업의 비즈니스 환경은 변화의 속도가 점차 빨라지고 있다. 과거 전통적인 비즈니스에서는 시간의 흐름에 비해 비즈니스의 환경 변화도 빠르지 않았지만 2000년대 들어 발현한 인터넷 및 ICT 기술의 급격한 기술 발전에 따라서 비즈니스 환경의 변화는 급격한 흐름에 따라 변화하게 되었다. 이러한 환경 변화에 발맞춰 기업은 내부적인 역량과 외부적인 변화를 연계하여 빠른 의사결정과 업무 수행을 위한 전략을 취하게 되었으며 이를 Lean Startup이라는 형태의 기업으로 실현하게 된다.

1 린 스타트 업의 개념과 특징

린 스타트 업Lean Startup이란 기존의 비즈니스 수행 전략과 달리 빠르게 변화하는 기업 환경에 맞춰 제품 생산을 단기간에 완성하고 시장의 반응을 분석한 후 다음 제품을 생산하는 기업의 전략을 의미한다. ICT 기술의 발전에 따라 인터넷 기반의 고객 집단을 보유한 사업의 경우 인터넷 환경의 급속한 변화에 적응하기 위한 린 스타트업 전략을 세우고 있다. 린 스타트 업이란 기존의 상이한 기업 전략을 'Lean' 기반의 빠른 전략으로 선회한 기업을 의미하기도 하고 ICT 기술을 기반으로 한 신생 기업을 의미하기도 한다.

핵심요소	설명
현장중심 고객개발	완전한 계획 수립보다 가설을 바탕으로 고객 대면을 통한 시장관찰, 숨겨진 니즈 파악 및 반복을 통한 개선
린 사고 (Lean Thinking)	낭비제거, 빠른 인도와 피드백, 전체 최적화 등 린 사고방식에 근거
유연한 제품개발 방식	아이디어와 가설을 기반으로 Build → Measure → Learn cycle의 반복을 통해 고객과 시장에 대한 학습과 지속적 제품개선

린 스타트 업의 핵심요소로 현장중심 고객개발, 린 사고, 유연한 제품개발 방식을 들 수 있다.

2 린 스타트 업 제품개발 Cycle

린 스타트 업의 제품개발 Cycle은 다음 그림 및 표와 같이 Build, Measure, Learn 3단계 Cycle의 반복을 통해 지속개선하는 구조이다.

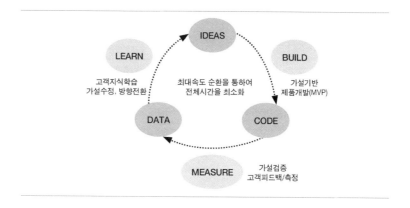

린 스타트 업의 제품 생산은 딘 한 번의 프로세스로 완료되지 않고 짧은 주기를 가진 6단계의 절차를 통해 이루어진다. 제품 생산을 위한 아이디어를 도출하고 이를 통해 최소기능제품Minimum Viable Product을 생산하며 해당 제품을 출시한 후 고객의 결과를 측정한다. 측정된 결과는 데이터로 수집하여 분석한 후 이 분석 결과를 통해 학습하고 다음 출시 제품의 기능을 개선한다. 각 주기의 최소기능제품은 다음 출시 제품을 위한 기반이 되고 주기마다 개선된 제품을 통해 빠른 시장변화에 맞춘 완성 제품을 출시하게 된다.

구분	항목	설명
린 스타트 업 3단계 Cycle	Build	- 아이디어와 고객에 대한 가설을 기반으로 제품을 빠르게 개발 - 최소의 노력과 공수로 완성할 수 있는 제품
	Measure	- 제품 및 서비스의 고객 반응 측정 - 실제 고객에서 선보이고 피드백을 받음
	Learn	- 고객반응을 기반으로 새로운 정보 학습 - 가설의 변경 및 비즈니스 모델의 방향 전환

3 린 스타트업의 전략

가설을 바탕으로 제품을 빠르게 개발하여 고객 반응을 보고 개선해가는 린 스타트 업의 전략은 기존 전략과 비교 시 다음과 같은 차이가 있다.

구분	기존 전략	린 스타트업 전략
전략수립	구체적 비즈니스 계획 기반	비즈니스 모델 및 가설 기반
신제품 개발	선형적, 단계적 개발 계획 기반	제품 개발, 시장테스트, 가설검증
엔지니어링	개발 전 모든 사양을 기획하고 제품 설계에 포함	최소기능을 갖춘 제품(MVP)을 반복적으로 검증하고 점증적으로 개발
성과 측정	대차대조표, 현금흐름표 등 전통적 재무제표 수치	고객획득비용, 고객생애 가치, 고객이탈률 등 측정 수치 중심
조직	세부 기능별로 나뉜 조직 구성	신속한 제품출시와 개선중심의 조직구성
추진속도	측정 가능한 완전한 데이터 기반 신중한 의사결정	수집한 데이터 기반 신속한 의사결정 및 실행
실패에 대한 인식	실패는 예외적 사항이며 경영자 교체 및 조직 개편	실패를 예상하며 이를 아이디어 개선이나 사업 방향(Pivoting) 전환으로 해결

참고자료
삼성SDS기술사회 내부자료.

C · 경영 기법

D

IT 전략

—

D-1

BPR/PI

BPR(Business Process Re-engineering)과 PI(Process Innovation)는 기업의 업무 프로세스와 임직원의 활동, 문화, 산출물 등을 총체적으로 분석하여 기존의 불필요한 활동과 절차 등을 개선 및 통합하고 재설계하는 총체적인 경영혁신 기법이다. 단순한 업무 혁신 차원이 아닌 급진적인 경향을 가지며 점차 급격히 변하는 기업 내부, 외부의 경영 환경에 적응하기 위한 기업의 전사적인 혁신 방안으로 필수적인 사항이 되어가고 있다.

1 BPR / PI의 개념과 특징

BPR과 PI는 기존의 조직에 대하여 비즈니스 전체의 규칙, 절차, 방식, 문서화, 활동명세, 상세규범을 분석하고 근본적으로 재설계하는 Re-engineering의 활동이다. 이러한 비즈니스 재설계의 개념은 MIT의 마이클 해머M. Hammer와 경영컨설턴트 제임스 챔피James A. Champy가 1993년에 발간한 『리엔지니어링 기업혁명Reengineering the Cooperation』이라는 서적에서 처음 소개되었고 이후에 수많은 기업들에서 업무 재설계를 통한 기업 혁신의 방안으로 활용되었다. BPR은 2000년대 이후에 단순히 프로세스를 재설계하는 관점에서 벗어나 ICT 기술을 활용하여 업무의 통합, 분리, 개선 등을 지원하는 것을 기본적으로 고려하여 수행되고 있다. 특히 ERP, PLM, ALM, ILM 등 일부 업무 혁신 솔루션과 모바일 기반 사용자 친화적 기술들은 BPR / PI를 수행 시 많은 업무 프로세스 재설계의 효과를 극대화할 수 있는 기술로 여겨지고 있다.

2 BPR / PI의 수행 가이드라인

BPR과 PI는 기업의 경영을 혁신하고 업무를 재설계하여 경영효율화를 이끄는 데 목적이 있으므로 이에 대한 전반적인 가이드라인, 원칙을 기반으로 수행하는 것이 바람직하다. 다양한 컨설팅 기업들에서 많은 규칙을 제시하고 있으나 공통적인 7가지 항목을 도출해보면 다음과 같다.

- 업무 중심의 프로세스 배치가 아닌 결과 중심의 프로세스 배치가 되도록 한다. 이는 여러 가지 업무가 연속적으로 수행되어 하나의 결과물을 도출할 때 해당 결과물을 중심으로 업무를 설계해야 결과물에 대한 정확성을 보장할 수 있다는 의미이다.
- 프로세스의 결과물을 받는 담당자가 직접 프로세스를 수행하도록 한다. 예를 들어, 제품이 구매되어 창고에 적재되어 있는 상태에서 다양한 업무 담당자들이 해당 제품을 여러 목적으로 사용하게 될 때, 구매 담당자가 최종 사용자의 목적에 맞게 업무를 설계하지 말고 최종 사용자가 업무를 각자 설계하여 수행하도록 하는 것이 올바른 방향이라는 의미이다.
- 정보의 처리단계와 통제단계를 통합하라. 이는 정보가 발생하여 처리되는 업무와 해당 정보의 통제 절차에 따라 정합성을 검증하는 업무를 이원화하지 말고 정보가 발생되는 업무에서 즉시 통제절차에 맞는 검증을 수행하라는 의미이다.
- 물리적으로 떨어져 있는 자원과 정보를 하나로 집중되어 있는 것과 같이 처리하라. 이는 다양한 정보들이 지리적으로 떨어져 있지 않고 하나의 통합된 데이터베이스 안에서 처리되는 것처럼 업무를 설계해야 정보의 정합성을 보장할 수 있다는 뜻이며 다양한 ICT 기술과 클라우드 인프라가 이를 충분히 뒷받침해주고 있다.
- 병행하여 진행되는 업무의 경우 결과를 연결하지 말고 그 과정을 연결해야 한다. 이는 여러 업무가 병행하여 처리되어야 하는 경우 하나의 업무의 결과를 다른 업무로 연결하게 된다면 업무처리속도와 효율성이 감소하므로 과정을 연결하여 이를 해결해야 한다는 의미이다.
- 의사결정의 단계를 업무가 처리되는 단계와 통합하여 수행하라. 이는 정보를 기반으로 정책을 판단하는 업무 단계를 정보가 처리되는 업무 단계와 이원화하지 말고 처리와 의사결정을 하나로 통합하여 빠른 업무 진행

을 지원하라는 의미이다.

- 정보는 단 한 번 정보의 발생 업무에서만 입력한다. 이는 정보(데이터)의
고유성, 정합성, 일치성을 보장하기 위한 원칙으로서 고유한 정보를 다수
의 업무에서 발생하지 않고 단 하나의 입력 단계를 보장하도록 하라는 의
미이다.

3 BPR / PI의 구성요소와 유형

BPR의 구성요소는 Skill, Process, Man이다. Skill에는 정보기술, 업무기술,
프로젝트 관리기술이 포함된다. Process에는 업무 프로세스 간소화, 프로
세스 표준화, Workflow가 포함된다. Man에는 조직 구성, 역할 분담, 규정
과 관습, 인센티브가 포함된다.

BPR의 유형에는 부분적 활용, 내부적 통합, 업무 프로세스 재설계, 기업
네트워크 재설계, 사업 영역 재정의가 있다.

먼저 부분적 활용-Localized Exploitation은 기업의 생산이나 마케팅과 같은 특정
업무 분야에서 활용하는 전략으로, 특정 기능 부서 내의 특정 활동만을 대상
으로 한다. 내부적 통합Internal Integration은 업무 프로세스 내 가능한 모든 영역
에 적용하는 것으로, 부분적 활용을 기업이나 조직 전체에 확장하여 적용하
는 것이다. 업무 프로세스 재설계Business Process Redesign는 기업의 내부적 프로
세스를 주로 정보기술을 활용해 혁신적으로 변화시키는 전략으로, 일반적으
로 사용되는 비즈니스 리엔지니어링보다는 협의로 사용된다. 기업 네트워크

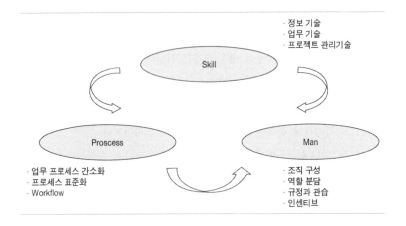

재설계Business Network Redesign는 기업 네트워크상에서의 범위와 과업을 재구성하는 것인데, 여기서 네트워크란 제품과 서비스의 생산부터 전달까지의 과정이다. 기업 내부만이 아니라 원자재 공급자부터 고객까지 일련의 공급망Supply Chain에서의 관계를 재정의하는 것으로서, 기업 외부의 주체들과의 협조체계 구축이 중요한 문제가 된다. 사업 영역 재정의Business Scope Redefinition는 기업의 업무 프로세스뿐 아니라 기업의 사업 영역을 변화시키거나, 기업의 사명과 영역을 확장하는 것을 의미한다.

4 BPR / PI의 추진 절차와 성공요소

BPR의 추진 절차는 현재 프로세스 이해, 고객 요구 파악/벤치마킹, 혁신 포인트 추출, 혁신 프로세스 설계, 실행 과제 도움, 과제 해결, 실행, 사후 검토로 나뉜다.

이 중 현재 프로세스 이해 단계는 프로세스 매핑, 현상 파악, 핵심 이슈 추출로 다시 나눌 수 있다. 프로세스 매핑 단계에서는 현재 프로세스를 사실 그대로 그려본다. 현상 파악 단계에선 50% 단축의 시각에서 문제를 파악한다. 핵심 이슈 추출 단계에서는 극복해야 하는 핵심 문제를 추출한다.

고객 요구 파악/벤치마킹 단계에서는 고객 요구를 파악하고 벤치마킹함으로써 혁신 포인트를 추출하기 위한 데이터를 얻는다. 다음으로 혁신 포인트 추출 단계에서는 혁신 포인트를 고려한 C/T와 P/T의 혁신적 목표를 설정한다.

혁신 프로세스 설계 단계에서는 혁신 포인트를 반영한 혁신 프로세스를 구축하기 위해 프로세스 요건표를 만들고, 혁신 프로세스 요건표를 고려해 혁신 프로세스를 매핑한다. 다음으로 실행 과제 도움 단계에서는 혁신 프로세스를 구현하기 위해 필요한 과제를 도출한다. 과제 해결 단계에서는 실행 과제별 세부 추진 일정에 따라 과제를 해결해나간다. 실행 단계에서는 혁신 프로세스에 따라 실제로 구현한다. 마지막 사후 검토 단계에서는 구현상의 문제를 추출하고 해결한다.

BPR에서 정보기술의 활용은 거의 필수적이나 반드시 수반되어야 하는 것은 아니다. 그러나 정보기술의 활용은 BPR의 성과를 극대화할 수 있게 한다. BPR을 통해 업무 프로세스를 최적화하고 정보통신 기술을 도입하는 것이 필요한데, 기존 업무절차에 단순히 정보기술을 도입하는 것은 제대로 된 BPR이 아니면 낭비가 될 위험도 있다. BPR과 정보화의 관계는 목적과 수단이라기보다는 상호보완적 관계라고 할 수 있다.

5 BPR / PI의 업무 재설계 유형

기존 업무의 흐름을 분석하고 개선사항을 도출한 후, 기존 업무를 전반적으로 재설계할 때 다양한 방식의 재설계 유형이 존재한다. 가장 대표적인 유형은 업무 프로세스를 병행할 수 있도록 흐름을 개선하는 방식이다. 그리고 기존의 업무 중에서 사용자의 직접적인 관여가 필요한 Human Process를 제거하고 시스템으로 자동화할 수 있는 새로운 프로세스로 대체하는 재설계 유형이 존재한다.

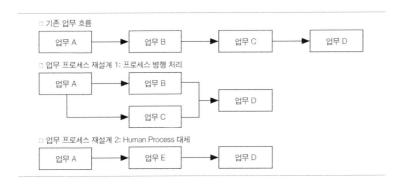

6 BPR / PI와 기존 개선 방법론 비교

업무개선 방법론은 BPR만 있는 것이 아니며, PI 등 다른 방법론도 있다. PI Process Innovation는 조직에 대한 최적의 프로세스를 설계하고 이를 조직의 전사업무 관리체계와 시스템에 구현하는 방법이다. PI는 토머스 데이븐포트 Thomas Davenport가 1990년의 논문과 1993년의 저서에서 처음으로 사용했으며, 프로세스 혁신활동을 뜻한다. 사실 업무개선 방법론 중에서 BPR, PI는 모두 급진적 변화를 강조하는 만큼 개념적인 차이는 크지 않으나 주로 쓰이는 경우는 다른 편이다. 2000년 초에 ERP 기반의 PI가 큰 반향을 일으키면서 다양한 산업 분야에서 PI가 추진되었다. 현재도 ERP 시스템과 프로세스를 조직에 적용하기 전에 PI를 추진하여 프로세스 혁신활동을 수행하곤 한다. 보통 ERP 시스템 내의 선진 프로세스를 그 조직이 추구하는 TO-BE 프로세스의 기준으로 삼고 프로세스 혁신활동을 추진한다.

광의의 PI는 BPR의 Zero Base Thinking에 기존의 업무 프로세스 기반에서 점진적 혁신과 변화를 추구하는 일련의 프로세스 개선활동까지 포함한다. 급진적 변화는 나름 위험성이 크다는 것이 밝혀지면서 기존 업무 프로세스의 가치를 일정 부분 인정하는 분위기이다.

BPR, PI는 정보기술을 적극 이용해 프로세스 자체를 새로운 방식으로 실시하는 것이며 업무수행 방식 자체를 바꾸는 것이라면, 자동화는 현재 하고 있는 일을 기계를 통해 좀 더 효율적으로 빠르게 하는 방법이며, 소프트웨어 엔지니어링은 정보시스템 구축에 주로 적용하는 방법론이다.

BPR, PI와 기존의 개선활동은 목표, 범위, 변화 정도, 임원의 역할, 정보기술의 역할에서 비교된다. 먼저 목표 측면에서 BPR, PI는 과격한 변화가 목표인데, 기존 개선활동은 작은 부분의 개선을 끊임없이 실행하여 큰 개선이 되도록 하는 것이 목표이다. 범위 측면에서 BPR, PI는 광범위한 프로세스를 대상으로 여러 부서가 연계되나, 기존 개선활동은 과업task과 공정step으로 업무 구분이 되는 기본 조직이 대상이 된다. 변화 정도 측면에서 BPR, PI는 큰 폭의 변화를 시도하나 특정 시기에 집중적으로 이루어진다면, 기존 개선활동은 작은 변화지만 꾸준히 하는 것이 특징이다. BPR, PI에서는 임원의 역할이 전 과정에서 중요한 반면, 기존 개선활동에서는 임원이 주로 초기 마인드 확산에서 역할을 수행한다. 정보기술은 BPR, PI에서 거의 필수적인 반면, 기존 개선활동에서는 꼭 필수적인 것은 아니다.

7 BPR의 기대효과와 한계

BPR의 기대효과는 업무 효율화 측면과 경영 성과 측면으로 구분해볼 수 있다. 업무 효율화 측면에서는 프로세스를 최적화하고, 업무처리 시간을 단축하며, 관리와 업무처리 중복을 배제하고, 사무생산성을 향상시킨다. 경영성과 측면에서는 원가와 비용을 절감하고, 고객 서비스를 증대하며, 시장변화에 대한 유연성을 증가시키고, 경쟁우위를 확보한다.

그러나 BPR은 대부분의 경영개선 활동이 그렇듯 만능이 아니며 한계가 존재한다. 초기에 시도되었던 BPR은 3분의 2가 실패였다는 지적에서 알 수 있듯 BPR의 결과는 그다지 성공적이지 못하다. 해머는 BPR의 실패는 실행 과정상에서 나타나는 단순한 증상이며, 실패의 원인은 BPR 자체에 있는 것이 아니라 BPR에 대한 이해 부족에 있다고 지적했다. 여하튼 단기간에 급격한 변화를 추구하기 때문에 공유하는 비전이 부재하고 추진 주체의 참여가 충분히 이루어지지 않은 상황에서는 장기적 효과가 저하되고 성급한 개선을 추구하여 피상적인 변화만 일어나고 근본적인 변화는 일어나지 않아 실패할 수 있다. 핵심적 업무과정의 재설계와 간결화에만 지나치게 초점을 맞추고 조직의 다른 요소에는 무관심하여 결국 실패할 수 있으며, 따라서 업무 프로세스뿐 아니라 조직문화와 환경적 요인에 대한 적절한 변화가 수반되어야 할 것이다.

참고자료

J. Dixon, P. Arnold, J. Heineke, J. Kim and P. Mulligan. 1994. "Business process reengineering: improving in new strategic directions." *California Management Review*, Summer, pp. 93~108.
M. Hammer and J. A. Champy. 1993. *Reengineering the Corporation: A Manifesto for Business Revolution*. New York: Harper Business Books.
Thomas Davenport and J. Short. 1990. "The New Industrial Engineering: Information Technology and Business Process Redesign." *Sloan Management Review*, Summer, pp. 11~27.
위키피디아(http://en.wikipedia.org/wiki/Business_process_reengineering).

기출문제
93회 관리 스피드 경영을 위한 BPM(Business Process Management)과 PI(Process Innovation)의 차이점을 비교하고, 산업 현장에서 BPM 프로세스 표준화를 위한 프로세스 매핑의 필요성과 매핑 방법에 대하여 설명하시오. (25점)
90회 응용 초창기 많은 BPR 프로젝트가 시행착오를 겪는 주요 원인을 설명하고, BPR을 지원하는 측면에서 정보기술의 활용과 기업에 새로운 프로세스 혁신을 유

86   D·IT 전략

발하는 요인으로서 경영정보시스템 발전과정을 설명하시오. (25점)

89회 응용 BPR(Business Process Reengineering) (10점)

77회 관리 벤치마킹(BM: Bench-marking), 비즈니스 리엔지니어링(BPR: Business Process Reengineering), SCM(Supply Chain Management), BSC(Business Scorecard) 등과 같은 다양한 경영혁신 기법들과 경영에 대한 건전한 이해를 시스템 개발자들은 반드시 하고 있어야 한다. 그 이유를 설명하고, 특히 경영환경의 변화와 정보사용자의 입장에서 기술하시오. (25점)

75회 관리 BPR(Business Process Reengineering)을 동반한 ERP(Enterprise Resource Planning) 도입 프로젝트에서 최종사용자, 개발자, 운영자 측면에서의 고려사항을 기술하시오. (10점)

ISP

ISP는 현황분석을 통해 향후 정보화 전략과 그에 맞는 정보화 이행계획을 수립하는 활동이며, ISMP로 발전하고 있다. ISMP과 ISP의 가장 근본적인 차이점은 ISMP는 기능점수 도출이 가능할 정도의 세부적인 결과물을 도출한다는 점이다.

1 ISP의 개요

ISP Information Strategy Planning란 정보기술의 효과적 활용을 통해 경영전략의 수립이나 실행을 지원할 수 있도록 통합적 정보시스템을 개발하기 위한 중장기 마스터플랜을 수립하고, 경영전략과 정보기술을 접목해 고객만족과 업무효율을 극대화할 수 있도록 지원하는 정보시스템을 구축하기 위한 전략계획을 수립하는 활동이다.

ISP는 경영환경 변화에 따른 내외부의 정보 요구에 적절히 대응하여 조직의 목표를 달성하고 경쟁력을 강화할 수 있도록 프로세스 개선, 기존 시스템의 업그레이드, 또는 새로운 시스템의 구축과 같은 활동을 통해 최적의 정보화를 달성하기 위해 수행한다. ISP의 목적을 더욱 상세화하면, 우선 조직의 경영 목표 및 전략과 정보시스템 추진을 연계 운영하고, 정보 사용 및 관리를 위한 체계적이고 전체적인 전략을 정의하며, 정보시스템을 개발 또는 도입하는 프로젝트가 조직의 경영전략 및 목표를 지원하도록 하는 기법을 제공하고, 조직의 정보 요구와 우선순위에 근거한 정보시스템의 개발 및 도입 계획을 제공하고, 통합된 정보시스템을 위한 체계를 제공하며, 장기적인 관점에서 정보시스템의 효율적 투자 등 경영 성과 향상에 정보기술이 기여할 수 있도록 정보화 추진 내용, 절차, 방법을 상세화하는 것이다.

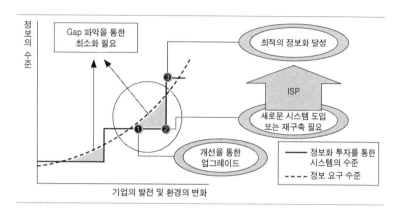

2 ISP 프레임워크

ISP 프레임워크는 조직의 사업전략을 지원할 수 있는 IT 마스터플랜을 수립하기 위한 정보화 전략 수립 방법론으로, 4단계로 수행된다. 1단계는 사업 방향 분석, 2단계는 AS-IS 분석, 3단계는 TO-BE 모델 수립, 4단계는 통합이행 계획 수립이다.

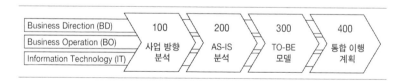

ISP를 수행하려면 먼저 사업 방향을 분석한다. 사업 방향 분석은 조직의 사업 환경의 이해를 통해 조직의 비전과 전략, 사업 성공요소CSF: Critical Success Factor를 확인하고, 핵심 현안을 극복할 수 있는 정보화 비전과 전략을 수립 또는 정의하는 활동이다. 무언가를 하려면 환경을 이해해야 하므로 우선 사업 환경을 이해한다. 이를 위해서 3G 분석, SWOT 분석 기법 등이 사용될 수 있다. 다음으로 조직의 비전 및 사업 성공요소를 이해한다. 정보시스템이란 결국 조직의 비전을 구현하고 사업 성공요소를 잘 지원해주기 위

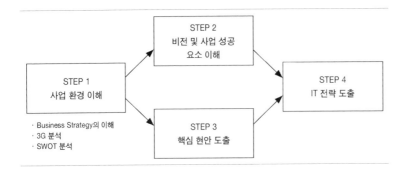

한 것이다. 이를 위한 IT 전략 도출이 사업 방향 분석의 마지막 단계이다.

ISP 수행의 다음 단계는 AS-IS 분석이다. AS-IS 분석에서는 현장 관찰, 인터뷰, 자료 검토, 벤치마킹 등을 통해 현재의 사용자 요구사항을 분석하고, 사업 특성별 업무 운영을 지원하는 IT 측면의 현상을 평가하거나 문제점을 규명하여, 현상의 해결이나 중장기 사업 방향 달성에 필요한 IT 측면의 개선 기회를 도출하고 개선 방향을 설정한다. 즉, AS-IS 분석은 현 상태AS-IS를 확인하고, 현 상태의 문제점을 파악하며, 그 문제점을 해결하기 위한 개선 과제를 도출하는 과정이다. AS-IS 분석 절차의 한 예에 해당하는 다음 그림에서 1~3단계는 업무 분석, 5~7단계는 IT 현황 조사, 4단계는 업무 현황 및 IT 현황에 따른 이슈와 문제점 도출, 마지막 8단계는 개선 과제 도출에 해당한다. 개선 과제 도출에 따른 실질적인 해결책과 대응방안의 도출은 다음 단계인 TO-BE 모델 수립에서 이루어진다.

AS-IS 분석에 이어 TO-BE 모델 수립에서는 AS-IS 분석 단계에서 도출된 개선 과제를 해결하기 위해, 선진 사례나 솔루션 구현 사례와 최신 정보기술 등을 반영해 애플리케이션·데이터, 인프라, 정보관리 아키텍처별로 TO-BE 모델을 설계하고 TO-BE 구축 시 위험 요소와 고려사항, 효과 등을 분석한다.

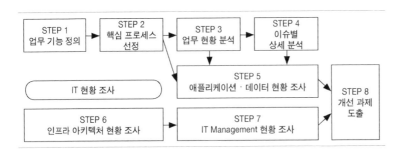

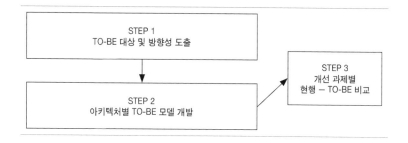

ISP 수행의 마지막 단계는 통합 이행 계획 수립이다. 통합 이행 계획 수립 단계에서는 TO-BE 설계 단계에서 도출된 TO-BE 모델의 효과적 이행을 위한 이행 과제와 각 이행 과제별 이행 일정·조직을 정의하고 비용과 효과 등을 산정한다. 이러한 TO-BE 모델로의 이행은 단순히 비용 문제는 아니다. 이행 시 조직의 변화에 대한 저항과 갈등이 있을 수 있고, 기존 프로세스와 시스템을 어떻게 어떤 순서로 어떤 일정으로 이행할지에 대한 계획과 절차가 필요하다. 이러한 활동을 변화 관리 방안이라 하며 통합 이행 계획에는 변화 관리 방안이 포함된다.

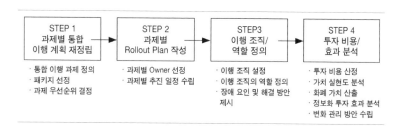

3 ISP 고려사항과 기대효과

ISP를 추진할 때는 여러 가지 사항을 고려해야 하는데 경영진의 역할과 정보관리 부서(IT 부서)의 역할이 중요하다.

먼저 경영진은 정보시스템이 조직의 업무처리의 핵심이라는 중요성을 인식해야 한다. 그리고 정보시스템의 전략적 활용을 통해 경영전략을 명쾌하게 제시할 수 있음을 인식해야 한다. 이를 위해서 IT 인력의 기술 수준 유지 및 향상과 정보시스템의 현행화와 개선을 위한 일정한 수준의 투자가 지속적으로 필요하다는 사실을 알아야 한다. 당장의 투자 축소는 훗날의 더 큰 투자 소요나 경영전략 미달성이나 낮은 성과로 돌아오게 됨을 알아야 한다.

정보관리 부서의 역할 또한 중요하다. CIO와 IT 책임자는 ISP 작성에 적극적으로 참여해야 한다. 정보관리 부서가 참여하지 않거나 제한적으로만 참여하는 ISP는 실제 적용될 수 없는 공허한 문서가 될 가능성이 높다. 또한 정보관리 부서는 ISP 작성 및 이행 시 전사적 시각에서 접근한 업무에 적극적으로 수용하는 태도를 보여야 한다. ISP는 정보시스템 계획이므로 정보관리 부서가 가장 많은 업무를 수행해야 할 가능성이 높다. 따라서 정보관리 입장에서는 업무에 추가적인 부하를 주는 ISP에 적극적이지 않거나 필요한 업무를 축소시키는 데에 전념하게 될 수도 있는데, 이 경우 ISP는 제대로 효과를 보기 어렵다. 물론 ISP는 조직의 모든 부서에 영향을 줄 수 있고, 전사적인 관점이 아니라 부서 입장의 관점에서 문제를 보는 시각은 어떤 부서에도 문제를 발생시킬 수 있다. 그러나 ISP는 특히 정보관리 부서가 전사적 시각에서 업무에 적극적으로 임해야만 제대로 효과를 볼 수 있다. 다음으로 정보관리 부서는 작업 결과의 시스템에 대한 구체적인 비전을 제시해야 한다. 실질적인 수행과 현황에 대해 가장 많은 지식을 가진 것은 정보관리 부서이므로 이행 계획 단계의 구체적인 비전과 계획 수립에 가장 효과적으로 기여할 수 있는 것은 정보관리 부서이다. 마지막으로 정보관리 부서는 방법론을 지속적으로 유지·개선해야 하고, 환경 변화에 따른 ISP 재수행에도 적극적이어야 한다.

ISP의 기대효과는 ISP가 각기 다른 세 가지 비즈니스 수준Business Level에서 상호 연계성에 대한 철저한 진단과 검증 과정을 거쳐 이뤄져 기업의 역량 강화와 시장에서의 경쟁우위 확보를 위한 기업 정보화의 주축 역할Master Axis을 수행한다는 것이다. 구체적으로는 먼저 핵심 사업 활동Critical Business Activities이 무엇인지 부각시킬 수 있다. 다음으로 방법론의 적용을 통해 조직이 논리적 업무 전개에 대해 습득할 수 있다. 또한 사업 요구Business Need에 정보 요구를 연결시키게 된다. 그리고 사업 활동Business Activities을 더욱 명확하게 정의할 수 있다. 그리고 경영 방향에 대한 기술서가 문서화되게 된다. 또한 개선된 정보관리를 위한 전략이 개발되게 되고 정보관리 향상을 위한 우선순위가 확정되게 된다. 그리고 잘 정의된 프로젝트 계획이 만들어지고, 마지막으로 정보 공유를 위한 요구가 무엇인지 식별되게 된다.

4 ISP의 진화형 ISMP

ISP는 나름의 한계점이 있기 때문에 개선된 방법으로 ISMP Information System Master Plan가 만들어졌다. ISMP는 특정 SW 개발사업에 대한 상세 분석과 제안요청서RFP를 마련하기 위해 비즈니스(업무) 및 정보기술에 대한 현황과 요구사항을 분석하고 기능점수 FP 도출이 가능한 수준까지 기능적, 기술적 요건을 상세하게 기술하며, 구축 전략 및 이행 계획을 수립하는 활동이다.

ISMP의 등장배경은 ISP의 수행범위의 한계점, 부적절한 발주 관행, 요구사항 불명확을 극복하기 위함이었다. 우선 ISP는 IT 사업의 과제 도출과 로드맵 수립에 포커스되어, 실제 구축된 시스템이 제공할 서비스의 명확한 내용, 필요 기능, 기술 요구사항, 정보의 연계 및 공유방안 제시는 수행범위에 포함되지 않고 당연히 수행되지 않는데 실제로는 필요한 경우가 많다. 또한 RFP는 마스터플랜 수립 후 SI 기업의 도움을 받아 작성하는 것으로 인식되어, SI 기업은 ISP를 저가에 수주하고 실제 RFP 작성 시 ISP 내용을 거의 참고하지 않는 부적절한 발주 관행이 존재한다. 그리고 요구사항의 불명확 때문에 불리한 과업 변경이나 분석/설계 단계 지연, SW 개발자들의 과도한 노동이 일어나곤 한다.

ISMP는 이미 수립된 정보화 전략을 검토한 SW 사업 단위로 수행되고 정보시스템에 대한 요구사항을 상세히 하는 특징이 있다. 우선 기존 수립된 정보화 전략을 검토해 SW 구축사업과 일치시키는데, 정보화 전략은 기존 수립된 것을 활용하므로 경영목표 전략을 분석하는 환경분석 활동은 불필요하다. 다음 특징으로는 SW 사업 범위 내의 업무 및 정보시스템의 현황을 파악하고 사용자 요구사항을 도출하여 SW 사업 단위로 수행된다는 점이다. 그리고 업무기능 요구사항, 기술 요구사항, 비기능 요구사항(성능, 품질, 보안), 프로젝트 지원 및 관리 요구사항별로 정보시스템 요구사항을 상세화하여 제안요청서 작성 및 구축 사업계획을 수립한다는 특징이 있다.

ISMP는 5단계로 수행된다. 구성 단계는 반복적으로 수행되는 것이 아니라 한 사이클만 수행된다. 각 단계의 세부 수행활동(액티비티)은 필수활동과 선택활동으로 구분된다.

1단계는 '프로젝트 착수 및 참여자 결정'이며, 이 중 '프로젝트 계획 수립'

프로젝트 착수 및 참여자 결정	정보시스템 방향성 수립	업무 및 정보기술 요건 분석	정보시스템 구조 및 요건 정의	정보시스템 구축사업 이행방안 수립
경영진 지원조직 형성	정보화 전략 검토	업무 및 정보기술 현황 분석	정보시스템 아키텍처 정의	정보시스템 구축사업 계획 수립
프로젝트 수행 조직 편성	벤치마킹 분석(Optional)	업무 요건 분석	요건 간 이행 연관성 분석	분리발주 가능성 평가
프로젝트 계획 수립	정보시스템 추진 범위 및 방향 정의	정보기술 요건 분석	정보시스템 요건 기술서 작성	정보시스템 예산 수립
	정보시스템 추진 범위 및 방향 검토	업무 및 정보기술 요건 검토	정보시스템 요건 기술서 검토	RFP 작성
				정보시스템 구축업체 선정·평가 지원

에서 경영진 의사결정권자의 최종적 승인을 받는 것은 필수활동이다. 2단계는 '정보시스템 방향성 수립'이며, 이 중 '정보시스템 추진 범위 및 방향 검토'는 필수활동이다. 3단계는 '업무 및 정보기술 요건 분석'이며, 이 중 '업무 및 정보기술 요건 검토'는 필수활동이다. 4단계는 '정보시스템 구조 및 요건 정의'이며, 이 중에서 '정보시스템 요건 기술서 작성'과 '정보시스템 요건 기술서 검토'는 필수활동이다. 5단계는 '정보시스템 구축사업 이행방안 수립'이며, 이 중 '정보시스템 구축사업 계획 수립', '분리발주 가능성 평가', '정보시스템 예산 수립', '제안요청서 작성', '정보시스템 구축업체 선정·평가지원'은 필수활동이다.

ISMP와 EA/ITA, ISP는 목적, 범위, 활동, 산출물이 서로 다르다. EA/ITA는 새롭게 발생하는 비즈니스 요구와 IT에 따라 주먹구구식으로 구성해온 각종 정보시스템을 효과적으로 재편하여 비즈니스와 IT 자원 간 유연한 융합을 꾀하기 위한 청사진으로서 현행 아키텍처와 목표 아키텍처를 수립하며, 목표 아키텍처를 달성하기 위한 이행계획을 수립하는 활동이다. ISP는 IT 방향과 계획을 제시하는 CIO 차원이라면, EA/ITA는 CEO의 진두지휘 아래 전사 차원의 구성요소들을 정의하고 부족한 것을 메워나가며 개선하는 전사적인 활동이다. 반면 ISMP는 EA/ITA의 목표 아키텍처 구조를 기반으로 IT 방향 및 계획과 일치하도록 특정 사업의 구축 목표 및 방향을 수립하고 사용자 및 시스템 요구사항을 기술한다.

ISP 결과의 산출물로는 경영환경분석 및 정보기술동향 분석보고서, 업무/정보시스템 분석보고서, IT 비전 및 전략, 이행 과제 및 로드맵이 만들어진다. 반면 ISMP에서는 RFP(제안요청서), 정보시스템 예산이라는 특정 정보시스템과 프로젝트에 특화된 산출물이 만들어진다.

참고자료

신철·노경하·아이티씨지(주). 2011. 『알기 쉬운 정보전략계획 ISP』. 미래와경영.
정보통신산업진흥원. 「정보시스템 마스터플랜(ISMP) 방법론」.

기출문제

95회 정보관리 A 전자는 세계 전역에 생산기지 및 판매망을 확보하고 있는 글로벌 기업으로서 글로벌 재정위기, 지구 환경 변화 등 세계의 급변하는 경영환경에 대한 민첩성을 향상하고 미래 지향적인 정보시스템을 구축하기 위하여 정보화 전략계획(ISP)을 수립하고자 한다. A 전자의 아래 현황에 따라 다음 질문에 답하시오. (단, 구체적인 기업환경 및 정보시스템의 현황은 가정하여 작성) (25점)

〈A 전자 정보시스템 현황〉
가. A 전자의 정보화 비전
  글로벌 환경 변화에 신속한 대응 확보 가능한 스마트 정보시스템 구축
나. 보유시스템
  포털시스템, ERP, CRM, 영업관리시스템, 생산자동화시스템

(1) ISP 수립 절차에 대하여 설명하시오.
(2) 5-Force, 7S, SWOT 분석을 활용하여 환경분석 결과를 제시하시오.
(3) A 전자의 정보화 비전에 따른 TO-BE 모델을 도출하시오.

90회 관리 ISMP(Information Strategy Master Plan)의 개념을 설명하고 ISP (Information Strategy Plan), EA(Enterprise Architecture)와의 차이를 비교하여 설명하시오. (25점)

83회 정보관리 정보화 전략계획수립(ISP) 사업에 대한 정보시스템 감리 프레임워크를 제시하고 중요 감리 점검사항에 대하여 설명하시오. (25점)

83회 정보관리 정보시스템의 효율적 도입 및 운용 등에 관한 법률안이 공포되어 공공기관을 중심으로 ITA/EA 프로젝트가 진행되고 있다. 정보공학 방법론에 기반

을 둔 ISP와 EAP를 비교·설명하시오. (25점)

71회 조직응용 ISP의 목적, 절차 및 성공요소에 대해 설명하시오. (25점)

68회 정보관리 은행권 ISP 구축 시 고려사항을 기술하시오. (25점)

EA

최근 업무와 정보기술 환경은 변화와 속도라는 도전에 직면해 있어, EA(Enterprise Architecture)를 통해 조직의 업무, 정보, 시스템, 데이터, 정보기술 등을 효율적으로 통합 관리하는 방향으로 발전하고 있다. 특히 공공기관은 표준화와 중복 제거, 재사용을 위해 정보기술아키텍처를 도입하고 있으며 범정부 차원에서 법령을 통해 의무화하고 프레임 워크와 참조모델을 만들어 지원하고 있다.

1 EA의 개요

EA Enterprise Architecture는 조직의 전략적 목적과 정보기술 자원관리를 위해 조직의 업무, 정보, 시스템, 정보기술 등을 효율적으로 통합 관리하는 체계이다. EA라는 용어 대신 ITA Information Technology Architecture라는 용어도 사용된다. 미국 국방성DoD이 EA를 주도하던 1990년대에는 ITA가 EA를 포함하는 개념으로 사용되었고, 2000년대 들어 미국 연방정부가 EA를 주도하면서 EA가 ITA를 포함하는 것으로 정의되어 사용되고 있다. 대한민국 '전자정부법'에서는 정보기술아키텍처라는 용어로 정의되어 사용되고 있다. 전자정부법 제2조 제12항에 보면 "'정보기술아키텍처'란 일정한 기준과 절차에 따라 업무, 응용, 데이터, 기술, 보안 등 조직 전체의 구성요소들을 통합적으로 분석한 뒤 이들 간의 관계를 구조적으로 정리한 체제 및 이를 바탕으로 정보화 등을 통하여 구성요소들을 최적화하기 위한 방법을 말한다"라고 정의되어 있다.

이러한 EA는 기존의 정보화 추진 및 정보시스템 구축, 정보기술 관리의 문제를 극복하기 위해 등장했다. 정보화 추진 시에는 CIO와 관련 조직을 위한 도구가 부재하며, 시스템 개발이 남발되고, 통합이 어렵고, 정보 공동 활용을 위한 환경 구축이 곤란하며, 급변하는 정보기술, 제품을 선택하는 것이 곤란한 문제가 있다. 정보시스템 구축에서는 전사적인 정보기술에 대한 아키텍처를 정의하기 위한 체계적인 방법론이나 도구가 부재하여 전사 통합의 기준이나 상호운용성을 위한 기준, 프레임워크, 참조모델 없이 주먹구구식으로 정보시스템이 구축·운영되고 있고, 비즈니스 아키텍처를 정보기술아키텍처에 반영할 수 있는 실질적인 방법, 도구의 지원이 미흡한 문제가 있다. 정보기술 관리 측면에서는 정보시스템과 비용 등에 통제와 관리가 미흡하고, 시스템의 평가와 지속적 진화관리를 위한 피드백 과정이 미흡한 문제가 있다.

EA는 신규 정보화 투자 심의 시 업무, 데이터, 시스템 등의 관점에서 자원의 중복성을 배제하고 공유 가능 여부를 확인하여 투자 여부를 결정하고 사업을 조정할 수 있으며, 기존에 산재되어 있는 서비스, 데이터, 시스템 등을 연계·통합하여 정보자원을 최적화하고, 조직이나 기업의 업무목표, 업무 내용과 정보화를 연계함으로써 업무와 정보화의 일관성Alignment을 가능케 한다.

2 EA의 구성과 프레임워크

EA는 비즈니스 아키텍처, 데이터 아키텍처, 애플리케이션 아키텍처, 기술 아키텍처Technical Architecture, 참조모델, 표준 프로파일, 그리고 이를 총괄하는 IT 거버넌스로 구성된다.

IT 거버넌스는 IT에 대한 통제력을 높이고 IT가 기업의 비즈니스 목표에 부합되게 하는 프로세스 조직의 관리방법이다. 비즈니스 아키텍처는 조직이나 기업의 업무 모델에 대한 아키텍처로서, 비즈니스 개요서, 액티비티 모델, 비즈니스 모델 등으로 구성된다. 데이터 아키텍처는 업무수행에 필요한 데이터와 관리방법으로서, 데이터 사전, 비즈니스 정보 흐름 매트릭스, 논리 데이터 모델, 물리 데이터 모델 등으로 구성된다. 애플리케이션 아키텍처는 각 비즈니스에 필요한 애플리케이션을 정의한 것이다. 기술 아키텍

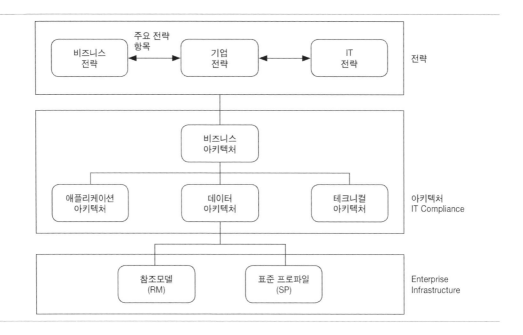

처는 애플리케이션이 어떻게 구성되고 결합되는지 정보기술 관점에서 정의한 것이다. 참조모델은 EA를 위한 조직 내외부의 사례, 표준이며, 표준 프로파일은 각 참조모델에 대한 지침이다.

각 조직, 기업, 기관은 자신에게 맞는 EA를 구성해야 한다. 하지만 조직마다 다른 모습의 아키텍처를 가져간다면 그 효율과 효용성은 크게 떨어질 것이며, 현실적으로 아키텍처를 구성하기도 어렵다. 따라서 EA를 위한 각 아키텍처를 제시하는 프레임워크라는 지원도구를 사용한다. 이것이 EA 프레임워크이다. 그러나 EA 프레임워크는 특정한 프레임워크 표준이 있는 것은 아니며, EA가 처음 제시된 이후 다양한 프레임워크가 있었다.

EA 프레임워크는 1987년 존 자크만John Zachman이 자신의 논문에서 아키텍처의 필요성을 제시한 것이 그 시작이다. 자크만은 ISA(정보시스템 아키텍처) 개념을 제시했고 이를 표현하기 위한 프레임워크를 만들었으며 이후 미국 정부의 정보 자산 관리 표준에 반영되었다. 1990년에 자크만의 프레임워크가 확장되고, 기술참조모델TRM과 미국 국방성의 TAFIM이 개발되었으며, 스티븐 스피와크Steven H. Spewak는 EAP Enterprise Architecture Planning 방법론을 제시했다.

이러한 EA 프레임워크는 그대로 사용되기보다는 조직의 구조에 맞게 커스터마이징된다. 특히 기술참조모델은 상호호환성을 확보하기 위해 개방시

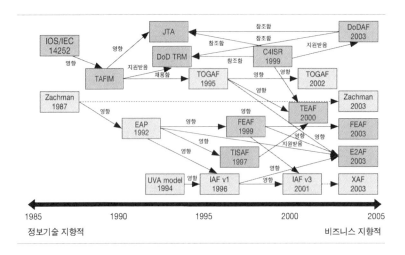

스템 환경Open System Environment을 기본으로 하여 구성된다.

대표적인 EA 프레임워크로는 자크만 프레임워크ZEAF, 미국 연방정부 프레임워크FEAF: Federal Enterprise Architecture Framework, 미국 재무성 프레임워크TEAF: Treasury Enterprise Architecture Framework, 미국 국방성 프레임워크DoDAF, 오픈그룹 프레임워크TOGAF, 대한민국의 공공부문 전사적 아키텍처 프레임워크 표준이 있다.

미국 연방정부 프레임워크FEAF는 미 연방정부 차원의 정보 조정, 정부기관 간 정보 공유 촉진, 연방정부 산하기관의 아키텍처 개발 지원을 위해 도입되었고, 연방정부와 산하기관에 아키텍처를 강제하는 데 중점을 두어 아키텍처 정책이 매우 잘 구성되어 있다.

공공부문 전사적 아키텍처 프레임워크 표준은 대한민국 정부기관이나 공공기관에서 EA를 도입할 경우 참조할 수 있는 표준이나 지침을 제시하는데, EA와 관련된 거의 모든 항목이 프레임워크에 포함되어 있어 국내 조직이나 기관이 사용하기에 편리하도록 되어 있다.

3 EA 참조모델

EA에는 참조모델도 존재한다. EA 참조모델은 특정 도메인에 대한 아키텍처의 추상화된 프레임워크로 아키텍처를 구성하고 구조화하는 공통의 표현과 기준, 분류체계를 정의한 개념적 프레임워크로서, 업무와 정보기술 등을 구성하는 공통 기준을 제시하여 협업과 상호운용성을 증대시키고 정보기술 중복 투자를 제거하며 비용을 절감하고 성과를 향상시키기 위한 도구의 집합이다.

참조모델은 주로 공공부문에서 나타나는데, 범정부 차원에서 EA가 제대로 활용되려면 공공부문의 조직과 기관이 일정한 품질과 수준 이상의 프레임워크로 EA를 구성할 필요가 있기 때문이다. 참조모델의 개발목적은 정부의 업무영역 내 혹은 기관 간의 프로세스를 표준화하고 단순화하며 프로세스를 통합할 기회를 식별하고, 표준기술 활용을 촉진하고 IT 자원을 효과적으로 운영하며, 정보기술 투자 대비 성과를 저해하는 중복 영역을 식별 제거하고, 정보기술 자원의 수평적(부처 간, 기관 간)·수직적(정부와 지방정부, 하위기관) 통합을 촉진하며, 사업 수행에서 정보기술 기여를 파악하는 근거 Line of Sight를 마련하는 것이다. 이를 위해 성과참조모델이 포함되어 있다.

참조모델은 성과참조모델PRM, 업무참조모델BRM, 서비스컴포넌트 참조모델SRM, 데이터 참조모델DRM, 기술참조모델TRM로 구성된다. 성과참조모델 쪽으로 갈수록 비즈니스 지향적이며, 기술참조모델 쪽으로 갈수록 기술 지향적이다.

성과참조모델은 가용성과 정보의 질을 높이고 투입과 성과 간 정렬을 향상시키며, 조직 간 성과 개선 기회를 식별하기 위한 표준화된 성과측정 프레임워크로서, 의사결정 향상을 위한 IT 성과 정보를 제공하고 업무 성과와 정보기술 간을 정렬Alignment 시키며 여러 기관에 걸친 성과향상 기회를 포착한다.

업무참조모델은 개별 기관의 범정부 차원의 업무운영을 설명하기 위한 기능 중심의 업무기능 분류체계로서, 기관 간 협력을 촉진하고 업무의 중복을 식별·제거하는 것이 목적이다.

서비스컴포넌트 참조모델은 업무기능과 독립적으로 애플리케이션, 애플리케이션 컴포넌트와 업무 서비스의 재사용 기반을 제공하는 컴포넌트 기반의 프레임워크로서, 각 기관 간 재사용이 가능한 서비스 컴포넌트를 식별·분류하는 것이 목적이다.

데이터 참조모델은 각 기관 간의 공통의 데이터와 정보를 식별하고 사용하며 공유를 촉진하기 위한 데이터 기술의 표준 프레임워크이다.

기술참조모델은 업무와 서비스컴포넌트의 안전한 제공과 교환, 그리고

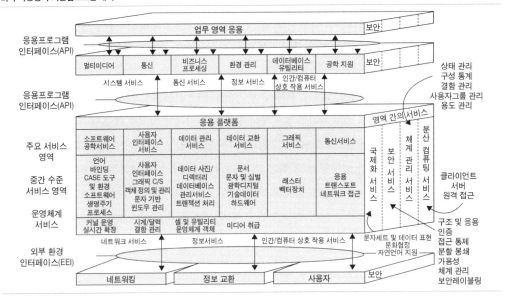

구축을 종합적으로 지원하는 표준과 규격, 기술의 분류체계로서, 기술과 서비스의 재사용을 위한 기반을 제공하고, 정보기술을 상호운용성이 가능한 기술로 전환할 수 있게 하는 핵심 기술을 제공하며 정보기술 성능과 투자의 최적화를 지원하는 것이 목적이다.

4 EAP Enterprise Architecture Planning

EAP는 EA를 구축하기 위한 계획이다. 일반적으로 EAP는 비즈니스의 종합적인 정의로 시작한다. 즉 '우리가 무엇을 하며, 비즈니스에 어떤 정보와 기술이 사용되는가'라는 질문에 의해 바람직한 모델을 정의하며, 하향식 접근방식을 통해 EA를 구축한다. EAP에서는 7단계로 구축된다.

EAP는 자크만 프레임워크ZEAP의 상위 세 가지 행을 사용해 구조를 세웠고, 스피왝이 체계적으로 집대성했다. 미국 연방정부와 국방성 등의 EA의 근간이 되었다. 대한민국의 공공부문 전사적 아키텍처 프레임워크 표준 및 EA 구축을 위한 각종 가이드 및 지침도 EAP를 참조하여 만들어져 있다.

EAP의 7단계는 계획 시작, 업무 모델링, 현행 시스템과 기술 분석, 데이터 아키텍처, 응용 아키텍처, 기술 아키텍처, 구현과 전환 계획 수립이다. 1계층의 '시작'은 원칙과 규칙 정립(what are the rules)으로서 계획 시작이 포함된다. 2계층의 '현재 위치'는 현재 상태를 평가하는데(assessment of where are today) 업무 모델링, 현행 시스템과 기술 분석이 포함된다. 3계층의 '목표 비전'은 목표 상태를 설정하는데(blueprint of where we want to be) 데이터 아키텍처, 응용 아키텍처, 기술 아키텍처가 포함된다. 4계층의 '획득 계획'은 구체적 이행계획을 수립하는데(the plan to get there) 구현과 전환 계획 수립이 포함된다.

계획 시작 단계에서는 EAP 성공 가능성을 높이기 위해 추진목표를 명확히 설정하고 접근방법과 조직, 일정 등의 계획을 수립한다. 세부적으로는 EAP 범위와 목표를 결정하고 조직의 변화 준비를 평가하며 비전을 수립하고 방법론을 적용하며 컴퓨터 자원을 준비하고 팀을 구성하며 EAP 작업 계획을 준비하여 경영층의 지지를 획득한다.

업무 모델링 단계에서는 조직구조와 전사의 상세 업무를 예비조사와 전사조사의 2단계로 실시하며 업무수행에 필요한 정보, 업무의 수행시기, 부서, 빈도, 업무개선 가능성을 파악한다. 세부적으로는 조직구조 문서화, 비즈니스 기능의 식별과 정의, 예비 비즈니스 모델의 배포, 전사조사와 인터뷰 실시, 완성된 비즈니스 모델 정의를 수행한다.

현행 시스템과 기술 분석 단계에서는 현재 사용하는 모든 시스템과 기술 플랫폼을 정의하고 문서화한다. 세부적으로는 범위, 목표, RC Resource Catalogue 작업 계획을 작성하고, 데이터 수집과 정리, RC 검증과 초안 작성, 구성도 작성, IRC Information Resource Catalogue 정의, RC 관리와 유지를 수행한다.

데이터 아키텍처 단계에서는 비즈니스 모델에서 정의된 비즈니스 기능을 지원하는 데이터를 식별하고 정의하며, 응용 아키텍처 단계에서는 데이터 관리에 필요한 주요 애플리케이션 서비스를 정의하고 상세 기능이나 요구사항 수준이 아닌 상위 수준의 정의를 수행한다. 기술 아키텍처 단계에서는 데이터와 이를 처리하는 애플리케이션의 환경을 정의하는데 개념적 모델 수준으로 정의한다.

구현과 전환 계획 수립 단계에서는 미래 모습의 아키텍처를 적용하기 위한 실행 계획을 수립하는데, 세부적으로는 애플리케이션의 순서 결정, 필요한 노력과 지원 평가와 일정 수립, 계획의 비용과 이익 평가, 성공요소를 결정하고 권고사항을 작성한다.

5 범정부 ITA 통합관리시스템 GITAMS

국내에서는 범정부 차원에서 EA를 도입·활용하기 위한 다양한 활동이 이루어져왔다. 범정부 ITA 통합관리시스템 GITAMS 은 그중 하나로서 공공기관에서 정보기술아키텍처를 공통 활용할 수 있도록 참조모형, 지침, 각 기관의 정보기술아키텍처의 도입/운영 현황 등에 관한 정보를 관리·제공하는 시스템이다. 즉 공공부문의 EA 도입 및 활용을 지원하고 관리하는 역할을 수행한다.

전자정부 정보기술아키텍처의 역할

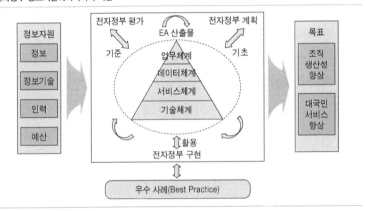

GITAMS는 범정부 EA, 아키텍처 분석, EA 성숙도 측정, EA 기준/표준, 범정부 EA 연계, 참조모형 및 표준 산출물로 구성된다. 현재는 GEAP 범정부 EA 포털(https://www.geap.go.kr)에서 서비스를 제공하고 있다.

공공기관의 EA는 정보, 하드웨어, 소프트웨어, 인력, 예산 등 정보자원이 기관의 목표달성에 기여하도록 업무활동과 정보기술의 관계를 체계적으로 정리한 청사진으로서, 전자정부 추진의 밑그림이라 할 수 있다.

먼저 공공부문 정보자원 실태조사가 2002년 4월에 있었는데 정보기술 자원관리의 효율성이 낮고 체계적이지 못하다는 지적이 있었다. 그리하여 2003년 9월 전자정부 로드맵 과제 중 하나로 '범정부 정보기술아키텍처 적용' 과제가 채택되었고 2003년 10월 로드맵 세부 추진 계획이 수립되었다.

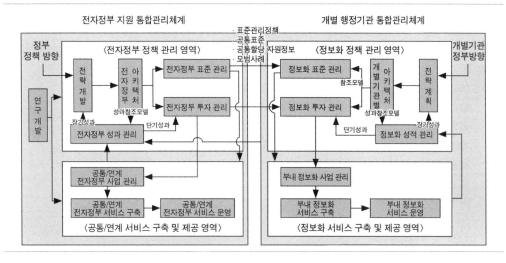

이에 따라 관련법이 제정되고 시범사업, 참조모델 개발 등이 추진되어 ITA (공공부문의 법령에서는 EA 대신 ITA라는 용어를 표준으로 사용한다) 도입 의무화를 규정한 '정보시스템의 효율적 도입 및 운영 등에 관한 법률(ITA법)'이 2005년 12월 3일 제정되었다. 이 법령은 2013년 4월 5일 전자정부법에 통합되었다.

전자정부법에서는 제5장(전자정부 운영기반의 강화) 제1절(정보기술아키텍처의 도입 및 활용)에서 정보기술아키텍처에 대해 규정하고 있다. 제45조(정보기술아키텍처 기본계획의 수립 등)에서 "안전행정부장관은 관계 행정기관 등의 장과 협의하여 정보기술아키텍처를 체계적으로 도입하고 확산시키기 위한 기본계획(이하 '기본계획'이라 한다)을 수립하여야 한다"라고 규정하고, "안전행정부장관은 기본계획에 따라 범정부 정보기술아키텍처를 수립하여야 한다"라고 규정했다. 제46조(기관별 정보기술아키텍처 도입·운영)에서는 아키텍처 도입 대상기관의 장은 정보기술아키텍처 도입계획을 수립하며 정보기술아키텍처를 도입·운영하고 지속적으로 유지·발전시켜야 한다고 규정하고 있다.

이에 따라 각 정부기관과 공공기관은 정보기술아키텍처를 도입하고 운영하고 있는데, 2011년도 공공부문 EA 실태조사 및 성숙도 측정 결과에 따르면 168개 도입 대상 기관 중 110개(65.5%)가 EA를 도입했으며, 행정기관의 EA 도입은 완료 단계에 이르렀다고 평가하고 있다.

참고자료

위키피디아(http://en.wikipedia.org/wiki/Enterprise_architecture).
GEAP 범정부 EA 포털(https://www.geap.go.kr).

기출문제

95회 응용 EA(Enterprise Architecture)의 Framework 및 추진방안에 대하여 설명하시오. (25점)

92회 관리 GITAMS(Government Information Technology Architecture Management System)의 운영 목적 및 구성내역을 설명하시오. (10점)

92회 응용 공공부문 EA(Enterprise Architecture) 성과를 평가하는 요소에 대하여 설명하시오. (25점)

90회 관리 ISMP(Information Strategy Master Plan)의 개념을 설명하고 ISP(Information Strategy Plan), EA(Enterprise Architecture)와의 차이를 비교하여 설명하시오. (25점)

87회 응용 ITA(Information Technology Architecture)/EA(Enterprise Architecture)의 프레임워크 개념 및 구성에 대하여 설명하시오. (25점)

83회 관리 정보시스템의 효율적 도입 및 운용 등에 관한 법률안이 공포되어 공공기관을 중심으로 ITA/EA 프로젝트가 진행되고 있다. 정보공학 방법론에 기반을 둔 ISP와 EAP를 비교·설명하시오. (25점)

83회 응용 ITA/EA(Information Technology Architecture/Enterprise Architecture)에서 프레임워크(Framework)의 정의, 필요성, 구성요소에 대하여 설명하시오. (25점)

81회 관리 전자정부의 확산에 따라 안정성과 효율성 제고를 위해 ITA의 도입 등 법제도 개선활동이 활발하게 진행되고 있다. 최근 행자부에서 발표한 정보자원 관리(IRM) 가이드에 대하여 설명하고 ITA와의 관계 및 향후 발전 방향에 대하여 기술하시오. (25점)

80회 관리 EA/ITA(Enterprise Architecture/Information Technology Architecture)를 수립하고자 한다. (25점)

  가. 수립에 필요한 정의, 필요성, 도입 효과 등을 기술하시오.

  나. 관점별(정책결정자 - 경영자, 관리자 - 팀장, 실무자 - 팀원, 구축자 - 팀원/업무 아키텍처, 데이터 아키텍처, 애플리케이션 아키텍처, 기술 아키텍처) 주요 산출물을 제시하고, 관리자 - 팀장/애플리케이션 아키텍처 산출물을 설명하시오.

78회 관리 ITA(Information Technology Architecture)의 전통적 참조 프레임워크인 자크만 프레임워크와 미국 정부의 대표적인 프레임워크 표준 및 민간의 대표적인 프레임워크 표준을 나열하고 비교·설명하시오. (25점)

ILM

짐을 실을 때는 레이싱 카가 아닌 트럭이 적합하다. 레이싱 카가 가장 빠르다고 항상 이 차를 이용하는 것이 적절하지 않은 것처럼, 처리대상이 되는 정보의 성격에 따라 다른 관리시스템이 필요하다. ILM은 이런 정보의 성격에 따라 어떻게 적절한 시스템을 배치할 것인가를 주요 관심대상으로 하고 있다.

1 ILM Information Lifecycle Management 의 개념

ILM(정보 생명주기 관리)은 정보의 생성에서부터 활용, 저장, 삭제에 이르는 전체 생명주기에서 최소의 비용으로 최대 가치를 제공할 수 있도록 관리하는 솔루션을 말한다. ILM에서 주목하는 비용은 주로 저장과 접근을 위한 시스템 비용들인데, 오늘날 기업에서 관리되는 데이터가 폭발적으로 증가하고 이 데이터를 보관해야 하는 기간 또한 증가함에 따라 비용 또한 급격히 증가하고 있다. 이에 따라 기업에서 정보관리를 전체 생명주기 관점에서 전략적으로 접근하여 정책을 운영하는 것은 필수가 되었다.

정보의 전체 생명주기에서 시스템의 용량 수정과 튜닝 등은 저장비용의 절감을 위한 근본적인 해결책이 될 수 없다. 비용을 절감하는 기본 아이디어는 정보를 계층화하고 이에 대한 저장장치에 차별을 두는 것이다. 기업 내에 보관된 데이터 중 80% 이상은 사용빈도가 낮은 비활성 데이터라는 사실에 착안하여 활용수준에 따라 비활성 데이터를 핵심 저장장치로부터 분리한 후 더 저렴한 저장환경으로 이동시키는 것이다.

비행기의 예약정보를 예로 들어보면 티켓이 판매되는 단계에서 비행기의 예약 신청은 즉시 처리되고 예약이 가능한 잔여 티켓의 수는 실시간으로 업데이트되어야 한다. 이후 티켓 판매 기간이 끝나고 나면 예약정보의 수정은 현저히 줄어들 것이다. 비행이 시작되면 이 정보는 변경될 여지가 거의 없어지고, 마일리지 조정 등을 위해 해당 기록은 저장되어야 하지만 이에 대한 조회 요구도 시간이 지남에 따라 줄어들다가 결국 사용자가 더 이상 찾지 않는 정보가 될 것이다. 이렇게 시간의 경과에 따라 데이터의 가치는 자연스럽게 달라지며 이에 따른 적합한 관리시스템도 데이터 계층에 따라 상이하다.

2 ILM에서 정보의 계층

ILM 적용을 위해 일반적으로 세 개의 정보 계층을 구분한다. 각 계층은 정보의 빈도와 가치에 따라 Transactional(Hot), Nearline(Warm), Archiving (Cold)으로 나누고 Realtime, Near Realtime, Offline 또는 Online, Nearline, Offline과 같은 형태로 구분하기도 한다. 또 이런 계층화된 스토리지 구조를 HSM Hierachical Storage Management이라는 새로운 용어로 명명하기도 한다.

명칭이야 어찌 되었건 개념은 동일하다. 피라미드 구조의 가장 최상 계층에 접근빈도가 잦고 중요한 정보의 계층Transactional을 두고 맨 아래에 자주 필요하지는 않으나 관리가 필요한 계층Archiving을 둔다. 그리고 그 중간 성격의 정보를 또 다른 별도의 계층Nelarline으로 구분하는 것이다.

최상위 계층인 Transactional 계층의 정보는 주로 기업의 매출창출에 직접적으로 관여하는 데이터들로 기업의 운영에 매우 중요한 역할을 하는 정보들이다. 수시로 입출력이 발생하고 처리시간에 대한 민감도 또한 높은 경우가 많아서 이 정보들을 관리하기 위해 고속의 고용량 시스템이 요구된다.

Nearline 계층의 정보는 상대적으로 접근빈도가 떨어지는 것들로서 접근을 위해 약간의 시간지연을 감수할 수 있는 정보들이다. 종이 문서와 비교하면 책상 위에 있는 문서가 아닌 캐비닛에 쌓여 있는 문서들에 비유할 수 있다. 이 정보들에 접근하기 위해서는 캐비닛에서 문서를 찾아 책상 위까지 이동시키는 시간이 필요하지만 이 약간의 시간에 대한 대가로 저장장치 비용은 현저히 감소한다.

Archiving 계층의 정보는 종이 문서와 비교하면 문서 캐비닛이 꽉 찰 경우 그중 불필요해 보이는 문서들을 박스에 넣어 지하실이나 창고로 보내는 것과 같다. 이때 박싱 작업의 인덱스는 추후 이 정보가 필요할 경우 다시 찾아내는 데 매우 중요한 역할을 할 것이고, 이 인덱스가 있다고 하더라도 다시 이 문서를 찾아내는 시간은 어느 정도 필요할 것이지만 가장 저렴한 비용으로 이 정보들을 저장할 수 있다.

각 계층의 특성에 따라 사용되는 디스크 스토리지 기술을 살펴보면, 먼저 Transactional 계층의 정보를 저장하기 위해 최근 SSD Solid State Disk를 도입하는 기업이 많아졌다. SSD 적용 시 무엇보다 IOPS I/O Operations Per Second 가

SSD(Solid State Disk or Solid State Drive)

NAND 플래시 또는 DRAM 등 초고속 반도체 메모리를 저장매체로 사용하는 대용량 저장장치이다. 기본적으로 메모리 카드와 동작 방식이 유사하지만, 용량이 메모리 카드에 비해서 훨씬 크다. 또한 기계적 장치인 HDD와 달리 반도체를 이용해 정보를 저장하므로 임의 접근하여 탐색 시간 없이 고속으로 데이터를 입출력할 수 있으면서도 기계적 지연이나 실패율이 현저히 적고 외부 충격으로 데이터가 손상되지 않으며 발열·소음과 전력 소모가 적고 소형화·경량화할 수 있다.

IOPS(I/O Operations Per Second)

단위시간당 읽기/쓰기 횟수. 하드디스크는 메모리와 달리 디스크와 헤드의 회전수에 의존하는 기계적 메커니즘으로 물리적인 제약을 많이 받게 된다. 이런 제약 아래에서 최대한 읽기/쓰기 성능을 높이기 위해서는 회전 속도를 높여 회전 대기 시간을 줄이는 방법을 이용해야 한다.

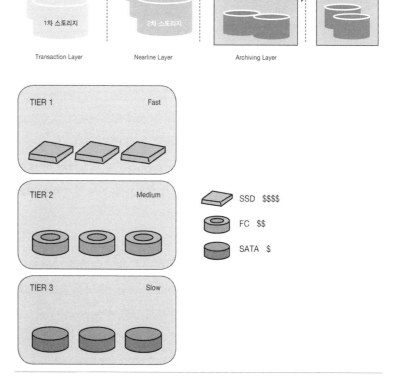

향상되어 전체적인 성능 향상과 사용자 서비스의 만족을 높일 수 있다는 장점이 있으며, 그 외에도 처리용량과 내구성, 성능의 지속성 등의 관점에서도 큰 경쟁력을 가진다.

SSD 외에 다른 저장장치의 구성으로는 일반적인 엔터프라이즈 시스템의 스토리지 아키텍처를 모두 고려할 수 있다. FC Fiber Channel를 사용하는 SANs Storage Area Networks를 이용한다면 대용량 환경에서 뛰어난 성능과 확장성을 확보할 수 있으며, IP, iSCSI, ATM과 같은 상이한 프로토콜 환경에서 이용할 수 있다는 장점까지 있다. FC를 사용하지 않는 DAS, NAS와 같은 네트워크 기반 저장장치 솔루션이 있을 수 있고, USB 3.0으로 접근되는 eSATA external SATA를 사용할 수도 있다. 최근 CPU 성능의 현격한 증가로 TCP의 오버헤드 문제가 자연스럽게 해결되면서 iSCSI over Ethernet이나 SAS Serial-Attached SCSI도 고려해볼 수 있다.

이런 여러 기술들을 활용하는 저장장치의 환경은 전체적인 조화를 중시하여 구성되어야 한다. 디스크의 처리속도와 네트워크 처리속도가 함께 고려되어야 하며, 관련 기술들이 나날이 발전하고 있으므로 적용시점의 기술을 주의 깊게 살펴보고 고민해야 한다.

3 ILM 계층 간 정보의 이동과 디스크 구성

기업이 저장장치의 요구사항과 이에 대한 비용 효과적인 정보의 계층을 어떻게 나눌 것인지를 결정하고 나면, 이 티어Tier들간 데이터 이동을 어떻게 자동화할 것인가의 문제가 대두된다. 데이터의 이동은 운영정책에 따라 달라질 것이며, 데이터의 이동정책은 스토리지 계층화와 함께 ILM에서 고려해야 할 가장 중요한 정책요소이다.

가장 간단하고도 파워풀한 데이터 중요성의 판단기준은 데이터의 접근빈도Frequency이다. 접근빈도가 ○회 이하로 넘어가게 되면 그다음 티어로 이동하도록 구성하는 방식이다. 여기서 접근빈도는 최근 1주일간 접근횟수를 주로 사용한다. 접근빈도 외에 티어 이동 여부의 판단에 이용될 수 있는 속성은 생성된 애플리케이션(또는 프로세스)이 어디인지, 수정이 얼마나 자주 발생하는지, 언제 생성되었는지 등이다. 생성된 애플리케이션이 중요한 것은 보안 때문이다. 생성 당시 상속받은 속성에 따라 기밀성이나 보존성에 대한 요구사항을 할당하고 이를 ILM에서 인식하여 적절한 보안이나 보호 서비스를 받을 수 있는 스토리지 인프라 구성요소에 이동시킬 수 있도록 조치한다.

데이터 이동은 특정 시간에 데이터의 스냅숏을 찍거나 백업하는 것, 또는 실시간으로 다른 사이트나 장비로 복제하거나 데이터를 독립적으로 보관하는 것 등을 의미한다. 다음 그림은 기본적인 데이터 이동의 모델이다. 여기서 데이터의 이동이 반드시 Hot 계층에서 Cold 계층으로 이동하는 것만은 아니라는 사실에 주목하자. 하위 계층에서 더 빠른 계층으로 이동하는 상황은 매우 자주 발생할 수 있다.

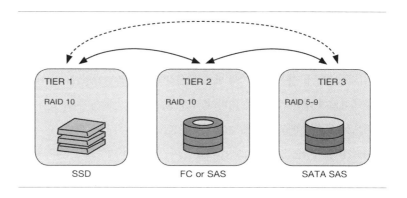

티어Tier 간 데이터의 이동을 최적화하기 위해서는 다음과 같은 원칙을 고려해볼 수 있다.

- 데이터 분류와 Tier 간 이동을 자동화하고 최대한 수작업을 제거한다.
- 중요한 데이터(Active Data 또는 능동 데이터) 블록을 저장하는 Tier를 성능이 최적화된 RAID로 구성한다(성능과 내결함성을 겸비한 RAID 10이 적절할 수 있다).
- 데이터의 중요도가 변경될 경우 자동으로 하위 Tier로 이동시킨다(하위 Tier는 약간의 오버헤드와 함께 안정성을 보장하는 RAID 5 또는 RAID 6이 적절할 수 있다).
- 시스템 구성 시 SSD, FC, SAS 또는 SATA 드라이브를 혼합하여 구성한다. SAS는 동일한 디스크 인클로저Disk Enclosure를 다양한 회전수로 구성할 수도 있다.

Active Data(또는 능동데이터)
OS 또는 애플리케이션에서 비즈니스 이벤트가 발생할 때 데이터의 구조나 내용의 변환 없이 바로 접근할 수 있는 데이터. 현재 컴퓨터 스크린에 디스플레이된 데이터를 의미하기도 한다.

- 가장 중요한 Tier는 SSD의 적용을 통해 성능과 가용성을 향상시킨다.
- 모든 계층에서 다운타임과 데이터 손실 없이 자동으로 디스크를 리스트라이핑할 수 있는 기능을 추가한다.

리스트라이핑(Restriping)
개별 디스크를 하나의 디스크로 인식할 수 있도록 디스크를 조합하는 디스크 스트라이핑(Disk Striping) 작업을 재실행하는 것을 말한다.

4 ILM 기대효과와 고려사항

기업은 ILM의 적용을 통해 최소 비용으로 최대 효과를 낼 수 있는 정보저장 체계를 갖추게 된다. 데이터의 비즈니스적 가치에 따라 자원을 할당하고 기업의 정책에 따라 효과를 조율할 수 있는 체계가 구성된다. 관리되는 정보는 정형 정보뿐 아니라 비정형 정보를 포함하며 모든 비즈니스 정보에 대한 종합적인 시각을 제공할 수 있다.

하지만 모든 기업들이 ILM에 투자해야 하는 것은 아니다. ILM을 적용하기 위해서 정보를 분석하고 이를 배치하는 작업은 결코 만만한 일이 아니기 때문에 ILM에 대한 비용투자 대비 효과가 오히려 높지 않을 수도 있다. 일반적으로 최소 20테라바이트 이상의 데이터를 관리하거나 매년 그 양이 50% 이상 증가하는 업체를 ILM에 대한 투자가 필요한 기업으로 본다. 이런 업체들은 의무적으로 거래정보 등을 보관해야 하는 금융권이나 통신사 등 주로 고도로 데이터 집약적인 업체들이다.

ILM을 구성할 때 정책 기반 스토리지 통합의 어려움은 극복해야 할 또 하나의 과제이다. 분류 및 정책 소프트웨어는 데이터 관리 및 이동 기술과 잘 호환되지 않을 수 있다. 기업이 보유한 애플리케이션과 스토리지들이 다양하고 서로 상이한 공급사의 조합으로 구성되며 이들 간 일정한 표준이 없는 상황이기 때문에 많은 테스트와 수정사항이 동반될 수 있다.

SNIA Storage Networking Industry Association는 주요 스토리지 환경에서 모든 요소들을 관리할 수 있는 공통 표준 기반 접근을 제공하기 위해 SMI-S Storage Management Initiative Specification를 개발 중에 있다. 장기적으로 이런 표준은 ILM 제품들을 상호 운용할 수 있게 만들 것이다. 하지만 사용자가 요구하는 수준의 공통 ILM 표준이라는 면에서는 아직 진행할 과제가 많은 것이 현실이다.

참고자료
기획재정부. 2010. 『시사경제용어사전』. 대한민국정부.
네이버 지식백과(http://terms.naver.com).
한국정보통신기술협회. 『IT용어사전』.
Tom's IT Pro(http://www.tomsitpro.com).

기출문제
78회 응용 ILM(Information Lifecycle Management) (10점)
77회 관리 ILM(Information Lifecycle Management)에 대해서 설명하시오. (10점)
72회 응용 ILM(Information Lifecycle Management) (10점)

Enterprise IT

E

IT 거버넌스

—

E-1

IT 거버넌스

IT 거버넌스(Governance)는 기업의 전략과 목표에 부합되도록 IT와 관련된 Resource와 Process를 통제/관리하는 체계이다. IT 전략을 관리하고, 비즈니스와 융합하여 추진하기 위해 이사회, 경영진, IT관리자가 추진하는 조직기능을 포함한다. IT가 조직의 전략과 목표를 유지할 수 있게 하는 리더십, 조직구조, 프로세스로 구성되며, 주로 정보기술, 성과, 위험에 집중한다.

1 IT 거버넌스의 개요

IT 거버넌스는 기업 거버넌스Corporate Governance의 하위 활동으로 기업의 전략과 목표에 부합되도록 IT와 관련된 Resource와 Process를 통제 및 관리하는 체계이다. IT 전략을 관리하고, 비즈니스와 융합하여 추진하기 위해 이사회, 경영진, IT관리자가 추진하는 조직기능을 포함한다. IT가 조직의 전략과 목표를 유지할 수 있게 하는 리더십, 조직구조, 프로세스로 구성되며, 주로 정보기술, 성과, 위험에 집중한다. 그러나 IT 거버넌스 이전에 우선 거버넌스라는 용어부터 확인할 필요가 있다.

거버넌스는 사전적으로는 권력을 통한 지배to rule by right of authority, 대상 분야에 영향력 행사to exercise a directing or restraining influence over, 가이드 또는 통제guide or control의 의미이다. 경영이나 IT 측면에서는 주로 기업의 성장과 가치 창조를 위해 다양한 이해관계자와 기업 간에 명시적 혹은 묵시적으로 이루어진 계약 관계를 규정하고 관리하는 메커니즘을 의미한다. 즉 기업 자원에 대한 이해관계자(주주, 채권자, 직원, 소재 공급자, 소비자 등)의 권한을 설명하는 계약 관계라고 말할 수 있다. 이러한 지배구조, 즉 거버넌스는 나라마다 서로 다른 역사적 배경을 바탕으로 발전하여 기업 지배체제의 배경을 형성한다.

구체적으로 기업 거버넌스의 의미는 조직 목표에 대한 의사결정과 목표 달성 현황에 대한 성과를 모니터링하는 개념이며, 이사회, 관리자, 주주, 기타 이해관계자 등과 같은 기업의 참여자들에게 권리와 책임을 분배하고 기업과 관련된 문제에 대해 의사결정을 내리는 규칙과 절차를 규정한 것이다. 경영학 또는 기업 실무에서 기업 거버넌스는 흔히 기업의 통치, 기업의 운영 등으로 번역되고 때로는 기업 지배구조라는 용어가 사용되기도 한다. 이러한 기업 거버넌스는 이사회, 경영진을 중심으로 주주, 사외이사, 감사 등의 관계자로 구성되며, 인적 자산, 재무적 자산, 물리적 자산, 지적 자산, 정보/IT 자산, 관계 자산 등을 관리한다. IT 거버넌스는 이 기업 거버넌스의 하위 영역이나 IT의 중요성과 비중이 확대되면서 기업 거버넌스에서도 중요한 비중을 차지하게 되었다.

오늘날 IT 거버넌스가 중요한 사안이 되고 있는 이유는 무엇일까? 기업의 신경망이자 리스크로 작용하는 IT에 대해서 더 확실한 통제Control 방안이 필요하기 때문이다. IT는 오늘날의 기업활동에 필요한 핵심적인 기능들을 자동화하고 있으며 IT가 제공해주는 비즈니스 가치를 제대로 얻어내는 것은 매우 중요한 일이기 때문이다. 또한 국제적으로 규정 준수Compliance가 매우 중요한 사안으로 떠오르고 있다는 점에서 IT 거버넌스가 중요하다. 마지막으로 비즈니스와 IT를 연계Alignment시키기 위해 중요하다. 우리의 목표와 자원, 그리고 궁극적으로 IT 투자의 결과를 기업이 성취하려는 비즈니스 목표와 연계시키기 위해 전략을 수립하고 우선순위의 적절한 설정, 신뢰, 효과적인 커뮤니케이션을 위해 IT 거버넌스의 중요성이 증대되고 있다.

IT 거버넌스는 여러 기관에서 그 의미를 정의해왔다. 대표적으로 ITGI IT Governance Institute는 IT 거버넌스가 이사회와 경영진의 책임 아래 수행되는 기업 지배구조의 핵심 부문이며, IT 부문의 리더십과 조직구조, 프로세스로 구성된다고 설명했다. MIT에서는 IT 사용에서 바람직한 행동을 야기하기 위한 의사결정과 책임에 관한 프레임워크라고 정의했다. 가트너 그룹Gartner Group은 IT를 바람직하게 사용할 수 있는 의사결정 권한과 책임을 정립하는 것으로 정의했다. 머큐리 인터랙티브Mercury Interactive에서는 IT에 대한 통제력을 높이고 IT가 기업의 비즈니스 목표와 연계되게 하는 프로세스, 조직의 관리방법이라고 정의했으며, ISACA에서는 조직의 전략과 목표에 부합되도록 IT와 관련된 자원, 프로세스를 통제·관리하는 체계라고 정의했다. 종합하면 IT 거버넌스란 IT를 활용해 기업의 전략과 목표를 뒷받침하고 전개하기 위한 리더십, 조직구조, 프로세스, 목표를 달성하고 성과를 관리하기 위한 메커니즘이라고 할 수 있다.

이러한 IT 거버넌스를 실체화하기 위한 국제 표준에는 앞서 살펴본 ITGI뿐만 아니라 ISO 38500, GRC Governance, Risk and Compliance, COBIT 5, Val IT 등이 있으며, 관련 모델에는 EA/ITA, CMMI/SPICE, ITIL, IT BSC 등이 있다. 주요 표준들은 다른 섹션에서 구체적으로 살펴보도록 하자.

기업 거버넌스의 하위 영역으로 IT 거버넌스가 등장한 배경은 비즈니스 목표와 IT의 연계 필요성, 규제, 효율적인 IT 투자 요구, IT 자산의 관리와 통제의 필요성 증대이다. 먼저 IT가 기업환경의 급속한 변화에 기민하게 대응하고 적응하기 위한 핵심 수단으로 인식되면서 비즈니스 목표와 IT를 연계할 필요성이 증대되었다. 규제 측면에서는 IT가 SOX(사베인스 옥슬리법), 바젤 II 등 기업에 대한 규제를 실현하고 기업의 투명성을 높이기 위한 핵심 수단이 되어가고 있다. 그리고 IT 투자가 대규모화되고 복잡해지면서 효율적이고 투명한 IT 투자 계획과 집행, 평가를 위한 체제의 중요성이 증대되었으며, IT 자산을 효과적으로 관리·통제하여 IT 가치의 효용성을 높이기 위한 수단이 필요해졌다. 이러한 배경으로 IT 거버넌스가 강조되는 것이다.

2 IT 거버넌스의 영역

IT 거버넌스의 정의가 다양한 만큼 그 영역의 범위도 엄격하게 정의된 것은 아니나, 대표적으로 ITGI에서는 전략적 정렬 Strategic Alignment, 가치 전달 Value Delivery, 위험 관리 Risk Management, 자원 관리 Resource Management, 성과 측정 Performance Measurement 의 다섯 가지 영역으로 구분했다.

먼저 IT 거버넌스의 첫 번째 영역은 전략적 정렬 Strategic Alignment 이다. 기업이 IT에 투자할 때 가장 큰 관심사는 그것이 과연 기업의 전략과 목표 달성에 부합해 비즈니스 가치를 제공할 수 있는가이다. 그러므로 기업전략을 IT 전략과 연계해야 하고, 기업의 운영활동을 IT 운영활동과 연계해야 한

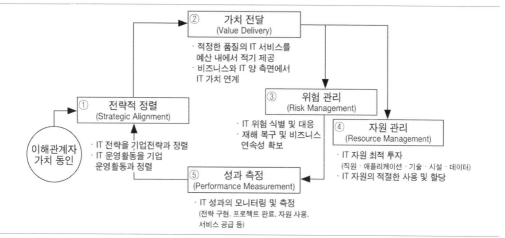

다. 당연히 이는 복잡하고 다양한 측면이 고려되어야 하며, 경영환경이 빠르게 변하는 현실에서 완벽하게 이루어질 수도 없다. 그럼에도 IT 투자가 그에 걸맞은 가치를 만들어내려면 올바른 방향으로 가려는 활동이 계속 이루어져야 한다. 이렇듯 기업 전략 및 운영과 IT 전략 및 운영의 전략적 정렬이 이루어지려면 다음의 절차를 잘 따라야 한다. 먼저 최고경영진이 IT의 전략적 중요성을 이해해야 한다. 다음으로 IT가 비즈니스에서 어떤 역할을 맡게 될 것인지 명확하게 정의해야 한다. 그리고 나서 이에 따라 IT 투자, 구축, 운영에 관한 원칙을 수립해야 하며 IT의 영향과 효과를 계속 모니터링하고 평가해야 한다.

　IT 거버넌스의 두 번째 영역은 가치의 전달 Value Delivery이다. IT 가치 전달의 기본 원칙은 약속한 품질의 IT 서비스를 주어진 기간과 예산 내에서 제공하는 것이며, 이를 위해서는 투입 비용과 ROI Return on Investment (투자수익률)을 관리해야 한다. 이러한 요구와 기대를 충족시키려면 비즈니스와 IT 부문 간, 그리고 경영진과 일반직원 간에도 사실에 기초한 공통용어 사용과 공감대 형성이 필요하다. 왜냐하면 경영진과 사용자의 다양한 계층별로 IT 가치를 서로 다르게 인식하기 때문이다. IT 가치를 비즈니스에 효과적으로 전달하기 위해서는 고객, 프로세스, 시장 등에 관한 신뢰할 수 있는 정보를 제때 제공할 수 있어야 하고, 생산성 있고 효과 있는 내부 프로세스를 구축해야 하며, IT의 통합 구현 능력을 갖추어야 한다.

　IT 거버넌스의 세 번째 영역은 위험의 관리 Risk Management이다. 기업의 위험은 여러 측면에서 발견할 수 있는데, 최근에 기업들의 IT 의존도가 높아지고 IT 자체에 대한 취약성이 노출되면서 IT 인프라와 정보 자산에 대한 위험 관리의 중요성도 높아지고 있다. 효과 있는 위험 관리를 위해서는 다음의 위험 관리 절차를 따라야 한다. (1) 우선 자산 가치를 평가한다. (2) 자산의 취약성과 위험성을 평가한다. (3) 파악된 취약성과 위험성에 대한 대응책을 마련하고 통제 효과성을 평가한다. (4) 잔존 위험을 정의한다. (5) 실행계획을 수립하고 위험 발생 시 대응한다. 이런 위험 관리 절차에서 위험에 대응하는 방법은 다음과 같다. 우선 위험 완화Mitigation는 보안 기술 등 내부 통제시스템을 구현하여 위험 자체를 줄이는 것이다. 가장 일반적인 방법이나 비용·대비 효과나 필요성을 판단해야 한다. 위험을 무조건 완화하는 것이 최선이라고는 볼 수 없다. 위험 전이Transfer는 파트너와 위험을 공유하거나 보험에 가입하는 등 위험 자체를 다른 곳으로 옮겨서 책임질 위험을 줄이는 방식이다. 위험 수용Acceptance은 위험의 존재를 인정하고 모니터링하는 것이다. 어떤 위험은 줄일 수 없거나 줄일 가치가 없는 것도 있다. 위험 자체를 수용하여 모니터링하고 발생한 위험에 대해 대응하는 방식이다.

IT 거버넌스의 네 번째 영역은 자원 관리Resource Management이다. IT 자원의 최적화된 투자, 사용, 할당은 IT 성과 창출을 위한 중요한 성공요소이지만, 대다수 기업은 IT 자원의 효율성을 극대화하고 비용을 최적화하는 데 실패하고 있어 IT 자원의 효과적 관리의 필요성이 커지고 있다. IT 자원을 관리하여 비용을 최적화하고 비즈니스 요구사항과 기술의 끊임없는 변화에 대응하고 신뢰할 수 있는 서비스 품질을 보장해야 한다.

IT 거버넌스의 마지막 영역은 성과 측정Performance Measurement이다. 여러 가지 방법이 있겠으나 BSC Balanced Scorecard가 대표적인데, 기존 재무 관점에서 벗어나 다양한 정보를 활용하여 자산과 그 관계를 측정할 수 있는 성과 측정 관점을 제공한다. 이를 통해 관리자들은 단기 재무성과 외에 고객만족도, 내부 프로세스 효율화, 조직의 학습과 성장에 대한 성과를 측정할 수 있다. IT-BSC에서는 네 가지 BSC 영역을 전사 비즈니스 공헌, 사용자, 운영 프로세스, 미래 역량의 관점으로 재정의할 필요가 있다.

이를 바탕으로 IT 거버넌스의 영역에 따른 관련 표준/모델을 살펴보면 다음과 같다.

주요 영역	영역 설명	관련 표준 / 모델
전략적 정렬 (Strategic Alignment)	경영, 사업, 기술 전략의 최적 의사결정을 위한 Aignment	ITA / EA
가치 전달 (Value Delivery)	전략적 비즈니스 목표 달성을 위한 개별 비즈니스 프로세스 최적화	ERP, CRM, SCM, BPM
위험 관리 (Risk Management)	재해복구 및 비즈니스 연속성 확보를 위한 전사적 위험관리	DR(S), BCP
자원 관리 (Resource Management)	비즈니스 요구사항에 신속히 대응하기 위한 IT 자원활용 극대화	ITAM (IT 자산관리)
성과 측정 (Performance Measurement)	유형 자산기반 무형 자산의 가치를 포함한 IT ROI 평가 및 측정	IT BSC

3 IT 거버넌스 추진영역과 성공요소

IT 거버넌스 추진영역에는 전략과 계획 수립, 조직과 운영 관리체계, 위험 관리, 자산 관리, 변경 관리와 모니터링이 있다. 전략과 계획 수립에는 EA/ ITA 컨설팅, ISP 컨설팅, 조직 컨설팅 등이 관련된다. 조직과 운영 관리체계에는 ITSM IT Service Management, SLA(서비스 수준 협약), 서비스와 조직 성과관리 등이 관련된다. 위험 관리에는 PPM(프로젝트 & 포트폴리오 관리), ALM(애플리케이션 생명주기 관리), ROI 관리 등이 관련된다. 자산 관리에는 APM(애플리케이션 포트폴리오 관리), PPM의 포트폴리오 분야, ITIL IT Infrastructure Library 의 자산관리 Asset Management 모듈, CMDB 등이 관련된다. 변경 관리와 모니터링에는 IT 컴플라이언스, 내부 통제 시스템 등이 관련된다.

이러한 IT 거버넌스 추진영역을 기반으로 IT 거버넌스 체계 수립이 중요하다. IT 거버넌스 체계수립 시에는 Governance Direction을 기반으로 AS-IS Analysis와 TO-BE Design을 수행하고 마지막으로 Migration Planning 및 이행의 단계로 수립하여 수행하는 것이 일반적이다. Governance Direction 단계에서의 산출물은 IT 거버넌스 방향 설정서와 프레임워크 설정서이며, AS-IS Analysis에서는 진단결과서 및 영역별 개선기회 도출 결과서를 도출하고, TO-BE Design 단계에서는 IT 거버넌스 개선모델 정의서와 스킬 및 솔루션 정의서를 도출한다. 마지막으로 Migration Planning 단계에서의 산출물은 IT 거버넌스 이행과제 및 추진 로드맵 등을 도출하여 이를 기반으로 이행하게 된다.

IT 거버넌스의 성공요소로는 일단 기업문화와 조화되어야 한다. 그리고 권위를 직능과 일치시켜야 한다. 다음으로 역할과 책임이 명확해야 하는데, 각각의 IT 의사결정에 관해 누가 의견을 제공하는지, 누가 결정을 내릴 것인지, 어떻게 커뮤니케이션할 것인지가 규정되어야 한다. 또한 IT 거버넌스 성공을 위해서는 위원회와 태스크포스 같은 조직을 두고, 이 조직에서 IT 거버넌스 구조와 프로세스를 모니터링하고 조정해주어야 한다. IT 거버넌스 효과도 측정해야 하는데, 통제에서 시작하더라도 점차적으로 비즈니스 가치 실현에 집중해야 한다. IT 거버넌스는 비즈니스 경쟁우위 확보를 위한 IT 활용능력 향상에 집중해야 한다.

IT 거버넌스가 성공한다면 기대효과는 비즈니스 변화에 유연하게, 비즈니스 요구에는 민첩하게, IT 투자와 운영은 효과적·효율적이게 되는 것이다. 먼저 비즈니스 변화에 유연하게 대응하는 측면에서 보면 기업의 전략과 목표에 연계된 명확한 IT 목표 설정과 성과 측정이 가능하게 되며, IT 자원의 현재와 미래의 요구사항을 지원할 수 있게 된다. 그리고 기업 외부환경과 변화에 능동적으로 대응할 수 있게 된다. 비즈니스 요구에 민첩하게 대응하는 측면에서 보면 적합한 품질의 솔루션과 서비스를 예산 범위 내에서 적기에 제공하고 IT 위험관리와 정보보호 체계를 제공하고 효과적·효율적으로 IT 인프라를 활용할 수 있게 된다. 효과적·효율적 IT 투자와 운영 측면에서 보면 제품, 서비스 경쟁력과 비용·효율성을 향상시키고, 기업 성장과 자원 간 균형적 투자와 선택, 집중이 가능하게 되며, 중복 투자 방지 등 IT 투자 투명성이 확보되게 된다.

4 IT 거버넌스의 동향 및 기대효과

국내 기업에서는 그동안 ROI 관련 모듈과 같이 IT 거버넌스의 일부를 도입하는 경우가 많았으나 점차 프로젝트 관리, IT 자산 관리, 변경 관리 등으로 확대되어 전체적으로 IT 거버넌스의 형태를 갖추는 경우가 많아졌다. 삼성전자, LG전자, 포스코 등은 이미 상당한 수준의 IT 거버넌스 체계를 확립한 것으로 평가된다. 국내 IT 거버넌스는 컨설팅 부분이 중요하게 고려되며, 전사적 도입보다는 부서별 도입 양상을 보이고 있다. 부서별로도 IT 조직 프로세스 혁신이나 IT 투자의사 결정 개선 등 프로세스 개선에 치중하고 있다.

IT 거버넌스 체계를 확립하고 이를 기반으로 비즈니스를 이행하게 되면 명확한 목표설정과 성과측정이 가능하게 된다고 보는 견해가 일반적이다. 구체적으로 기업의 성장과 자원 간의 균형적인 투자가 가능하게 되고, 자원의 선택과 집중을 할 수 있게 되어 우선순위에 기반한 전략적 의사결정이 가능하게 된다. 또한 적합한 품질을 가진 솔루션 및 서비스를 예산 내에서 적시에 제공이 가능하도록 하는 데 도움을 줄 수 있어 IT 인프라를 효율적이고 효과적으로 사용할 수 있게 된다. 이러한 효과를 바탕으로 IT 관련 위험관리 및 정보보호를 위한 체계를 구현할 수 있으며 기업 외부 환경의 변화 및 IT 환경 변화에 능동적인 대응이 가능하게 된다. 즉 대내외 고객과 이해관계자들의 현재와 미래의 요구사항을 효과적으로 적시에 지원할 수 있는 체계가 수립될 수 있게 되는 것이다.

참고자료

위키피디아(http://en.wikipedia.org/wiki/It_governance).

Wim Van Grembergen. 2005. 『IT 거버넌스』. 안중호·서한준 옮김. 네모북스.

ISO 38500

IT에 대한 비즈니스 의존도가 커지고 경영에서 IT가 가지는 중요성이 커짐에 따라 IT 거버넌스에 대한 관심과 요구가 높아지고 있다. IT 거버넌스 국제표준인 ISO/IEC 38500은 조직의 IT 활동을 평가(Evalutation), 지시(Direct), 모니터링(Monitoring)하기 위해 제시하고 있다.

1 ISO 38500 표준 제정의 배경과 목적

최근 기업 거버넌스Corporate Governance 의 중요성이 점차 대두되면서 2008년 3월 'ISO/IEC 38500-Corporate Governance of IT'라는 이름으로 IT 거버넌스 분야의 표준이 공식 발표되었다. ISO 38500 표준은 이사진이 조직의 IT 활용을 평가하고Evaluate, 지휘하고Direct, 감독하는Monitor 데 활용할 수 있는 원칙의 프레임워크를 제공한다.

1.1 ISO 38500 표준 제정의 배경

1960년 총 사무기기 투자액 중에서 IT 기기 투자 비중은 3%에 불과했으나, 1996년에는 이 비중이 45%로 크게 증가했으며, 통신이나 금융 산업의 경우 이러한 비중은 75%에 이르고 있다. 이제 대부분의 조직들이 IT를 기업의 활동을 위해서 반드시 필요한 전략적인 도구로 인식하고 기업의 전략 및 경쟁력 실현의 도구로 활용하고 있어, IT 비용은 기업의 재무/인적 자원의 상당 부분을 차지하고 있다.

그러나 여전히 ROI 실현이 미흡하다는 평가와 함께 IT의 짧은 생명주기 특성으로 IT 자산은 쉽게 그 가치를 잃어가고 있으며, IT 환경이 복잡해짐으로써 발생하는 IT 리스크는 조직 전체의 리스크로 커지고 있는 상황이다. 특히 IT를 활용하여 비즈니스 목표를 달성하려면 비즈니스 변화도 필요하지만, IT 활용이 전반적인 비즈니스 관점이 아니라 기술, 비용, 일정에만 초점이 맞춰져 있는 경향이 있다.

최근 기업의 경영진들은 IT Governance를 Enterprise Governance의 일부로 중요하게 다루어가고 있으며, IT가 비즈니스 가치를 제공하고 관련된 리스크를 최소화하도록 하기 위해 더 많은 관심과 개입을 하고 있다.

1.2 ISO 38500 표준 제정의 목적

ISO 38500 표준 제정을 통해 첫째, 이해관계자들(소비자, 주주, 종업원)에게 조직이 표준을 따른다면 조직의 IT 거버넌스를 신뢰할 수 있다는 확신을 제공하고, 둘째, 이사진에게 자신들의 조직의 IT 활용을 거버넌스하는 과정에서 참조할 수 있는 정보와 지침을 제공하고, 셋째, IT 거버넌스의 객관적 평가를 위한 기반을 제공하여 효과적이고 효율적이며 수용 가능한 IT 활용 촉진을 목적으로 한다.

2 ISO 38500 표준 구성요소

ISO 38500은 매우 상위 수준의 원칙 기반 표준으로 IT 거버넌스에 관련된 용어, 모델, 원칙, 원칙 구현을 위한 지침으로 구성되어 있다. Section 1에서는 용어와 함께 범위, 적용의 목적 및 효과, Section 2에서는 IT 거버넌스 프레임워크 모델과 원칙, Section 3에서는 IT 거버넌스를 위한 원칙별 지침을 담고 있다. ISO 38500에서는 IT 거버넌스를 '조직의 이사진 및 최고경영진이 IT가 효율적이고, 효과적이며, 책임성 있게 활용될 수 있도록 IT의 활용을 평가하고Evaluate, 지휘하고Direct, 감독하는Monitor 체계'로 정의하고 있다.

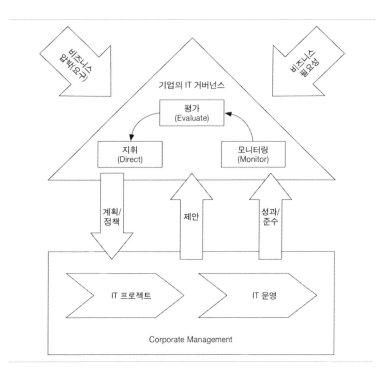

2.1 ISO 38500 모델

IT 거버넌스는 이사진이 현재/미래의 IT 활용을 평가하고Evaluate, IT 활용이 경영목적을 충족시킬 수 있도록 계획과 정책의 수립 및 구현을 지휘하며Direct, 정책의 준수와 계획 대비 성과를 모니터링하는Monitor 체계를 갖추도록 한다.

이사진이 조직의 IT 활용을 평가하고, 지휘하고, 모니터링하는 데 활용할 수 있는 원칙의 프레임워크를 제공하여 원칙을 구현하게 할 수 있게 하는 지침의 표준을 ISO 38500에서 언급하고 있으며 세부 사항은 다음과 같다.

항목	내용
평가 (Evaluate)	IT 거버넌스의 여섯 가지 원칙에 의거하여 기준 수립 (책임, 전략, 획득, 성과, 준거, 행동)
지시 (Direct)	목표 달성을 위한 계획과 정책을 준비하고 구현될 수 있도록 지시 (프로젝트 포트폴리오와 ITSM을 참조모델로 활용)
모니터링 (Monitoring)	측정 체계에 기반한 정책 준수여부, 성과 등 모니터링 (법적 규제사항과 내부 지침을 따라 운영되었음을 보장해야 함)

2.2 ISO 38500의 6원칙

- Responsibility(책임)

  조직원들은 IT 제공/활용에 대한 책임과 권한을 이해하고 수용한다.
- Strategy(전략)

  경영전략은 IT 역량을 고려하고, IT 계획은 조직의 니즈를 충족시킨다.
- Acquisition(획득)

  IT 구매는 투명한 의사결정을 통해서 타당한 목적 아래 이루어진다.
- Performance(성과)

  IT는 조직의 요구를 충족시킨다.
- Conformance(준거)

  IT는 모든 규정/법규를 준수한다.
- Human Behavior(행동)

  IT는 인간행동적 요인을 존중한다.

인간행동적 요인(Human Be-
havior)
인간과 시스템 구성요소들 간의 상
호작용에 대한 이해

2.3 ISO 38500 지침

원칙	평가	지휘	모니터링
Responsibility (책임)	책임자 역량 평가, 책임 대안 평가	계획 및 실행 지휘	책임자의 성과 모니터링
Strategy (전략)	IT 활동의 비즈니스 목적, 요구사항 충족 여부 평가	IT 활동 계획, 정책 수립	IT 활동이 일정, 자원 내에서 수행되고 있는지 모니터링
Acquisition (획득)	IT 투자 평가	IT 자산의 구매 및 공급 지휘	IT 투자 모니터링
Performance (성과)	IT 활용 및 IT 거버넌스 체계의 효과성과 성과를 평가	우선순위, 예산에 따른 자원 할당	IT가 비즈니스를 지원하는 정도를 모니터링
Conformance (준거)	IT가 책임을 충족하는 정도를 평가	IT 인력이 책임, 윤리를 준수하도록 지휘	IT 활동들의 준거성 모니터링
Human Behavior (행동)	IT 활동에서 인간공학적 요소 평가	IT 활용이 인간공학적 요소를 가지도록 지휘	IT 활동의 인간공학적 요소가 유지되도록 모니터링

3 ISO 38500 표준 제정의 효과

ISO 38500 표준은 너무 상위 수준의 내용만을 담고 있어 실무적인 유용성이 미흡하다. 하지만 기존에 혼재되었던 IT 거버넌스의 개념을 하나로 정의하는 측면에서 큰 가치가 있다. ISO 38500 표준 제정의 효과는 다음과 같다.

3.1 준수 Compliance

적절한 IT 거버넌스는 이사진의 IT 활용에 대한 책임(법규, 계약) 준수를 지원한다. 보안표준, 프라이버시 법규, 스팸 법규, 상거래 법규, 지적재산권, 기록 보존 요건, 환경 법규, 보건 및 안전 법규, 접근성 법규, 사회적 책임표준 등 다양한 컴플라이언스 준수를 지원한다.

3.2 성과 Performance

IT 거버넌스는 IT와 비즈니스의 전략적 연계를 통해 모든 IT 투자로부터 계획한 효과를 실제로 실현할 수 있도록 지원한다. 표준을 통해서 이해관계자들에게 모범적인 프랙티스를 제시하는 한편, 서비스, 시장, 비즈니스의 혁신을 도모한다. 또한 자원의 효율적 배분을 통해 조직의 비용을 절감하면서도 비즈니스 연속성 및 지속 가능성을 확보하도록 지원한다.

참고자료
황경태. 2009. 「IT 거버넌스 국제표준(ISO/IEC 38500) 현황 및 발전 동향」.

E-3

COBIT 5.0

COBIT 1.0이 처음 나온 것은 1996년이며 2012년 ISACA에서 COBIT 5.0을 발표하였다. COBIT 1.0은 당시 회계사들이 기업 감사를 수행할 목적으로 사용한 것이 최초였고, 이후 IT 통제, IT 관리, IT 거버넌스라는 개념으로 점점 대상 영역을 확장하여 COBIT 5.0에 이르러서는 '비즈니스와 IT부문' 모두를 포괄하게 되었다. COBIT 5.0은 IT 거버넌스를 실현하기 위한 관리 통제 지침을 말한다.

1 COBIT 5.0의 등장

모든 조직마다 처한 환경에 차이가 있기 때문에 각각 요구되는 최적의 지침서IT Governance는 서로 다르다. 이를 위해 핵심 공통 요소를 체계적으로 정리한 IT Governance를 위한 모범 IT지침서가 ISACA에서 나온 COBIT 프레임워크이다. COBIT 1.0이 처음 발표된 것은 1996년이고 2012년 COBIT 5.0까지 발표되었다. COBIT 5.0은 IT 거버넌스 및 관리를 위한 다섯 가지원칙을 가지고 있고, COBIT 4.0/4.1에 비해 관리 범위가 상당히 넓어졌으며 포괄적으로 규정하고 있다.

2 COBIT 5.0 개념 및 주요 특징

기업 내부 통제 프레임워크인 COSO와 더불어 COBIT 프레임워크는 IT 내부통제에 효과적인 프레임워크이다.

2.1 COBIT 5.0 개념

COBIT Control OBjectives for Information and related Technology 은 조직의 전략적 경영목적을 달성하기 위하여 ISACA Information Systems Audit and Control Association 에서 출간한 IT프로세스 통제와 감사 가이드라인을 위한 프레임워크이다. COBIT 5.0에서는 거버넌스 영역 Evaluate, Direct, Monitor과 IT관리 영역(Plan, Build, Run, Monitor를 APO, BAI, DSS, MEA 확장)을 분리하였다.

COBIT은 크게 아래 두 가지 목적을 달성하기 위해 만들어졌다. 하나는 '비즈니스 통제 프레임워크'이며, 'IT 거버넌스의 보증'이다. '비즈니스 통제 프레임워크'를 통해 정보기술 보안과 통제에 대하여 일반적으로 적용이 가능한 모범적인 관행들을 경영층 및 일반 사용자와 정보시스템 감사 통제 및 보안 분야 종사자에게 제공하고, 'IT 거버넌스의 보증'을 통해 조직의 IT시스템의 전략 목표를 달성하기 위하여 IT시스템이 효율적이고 효과적으로 운영하는 것을 보증하고자 한다.

2.2 COBIT 5.0의 주요 특징

COBIT 5.0은 이전 버전과 호환이 되며, 거버넌스 Governance 와 관리 Management 영역을 분리하는 것이 주요 특징이다.

2.2.1 이전 버전과의 호환

COBIT 5.0 프레임워크는 COBIT 4.0과 Val IT, Risk IT를 바탕으로 구축되어 이전 버전과 호환이 된다. 1996년 COBIT 1.0(Audit), 1998년 COBIT 2.0(1.0+Control), 2000년 COBIT 3.0(2.0+Management), 2005년 COBIT 4.0, 2007년 COBIT 4.1(3.0+4.0+IT Governance), 2008년 Val IT 및 2009년 Risk IT 프레임워크를 모두 포함하여 호환되는 프레임워크를 완성하였다. 2012년 COBIT 5.0은 'A business framework from ISACA'처럼 이전 버전과의 호환성을 주요 특징으로 언급하고 있다.

2.2.2 IT 거버넌스와 IT 관리 영역의 분리

COBIT 5.0 프레임워크는 기존 IT 거버넌스 프레임워크 다수에서 채택하고 있던 거버넌스 + 관리영역을 분리하였다. 감사, 통제, 관리의 범위에서 IT 전반적인 거버넌스의 과정을 거쳐, COBIT 5.0에서는 기업 전반과 비즈니스의 정렬을 위한 Enterprise IT 거버넌스 영역으로 진화되었다. IT 거버넌스 영역인 Evaluate, Direct, Monitor와 IT 관리 영역인 Plan, Build, Run, Monitor 영역을 분리한 것이다.

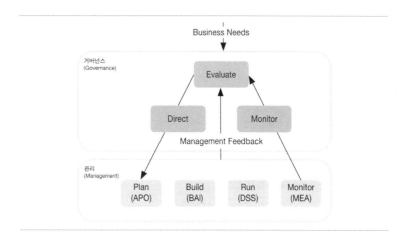

3 COBIT 5.0의 5대 원칙 및 7개 동인

COBIT 5.0은 5가지 핵심원칙을 제시하고 있으며, 7개의 동인Enabler의 역할이 중요하다고 강조하고 있다. 다음 내용에서 좀 더 상세히 살펴보도록 하자.

3.1 COBIT 5.0의 5대 원칙

COBIT 5.0은 이해관계자, 조직, 통합, 접근법 및 거버넌스 측면에서 다섯 가지의 핵심원칙을 제시하고 있다.

- [원칙 1] 조직 간 이해관계자들의 Needs 충족

  IT 거버넌스는 효과, 위험, 자원평가와 관련된 의사결정 시 관련된 모든 의사결정자들을 고려해야 한다.

- [원칙 2] 조직의 모든 부문 총괄

  IT 거버넌스는 IT 조직, 기능에만 한정되는 것이 아니라, 조직 내 모든 거

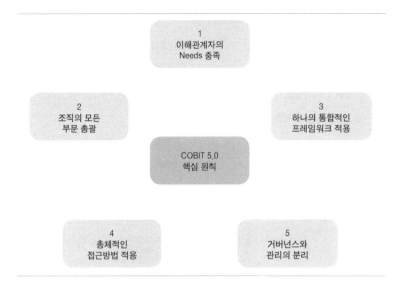

버넌스와 연계, 통합되어야 한다.

- [원칙 3] 하나의 통합적인 프레임워크 적용

    COBIT 5.0은 기업 내 IT와 관련된 모든 것(업무, 조직, 지침, 가이드라인, 컴플라이언스, IT 시스템 등)을 통합하는 모델로서 활용되어야 한다.

- [원칙 4] 총체적인 접근 방법의 활용

    조직의 IT를 효과적으로 관리하기 위해서는 모든 구성요소에 대한 총체적인 고려가 필요하다.

- [원칙 5] 거버넌스와 관리의 분리

    COBIT 5.0에서는 COBIT 4.0/4.1과는 달리 거버넌스와 관리를 분리하여 정의하고 있다. 관리 영역에는 실제 IT 업무 담당자들의 기획, 시스템 구축, 운영, 모니터링 활동이 포함되며, 거버넌스 영역에는 고위 경영진들을 위한 의사결정, 평가 및 모니터링 활동들이 포함된다.

3.2 COBIT 5.0의 7개 동인

COBIT 5.0을 기반으로 효과적인 IT 거버넌스 확립을 위해서는 7개의 동인 Enabler의 중요성을 강조하고 있다.

동인	모니터링
인력, 스킬 및 전문성	모든 활동 및 의사결정을 수행하는 인적 역량
조직구조	IT 기능을 구현하는 조직체계, 의사결정 기구
원칙, 정책 및 프레임워크	IT 지침, 정책 및 내부 규정
서비스, 인프라 및 애플리케이션	IT 관련 서비스를 제공하는 데 활용되는 애플리케이션, 인프라와 같은 ICT 자원(클라우드, 레거시 인프라)
정보	조직에 의해 생산되고 사용되는 모든 정보
문화, 윤리관 및 행동	개인적 및 집단적 행위를 규범 짓는 조직문화

4 COBIT 5.0의 주요 프로세스

COBIT 5.0은 기존 프로세스를 확장하여 EDM, APO, BAI, DSS, MEA 기반의 프로세스로 구성되어 있다.

- EDM Evaluate, Direct, Monitoring: 거버넌스 프레임워크 설정, 유지, 효과제공, 위험 최적화 및 자원 최적화 등
- APO Align, Plan, Organize: 전략 관리, 혁신 관리, 포트폴리오 관리, 인적자원 관리, 품질 관리 및 보안 관리 등
- BAI Build, Acquire, Implement: 프로그램/프로젝트 관리, 요구사항 관리, 변경관리 및 자산관리, 구성관리 등
- DSS Deliver, Service, Support: 운영관리, 문제관리, 연속성관리, 비즈니스 프로세스 통제 등
- MEA Monitor, Evaluate, Access: 성과, 준수, 내부 통제 시스템 모니터링 및 평가/진단 등

참고자료
위키피디아(https://en.wikipedia.org/wiki/COBIT).

IT-Compliance

협의적으로 컴플라이언스는 정부 기관이나 특정 산업에서 반드시 준수되어야 하는 엄격한 규제와 지침을 일컫는다. 새로운 규제와 변화에 능동적이고 민첩하게 대응함으로써 궁극적으로 소비자와 기업을 보호하고 산업의 안정성을 도모하며 최근에는 기업윤리 준수 및 사회적 책임을 다하는 것까지 포함한 광의의 개념으로 확장되고 있다.

1 IT-Compliance의 개요

미국을 포함한 선진국에서 컴플라이언스가 부각되는 것은 엔론Enron Corporation, 아서앤더슨Arthur Andersen 등 기업들의 회계부정의 빈발 때문이다. 미국과 유럽 내에서는 경제 전반에 큰 파장을 미친 이런 사태의 재발을 막기 위한 노력으로 각종 규제조치를 강화하고 기업에서는 정보접근과 보안문제, 리스크관리를 위해 수십억 달러를 투자하고 있다.

국내에서도 농협 전산망 마비, 카드 3사 고객정보유출 등 사회적으로 큰 문제가 발생되어 지속적인 법인 개정 및 가이드라인을 발표하고 있다.

이런 규제준수를 위해 기업 내 정보시스템에 대한 엄격한 내부통제가 필요하며 규제가 요구하는 정보공개, 책임성 이행을 위해 정보시스템을 활용한다. 이런 내부통제 지원 시스템은 기업운영의 효율성 및 회계자료의 신뢰성 확보, 법규 준수 등의 목적을 달성하기 위해 구축 및 운영되어야 한다.

2 IT-Compliance의 종류

다양한 IT-Compliance들은 크게 정보관리, 개인정보보호, 보안등 세 가지 범주로 구분 가능하다.

구분	요구사항	관련 규제
정보관리	재무회계기록 및 주요 문서의 투명성과 정확성, 적시성, 완전성을 보장할 적절한 통제기능 요구	SOX, K-SOX, Anti Money Laundering
개인정보보호	기업이 사용자 개인정보를 어떻게 취급할 것인지 규정, 개인정보원칙을 침해할 경우 어떤 조치를 취할지를 다룸	EU Directive, PIPEDA(CA), GDPR
보안	기업의 주요 인프라를 보호하는 것으로 효과적인 보안을 위해 어떻게 사용자를 식별하고 민감한 자원에 대한 사용자 접근을 통제, 추적, 감시할 것인가를 규정	US Partiot Act, GLBA

2.1 정보관리

많은 IT-Compliance에서 기업의 특정 데이터를 일정 기간 동안 보존할 것을 의무화한다. 보존 대상은 스캔자료, 미디어, 이메일, 로그 기록 등 광범위하며 시스템 구축을 통해 규제준수와 데이터 불변상태 보존을 증명해야 하며 적법한 요청 시 제공할 수 있어야 한다.

규제	대상	보존기간
Sarbanes-Oxley	상장기업: 회계, 감사기록 등	감사 후 4년
HIPAA	의료기관: 의료기록	환자 사후 2년
의료법시행규칙	의료기관: 진료기록	진료기록 10년, 처방전 2년
금융거래기본법	금융회사: 로그기록	3~5년

2.2 개인정보보호

기업들이 수집하고 보관하고 있는 개인정보에 대해 암호화, DB 보안 등 합리적 수준의 보호를 제공할 것과 개인정보 유출 사고 시 그 사실을 공지할 것 등을 의무화하고 있다.

국내 개인정보보호관련 법제로는 공공기관의 개인정보보호에 관한 법률, 개인정보의 기술적, 관리적 보호조치 기준, 정보통신망 이용촉진 및 정보보호에 관한 법률 등이 있으며 해외는 대표적으로 EU의 경우 강력한 개인정보보호 규제를 가지고 있어 규제를 만족시킬 수 있는 수준의 개인정보보호를 제공하지 않는 국가에 개인정보를 제공할 수 없도록 하고 있다.

2.3 보안

강력한 보안관리에 대한 요구사항은 모든 주요 규제에 대해 공통적으로 적용된다. 각종 시스템, 애플리케이션, 데이터 및 프로세스를 무단 접근이나 무단 사용으로부터 보호할 수 있는 강력한 보안 인프라 없이는 어떠한 규제준수도 쉽지 않다. 이런 IT내부통제 기능 달성을 위해 통합적인 보안관리 플랫폼이 효과적이다. 보안관리 플랫폼에는 다음과 같은 기능이 필수적이다.

- ID(계정)관리: 운용관리자는 사용자가 누구이며 어떤 접근권한이 부여되었는지를 알아야 하며 사용자 권한부여 및 취소, 셀프서비스, 사용자 관리 위임 등도 포함한다.
- 프로비저닝: 인사 이동을 하거나 직무변경이 발생해 사용자가 접근하는 자원Resource의 범주가 변경되는 경우, 적법한 승인절차를 밟은 후 필요한 계정을 생성하거나 접근권한을 변경한다.
- 접근권한 관리: 사용자 접근권한 부여 후 내부통제를 위한 실제 접근권한 정책을 집행하기 위한 플랫폼이 필수적이다.
- 모니터링 및 감사: 기업 시스템에 대해서 어떻게 운영되는지 또한 모니터링, 감사, 통제가 가능한지 파악되어야 한다. 중요한 이벤트를 쉽게 정의하고 필터링 및 분석을 쉽게 할 수 있어야 한다.

3 IT-Compliance 대응 시 고려사항

3.1 비즈니스 편익을 고려한 시스템 구축

IT관리자들이 당장 눈앞에 닥친 규제를 준수해야 하는 문제 해결만 고민하다가 IT-Compliance 노력이 제공하는 전체적인 비즈니스 가치를 파악하지 못하는 경우가 많다. IT-Compliance를 통해 비즈니스 자체의 효율을 높이기 위해서는 다음과 같은 요건을 만족해야 한다.

- IT-Compliance 프로그램의 자동화로 장기적 실효성 증가
- IT-Compliance와 모든 구성원 업무의 통합으로 중복투자 제거
- 모든 사용자 및 접근 권한의 중앙 일원화 관리로 프로세스 최적화
- 경영성과 개선에 IT-Compliance 프로그램의 활용

3.2 효율적이며 실질적인 데이터 관리정책 수립

최근 기업 내 대부분의 조직이 IT환경에 의존하면서 IT-Compliance는 더욱 강조되고 있으나 폭증하는 데이터 양과 복잡해진 시스템 운영 비용 증가 이슈에 직면해 있다. 이런 상황에서 기업들은 효율적이고 실질적인 데이터 관리 정책과 가격, 기능, 성능, 가용성 등 비즈니스 환경에 최적화된 맞춤형 솔루션이 필요하다. 이에 데이터의 활용가치에 따라 스토리지 수준을 달리하는 스토리지 계층화, 이기종 스토리지를 하나의 풀로 만들어 마이그레이션 및 복제를 가능하게 하는 스토리지 가상화 등의 접근 방식이 해답이 될 수 있다.

3.3 경제성을 고려한 신기술 활용

2015년 발간된 세계경제포럼World Economic Forum에 따르면 준법감시 업무의 효율성을 개선하기 위한 목적으로 인공지능 기반의 레그테크Regtech가 확산되는 추세라고 언급하고 있다. 레그테크는 규제를 뜻하는 '레귤레이션Regulation'과 기술을 뜻하는 '테크놀로지Technology'의 합성어이다. 기업이 빅데이터, 클라우드 컴퓨팅, 머신러닝 등 신기술을 활용하여 Compliance를 더 효율적으로 준수하기 위해 관련 업무를 온라인화하여 제공하며 규제비용을 낮추는 것을 주목적으로 한다.

 참고자료
조성갑·김계철·안종철. 「정보 거버넌스」.

기출문제

83회 관리 내부관리회계제도(K-SOX)에서 내부통제와 정보기술의 역할을 설명
하시오. (25점)

E-5

지적재산권

지적재산권은 궁극적으로 해당 산업과 문화의 발전을 목적으로 한다. 기업에서 지식재산권은 기업의 가치를 결정하는 중요 무형자산이다. 특히 IT 기업의 가치는 R&D 성과와 지적재산권에 의해 좌우된다. 선진국에서는 지적재산권을 통상압력 수단으로도 활용하고 있어 국가경쟁력 확보 차원에서 지적재산권 창출과 보호 전략이 필요하다. 인간의 사상 또는 감정을 표현한 창작물에 대해 주어진 독점적 권리인 저작권을 보장하고 이를 재산권으로 보호함으로써 산업 발전을 도모해야 할 것이다.

1 지적재산권의 정의

지적재산권이란 인간의 지적 창작물을 보호하는 무체 재산권으로, 세계지식재산권기구WIPO의 정의에 따르면, 문학·예술 및 과학 작품, 연출, 예술가의 공연·음반 및 방송, 발명, 과학적 발견, 공업디자인·등록상표·상호 등에 대한 보호 권리와 공업·과학·문학 또는 예술 분야의 지적 활동에서 발생하는 기타 모든 권리를 포함한다. 지적재산권 제도는 이러한 창작에 대해 일정 기간 동안 재산권을 부여하고 법적으로 그 권리를 인정해주는 대신 그 대가로 일반 공중에게 그 내용을 공개하는 것이다.

2 지적재산권의 종류

지적재산권은 보통 보호 목적을 기준으로, 산업 분야의 창작물과 관련된 산업재산권(특허권, 실용신안권, 디자인권, 상표권 등), 문화예술 분야의 창작물과 관련된 저작권으로 나눈다.

산업재산권과 저작권은 권리의 발생과 성격에서 차이가 있다. 권리의 발생 측면에서 산업재산권은 관련 법률을 관장하는 특허청에 등록을 해야 하지만, 저작권은 창작의 완성과 동시에 권리가 발생한다. 권리의 성격 측면에서 산업재산권은 1개의 발명 또는 창작에 대해서 1개의 독점권만을 인정하지만, 저작권에서는 동일한 창작이더라도 카피를 하지 않은 것이라면 복수의 권리가 인정된다.

이 밖에도 반도체 배치설계나 온라인 디지털콘텐츠와 같이 전통적인 지적재산권 범주에 속하지 않고 경제, 사회·문화의 변화나 과학기술의 발전에 따라 새로운 분야에서 출현하는 지적재산권은 따로 분류하여 신지식재산권이라고 한다.

산업재산권 (Industrial Property Right)	저작권 (Copyright)	신지식재산권 (New Intellectual Property Right)
산업 발전을 목적으로 함	문화 발전을 목적으로 함	최근에 지적재산권으로 인정받기 시작함

3 산업재산권

산업 발전을 목적으로 하는 산업재산권에는 특허권Patent, 실용신안권Utility Model, 디자인권Design, 상표권Trdemark이 있다.

3.1 특허권 Patent

특허법은 '발명'이 보호대상이다. 특허법에서는 발명을 "자연법칙을 이용한 기술적 사상의 창작으로서 고도한 것"으로 정의하고 있다. 특허제도는 발명을 보호·장려함으로써 국가산업의 발전을 도모하기 위한 제도이며, 이를 달성하기 위해 기술 공개의 대가로 특허권을 부여하는 것을 구체적인 수단으로 사용한다.

특허가 중요하게 된 배경으로는 지식정보화 사회의 고도화와 특허의 경제적 가치를 들 수 있다. 지식정보화 사회에서는 지식의 양과 고도한 정도

기술적 사상
기술 그 자체를 뜻하는 것이 아닌 자연법칙을 이용한 기술에 관한 사상이다.

고도(高度)
창작의 정도가 높다는 의미. '실용신안법'상의 고안과는 구별(고안의 정의: 자연법칙을 이용한 기술사상의 창작), 고도한 것이나 아니냐 하는 것은 주관적인 판단이므로 심사 실무적으로는 출원인에게 그 판단을 일임하고 있다.

가 가속화되는 특징이 있어 특허로 대표되는 지적재산권을 빠르고 정확하게 공유할 수 있도록 해주는 인프라와 우수한 지식 콘텐츠를 얼마나 많이 보유하고 있는가가 매우 중요하다. 또한 특허의 경제적 가치에는 대표적으로 라이선스 로열티와 권리침해로 인한 손해배상이 있다. 특허권자는 특허 발명 라이선스를 제3자에게 제공하고 기술사용료, 즉 라이선스 로열티를 받는다. 이 관계는 국제적 차원에서 기술공여나 기술도입계약 등을 통해서도 이루어지고 있다. 또한 특허권자는 제3자에게 권리를 침해당한 경우 손해 배상을 청구할 수 있으며, 국제적으로 발생한 특허침해의 경우 손해배상액은 상상을 초월한다.

특허가 성립하려면 신규성, 진보성, 산업상 이용가능성, 이 세 가지 요건을 충족해야 한다. 이미 알려진 기술이 아니어야 하고(신규성), 선행기술과 다른 것이라 하더라도 그 선행기술로부터 쉽게 생각해낼 수 없는 것이어야 한다(진보성). 특허권은 특허원부에 설정등록을 통해 효력이 발생하며 출원일로부터 20년 동안 권리를 획득한 국가 내에만 효력이 존속한다(속지주의).

3.2 실용신안권 Utility Model

실용신안이란 이미 사용하고 있는 물품을 개량해서 더 편리하고 유용하게 쓸 수 있도록 한 물품에 대한 고안을 말한다. '실용신안법'에서 고안은 물품의 형상·구조·조합이라는 일정한 형태의 구현을 의미한다.

실용신안의 규정 중 주요한 것은 특허법과 완전히 일치하거나 대부분 특허법의 규정을 그대로 준용하고 있으며, 기술적 사상의 창작을 보호한다는 점에서 특허법과 그 이념은 같지만 보호대상의 성격과 범위에서 차이가 있다. 먼저 실용신안 등록의 대상이 되는 고안의 실용신안법상 정의는 "자연법칙을 이용한 기술적 사상의 창작"으로 특허법상의 발명 정의와 동일하지만 고도성 여부에 차이가 있다. 그리고 실용신안의 보호대상은 실용적인 고안이다. 특허법상 보호대상이 되는 발명은 물건에 관한 발명과 방법에 관한 발명으로 나뉘고, 물건은 다시 일정한 형태를 가지는 물품과 일정한 형태가 없는 물질로 구분해볼 수 있다. 실용신안법은 이들 중 일정한 형태를 가진 물품에 관한 고안만을 보호대상으로 하고 있다.

제품의 생명주기가 짧고 모방이 용이한 실용신안 기술을 조기에 보호하고 중소 벤처기업의 사업화 및 기술개발 의욕을 증진시키기 위해 실용신안 선등록제도를 도입했으나, 심사 없이 등록된 권리의 오·남용, 복잡한 심사 절차로 인한 출원인의 부담 증가, 심사업무의 효율성 저하 등 심사 전 등록 제도의 문제점이 부각되어, 2006년 10월 1일 이후부터는 심사 후 등록제도 로 전환되었다.

실용신안권 존속기간은 10년으로 특허권보다 기간이 짧다. 이는 고안이 발명보다 일반적으로 모방이 쉬워 제품수명이 짧기 때문이다. 따라서 출원 인은 타인에 의한 모방 용이성과 그에 따른 제품수명의 장단점을 고려하여 특허를 출원할 것인가 실용신안을 출원할 것인가 선택해야 한다.

실용신안은 일부 국가에서만 시행하고 있고 실용신안이 없는 국가에서는 대신 특허권의 범위가 폭넓게 인정되고 있다.

3.3 디자인권

디자인보호법에서는 디자인을 "물품의 형상, 모양이나 색채 또는 이들을 결 합한 것으로서 시각을 통하여 미감을 일으키게 하는 것"으로 정의하고 있다.

디자인 성립요건으로는 물품성, 형태성(형상, 모양, 색채), 시각성, 심미성 이 있다. 디자인은 물품과 불가분의 관계이며 물품을 떠나서는 존재할 수 없다. 즉 창작된 도안을 보호하는 것이 아니라, 그 도안이 적용된 물품을 보 호한다(물품성). 그리고 디자인에 대한 미감은 주관적인 가치판단이 개입되 므로 명확한 판단기준을 세우기 어렵다. 따라서 심사 실무에서는 고도의 심 미성에 대한 판단보다는 아름다움을 느낄 수 있을 정도의 처리가 되어 있으 면 인정이 된다(심미성).

디자인으로 등록하기 위해서는 공업상 이용 가능성, 신규성, 창작성 등을 만족해야 한다. 공업상 이용 가능성이란 공업적 생산방법에 의해 동일한 디 자인 물품 양산이 가능한 것을 말하며, 공업적 생산방법에는 기계적 생산방 법뿐만 아니라 수공업적 생산방법도 포함한다.

디자인은 모방이 용이하고 유행성이 강하다는 특성이 있어 다른 산업재산 권법과는 다른 몇 가지 특유의 제도를 가지고 있다. 첫 번째로 유사디자인 제도가 있다. 디자인은 기본디자인이 창작된 후에 이를 기초로 한 여러 가지 변형 디자인이 계속 창작되는 특성이 있고 타인의 모방·도용이 용이하다.

디자인 제도의 기원
디자인에 관한 보호제도의 기원은 1711년 10월 25일 프랑스 리옹 (Lyon)시의 집정관이 견직물 업계 의 도안을 부정 사용하지 못하도록 발한 명령으로 보고 있으나, 이 명 령의 효력은 리옹시에 한정되어 오 늘날의 독점권과는 다른 모습이었 다. 오늘날과 같이 독점권을 기본 으로 하는 디자인보호는 1787년 7월 14일 프랑스 참사원이 내린 명령으로서, 이는 창작자에 대해 독점권을 인정하면서 그 보호를 위 해서는 원본 또는 견본을 기탁하도 록 규정하고 그 효력도 프랑스 전 국에 미치는 것이었다.

따라서 자기가 등록 또는 출원한 기본디자인의 변형된 디자인을 유사디자인이라는 이름으로 등록할 수 있도록 유사디자인 제도를 두고 있다. 두 번째로 한 벌 물품 디자인 제도가 있다. 디자인보호법은 1 디자인 1 출원주의를 원칙으로 하지만, 예외적으로 한 벌로 사용되는 물품으로서 전체적으로 통일성이 있는 경우에는 하나의 출원으로 등록할 수 있는 한 벌 물품 디자인 제도가 있다. 한 벌 물품 디자인 대상품목으로는 한 벌의 커피 세트, 한 벌의 오디오 세트, 한 벌의 전문운동복 세트, 한 벌의 게임기 세트 등 86개 물품이 있다. 세 번째로 비밀디자인 제도가 있다. 디자인은 모방이 용이하고 유행성이 강하므로 디자인권자가 사업 실시의 준비를 완료하지 못한 상황에서 디자인이 공개되는 경우에는 타인의 모방에 의한 사업상 이익을 모두 상실할 우려가 있다. 따라서 출원인의 신청이 있는 경우에는 디자인권의 설정등록일부터 3년 이내의 기간 동안 공고하지 아니하고 비밀상태로 유지할 수 있도록 하고 있다. 비밀로 유지할 수 있는 기간은 출원인이 정하고 그 기간은 3년 이내에서 연장하거나 단축할 수 있다.

디자인권의 존속기간은 디자인의 설정등록일로부터 15년이다. 다만 유사디자인권의 존속기간은 기본디자인권의 존속기간과 같아 기본디자인권이 소멸되면 유사디자인권도 함께 소멸된다.

3.4 상표권

상표란 자기의 업무에 관련된 상품을 타인의 상품과 식별되도록 사용하는 표장으로, 광의의 상표 개념으로서는 상표 외에 서비스표, 단체표장, 업무표장을 포함한다. '서비스표'란 서비스업(광고업, 통신업, 은행업, 운송업, 요식업 등 용역의 제공업무)을 영위하는 자가 자기의 서비스업을 타인의 서비스업과 식별되도록 하기 위해 사용하는 표장으로, 상표는 '상품'의 식별 표지임에 반하여 서비스표는 '서비스업(용역)'의 식별표지라고 할 수 있다. '단체표장'이란 상품을 공동으로 생산·판매 등을 하는 업자 등이 설립한 법인이 직접 사용하거나 그 감독 아래 있는 단체원이 자기의 영업에 관한 상품 또는 서비스업에 사용하게 하기 위한 표장을 말한다. '업무표장'이란 YMCA, 보이스카우트 등과 같이 영리를 목적으로 하지 않는 업무를 영위하는 자가 그 업무를 나타내기 위해 사용하는 표장을 말한다(예: 대한적십자사, 청년회의소,

로터리클럽, 한국소비자보호원 등).

상표제도의 목적은 상표를 보호함으로써 상표 사용자의 업무상의 신용 유지를 도모하여 산업 발전에 이바지함과 아울러 수요자의 이익을 보호함이다. 상표권은 설정등록에 의해 발생한다. 존속기간은 설정등록일로부터 10년이며 10년씩 존속기간 갱신이 가능하다.

4 저작권

저작권은 인간의 사상 또는 감정을 표현한 창작물에 대해 주어진 독점적 권리이다. 저작권의 제정 목적은 저작자의 권리보호와 저작물의 원활한 이용 활성화를 통해 문화 발전을 지향하는 것이다. 저작권은 저작인격권과 저작재산권으로 나뉘며 유사저작권으로 저작인접권이 있다.

저작권법에 예시되어 있는 저작물의 종류로는 어문저작물, 음악저작물, 연극저작물, 미술저작물, 건축저작물, 사진저작물, 영상저작물, 도형저작물, 컴퓨터프로그램저작물, 2차적 저작물, 편집저작물로 구분되어 있다. 반면 표현되지 않은 단순한 아이디어, 공공성을 위해 만인의 자유로운 이용을 촉진하기 위한 관공문서, 사상이나 감정 표현이 아닌 단순 사실의 전달에 불과한 시사보도는 저작권으로 보호하지 않는다. 특히 아이디어는 만인의 공유로 남겨 다양한 창작활동을 가능하게 하고 있으며, 이것을 아이디어·표현 이분법이라고 한다.

저작권은 저작물이 창작된 때부터 발생하며 어떠한 절차나 형식적 요건을 필요로 하지 않는다. 저작물을 등록해두면 제3자에 대한 대항력이 생기며, 창작시기를 입증할 수 있으면 저작권 분쟁 발생 시 유리하다.

저작권 보호기간은 저작자의 생존 동안과 사후 50년이었으나 한미 FTA 협상에서 저작권 보호기간을 20년 더 연장하기로 합의함에 따라 저작권 보호기간은 저작자 생존 동안과 사후 70년으로 늘어났다.

저작인접권
실연자, 음반제작자, 방송사업자에게 부여되는 유사저작권. 유사저작권은 저작물의 해석자, 전달자로, 준창작활동으로 저작물의 가치를 증진한 것을 인정해 보호해주는 법이다. 권리보호 기간은 50년이다.

5 신지식재산권

일반적으로 신지식재산이란 경제적 가치를 지니는 지적 창작물로서 법적 보호가 필요하지만 기존의 산업재산권이나 저작권 중 어느 하나로 쉽게 판별될 수 없는 특징을 가진 새로운 지식재산을 총칭하는 개념이다.

신지식재산은 경제, 사회, 문화가 변화하면서, 그리고 과학기술이 발전하면서 계속해서 등장하고 있기 때문에 이를 분류하기가 쉽지 않지만, 산업저작권, 첨단산업재산권, 정보재산권, 신상표권/의장권으로 분류한 사례가 있다. 산업저작권으로는 컴퓨터프로그램, 데이터베이스, 디지털콘텐츠가 포함되며, 첨단산업재산권으로는 반도체배치설계, 생명공학, 인공지능, 비즈니스모델이 포함된다. 정보재산권에는 영업비밀, 멀티미디어를 포함시키고 있으며, 신상표권/의장권에는 캐릭터, 트레이드드레스Trade Dress, 프랜차이징, 퍼블리시티권, 지리적 표시, 인터넷 도메인 이름, 새로운 상표(색채 상표, 입체 상표, 소리, 냄새 상표 등)를 언급하고 있다.

6 저작권 관련 국제협약

저작물의 국제적 교류가 불가피해지고 저작물 시장이 넓어지게 됨에 따라 저작물의 국제적인 보호의 필요성이 대두되었다. 1886년 다자간 협약인 '문학·예술 저작물의 보호를 위한 베른협약Berne Convention for the Protection of Literary and Artistic Works'(이하 '베른협약')이 영국, 프랑스 등 유럽 국가를 중심으로 체결되었다. 베른협약은 세계 최초의 다자간 협약으로 수차례 개정되어왔으며, 오늘날 전 세계에서 저작권 보호에 관한 기본적 국제조약으로 인정받고 있다.

지식재산권 보호와 관련한 국제기구로는 세계지식재산권기구WIPO: World Intellectual Property Organization와 UNESCO가 있으나 미국 등 선진국에서 지식재산권이 구현된 상품의 공정한 국제교역이 이루어지지 못하고 있다는 문제를 제기하여 지식재산권 문제가 세계무역기구WTO: World Trade Organization에 흡수되어 '무역관련 지식재산권에 관한 협정Agreement on Trade-Related Aspects of Intellectual Property Rights'(이하 'TRIPs 협정')이라는 국제협정으로 나타났다. 이 협정에서는 원칙적으로 베른협약 수준의 저작권 보호기준을 적용하고 있다.

한편 멀티미디어화, 디지털화 등 컴퓨터 기술과 초고속통신망 등 통신기술의 발달은 기존의 아날로그 기술 수준을 전제로 했던 저작권 제도의 변화를 요구했다. 디지털 환경하의 저작권 문제는 예상치 못한 것이었고 이는 TRIPs 협정에서도 반영되지 않았기 때문에 법적으로 명확히 규율할 필요성이 제기되었다. 미국, 유럽연합, 일본 등 저작권 제도 선진국들은 이를 해결하기 위해 1996년 12월에 개최된 제네바 외교회의에서 'WIPO 저작권 조약 WCT: WIPO Copyright Treaty'과 'WIPO 실연 및 음반 조약 WPPT: WIPO Performances and Phonograms Treaty'을 채택했다.

우리나라는 1987년 세계저작권협약 가입을 시작으로 같은 해 음반협약, 1995년 TRIPs 협정, 1996년 베른협약, 2004년 WCT, 2008년 WPPT에 차례로 가입하여 우리 저작권 법제를 국제적 수준으로 향상시켜왔다.

참고자료

문화체육관광부(http://www.mcst.go.kr/web/s_policy/copyright/copyright.jsp).

한국소프트웨어저작권협회. 『한미 FTA 이행 저작권법의 주요내용』.

특허청(http://www.kipo.go.kr).

특허청. 「신지식재산권의 동향조사 및 효율적 정책 대응 방안」.

E-6

IT 투자평가

IT 투자의 성공 여부가 기업 경쟁력 향상에 결정적인 역할을 한다는 인식이 확산되어 있는 반면, IT 투자효과 분석의 의미와 중요성은 간과되어왔다. IT 투자효과 분석은 기업의 IT 투자 의사결정을 도와주고 기존에 구축된 IT 자산의 효율적 활용을 유도하여 기업 경영목표 달성 및 기업 가치 극대화를 이루기 위한 필수적인 도구이다.

1 IT 투자평가 개요

IT 투자평가란 IT 투자가 기업 또는 조직의 목표달성에 얼마나 기여하며 경제적으로 얼마나 공헌하고 있는가를 사업적 관점에서 조사하고 분석하는 행위이다. 즉, IT 투자의 타당성 및 효과 검증을 통해 IT 투자 의사결정의 합리성을 제고하고, 지속적인 성과관리를 통해 정보화 효과를 극대화한다.

1.1 IT 투자평가가 어려운 이유

많은 기업들이 IT에 대한 투자를 기업의 전략적인 경쟁우위 확보수단으로 인식하면서 기업들의 IT 투자는 계속 증가하고 있으나, IT 투자가 기업의 성과에 미치는 효과 또는 그 가치를 정확하게 계량적으로 측정하는 것은 쉽지 않다.

IT 투자평가가 어려운 것은 첫째, IT 투자로 발생되는 무형의 효과는 측정이 어렵기 때문이다. 예를 들어 신규 시스템 도입으로 인한 인력 감소나 생산성 향상은 실질적인 비용절감으로 나타나기 때문에 쉽게 측정할 수 있다. 하지만 고객만족의 증가, 의사결정의 질 제고와 같은 무형의 효과는 파악이 어려운 것이 사실이다. 둘째, IT 투자와 재무적인 성과 사이에는 1차적 관계가 아닌 3차적 관계가 성립하기 때문이다. 예를 들어 IT 투자를 통해 고객 서비스를 향상시키면, 이것은 고객 신뢰성 제고로 이어지고, 이는 결국 기업의 매출증가로 나타난다. 즉 몇 단계를 거쳐야 재무적인 성과가 나온다. 셋째, IT 투자의 형태가 다양하여 효과를 측정하는 평가 기준의 정의가 어렵기 때문이다. 인프라 구축, 애플리케이션 구축, 교육투자 등 IT 투자의 형태가 매우 다양하여 이에 대한 단일화된 가치평가 기준의 정의가 매우 어렵다.

1.2 IT 투자평가의 필요성

기업들 사이에 IT 투자의 성공 여부가 기업 경쟁력 향상에 결정적인 역할을 한다는 인식은 확산되었지만, IT 투자평가의 의미와 중요성은 간과되어왔다. 이로써 대부분의 기업들이 IT 프로젝트 착수 전에 IT 투자의 타당성과 효율성을 검토하는 작업을 소홀히 해왔고, 결국 과잉투자 혹은 투자실패 사례로 이어졌다. 한편 2008년 글로벌 금융위기 이후 대부분의 기업들이 비용절감을 위해 IT 투자예산을 축소하고 있는 상황에서 기업 CIO들은 IT 투자에 대한 실질적인 성과와 확실한 증거를 제시하도록 요구받고 있다. 즉 IT 투자 가치를 증명하도록 요구받고 있다. 이는 IT 투자평가의 필요성으로 이어지게 되었으며, 치열한 경쟁과 끊임없이 변화하는 경영환경 아래에서 IT 투자에 대한 가치평가의 중요성은 더욱 증대되고 있다.

2 IT 투자평가 측정방법

IT 투자평가에서 IT 투자에 따라 발생된 무형의 효과들을 제대로 파악하고, 이를 더 계량적이고 객관적으로 측정할 수 있는 측정방법과 측정지표 기준을 마련하는 것은 매우 중요한 요소라 할 수 있다. IT 투자평가 측정방법은 다음과 같다.

2.1 재무적 방식

기법	특징
Cost-Benefit Analysis	- 전통적 재무 분석 기법으로 NPV, IRR, ROI, DPP 등이 사용됨 - 무형 효과의 재무적 가치 환산이 어렵고, 추정의 신뢰성과 객관성이 의문시될 수 있음
EVA (Economic Value Added)	- 스템 스튜어트(Stem Stewart & Co.)에서 개발 - 기업 수익의 총합에서 영업활동을 수행하기 위해 투입된 자본비용을 차감하는 기법으로, IT 영역에서는 정보화로 인한 수익의 총합과 정보화에 따른 자본비용의 총합으로 적용
TCO (Total Cost of Ownership)	- 1986년 가트너 그룹(Gartner Group)에서 시작 - 기업 조직 내 비용 구조를 이해하고 IT 조직, 업무, 프로세스상에서의 비용 낭비 요소를 파악해 이를 정량적 데이터 로 제공하는 기법으로서, 주로 내부 정보기술을 대상으로 함 - 정보시스템 비용 측면에서만 문제에 접근하여 효과 파악 불가
TVO (Total Value Opportunity)	- 2002년 가트너 그룹에서 TCO의 한계를 극복하기 위해 개발 - 횡적(업무기능 간 관점)·종적(현업 실무진, 경영진 관점)으로 조직의 기능과 재무적 성과를 세부적으로 정의하여, 정보화가 조직에 미칠 영향력을 다각도로 분석할 수 있으며, 정성적 분석과 정량적 분석을 동시에 할 수 있음
IP (Information Productivity)	- 폴 스트라스만(Paul Strassmann)이 단순 재무제표 기반의 지표에 운영 측면의 지표를 추가한 기법으로서, ROM(Return on Management) 기법을 통해 정보화 투자와 효과를 측정 - ROM은 관리에 대한 투자비와 관리에 의한 경제적 가치를 비교하는 것
EVS (Economic Value Source)	메타 그룹(Meta Group)이 IT 투자 평가의 특성을 고려해 개발한 기법으로 기업 가치의 창출 원천을 수익 증대, 생산 성 제고, 사이클 타임 감소, 위험 감소 등 네 가지로 한정하고 각 원천으로부터 기업의 가치를 측정
TEI (Total Economic Impact)	- 기가 인포메이션 그룹(Giga Information Group)에서 1998년에 개발한 방법론 - IT 도입의 비용 요소에 수입(Benefit)과 유연성(Flexibility)를 결합하고 이들의 위험도(Risk)를 반영, TCO를 확장한 개념으로 사용자와의 의사소통 매체까지도 가치 센터로 인식 - TCO의 비용 중심적 사고방식에서 가치 중심적 사고방식으로 전환

2.2 확률적 방식

기법	특징
AIE (Applied Information Economics)	수학적 확률모형을 통해 불확실성을 확률분포도로 표현하여 기대기회 손실을 최소화할 수 있는 변수들에 대한 민감도 분석을 수행하는 기법
ROV (Real Option Valuation)	환경의 불확실성을 고려한 투자의사 결정을 위한 모형으로, 재무 분야의 블랙 숄즈(Black Scholes)의 옵션 가격 결정모형을 비금융자산, 즉 실물자산으로 확장한 기법

2.3 정성적 방식

기법	특징
SMA (Strategic Match Analysis)	- 기업전략과 정보시스템 간의 관계를 분석함으로써 기업 내 주요 정보시스템이 기업전략을 얼마나 지원하는지 평가 - 정보시스템의 전략 지원 정도를 점수화하여 정보시스템 간 중요도 순위 부여 가능 - 담당자의 주관적 평가에 의존하는 것은 단점
UP (User Perception)	- 개개인의 사용자로부터 정보시스템의 중요도·만족도에 대한 의견을 추출하여 시스템에 대한 인식 조사 - 사용자 그룹별로 시스템 중요도 파악 가능 - 사용자의 주관적 인식에 의존하는 것은 단점

2.4 복합적 방식

기법	특징
IO (Information Orientation)	스위스 IMD가 고안한 인적자원 중심의 정보화 효과성 측정에 기초한 분석 도구로서, 정보행동과 가치, 정보관리 실행, 정보기술 실행의 세 가지 역량 부문에서 기업의 시너지 효과와 적용 수준 정도를 파악
IPM (IT Portfolio Management)	- 메타 그룹의 하워드 루빈(Howard Rubin)이 개발. 기업의 IT 자산 투자를 포트폴리오로 관리 - 투자이론의 포트폴리오 관리방법을 적용하여 기업의 포트폴리오와 관련된 모든 IT 투자 활동을 가치와 효익에 따라 구분해 프로파일로 관리하는 방법론
IE (Information Economics)	1988년 IBM의 메릴린 파커(Marilyn Parker) 등이 개발. 재무적 평가 요소뿐 아니라 무형적 평가를 지수화해 종합적 평가 방법을 제시하는 기법으로서, 포트폴리오 기법을 기반으로 투자 대상 프로젝트의 우선순위를 선정하고 자원을 할당
BSC (Balanced Scorecard)	1992년 로버트 캐플런(Robert Kaplan)과 데이비드 노턴(David Norton)이 고안한 기법. 지표 속성을 재무 관점, 고객 관점, 내부 프로세스 관점, 학습과 성장 관점 등 네 가지 관점으로 분류. 기존의 전통적인 재무적 지표와 비재무 측정지표의 인과관계를 명확하게 정의하여 의사결정을 지원

3 IT 투자평가 측정지표

IT 투자평가는 측정할 수 있는 유형적 요소와 측정하기 곤란한 무형적 요소로 나눌 수 있다. IT 투자에 따른 고객만족도의 증대나 업무 생산성의 증대, 경쟁력 강화, 전략적인 가치 등은 측정이 어려운 무형적 요소로, 이러한 무형적 요소들을 제대로 파악하고 객관적으로 측정할 수 있는 지표를 마련하는 것은 IT 투자평가에서 매우 중요한 핵심이다. IT 투자평가 측정지표는 투자지표, 품질지표, 이용지표, 효과지표로 분류할 수 있다.

3.1 거버닝 측면의 지표

IT 투자규모 그 자체로 평가 대상이 되는 정보시스템을 구축하기 위해 소요되는 총 투자비용을 말한다. 여기에는 구축비용 외에도 시스템의 유지보수 비용, 임직원 교육훈련 비용까지 포함된다. 즉 총비용-TCO: Total Costs Ownership을 의미한다.

품질지표에는 평가 대상 정보시스템 자체 품질을 나타내는 시스템 품질과 정보시스템이 제공해주는 정보의 품질이 있다. 시스템 품질지표에는 처리속도와 같이 성능을 표시해주는 지표들과 사용자 입장에서 평가할 수 있는 시스템 편리성, 유연성, 신뢰성, 활용성 등과 같은 지표들이 있다. 정보

품질지표에는 정보의 정확성, 완전성, 적시성 등과 같은 지표들이 있다.

이용지표는 해당 정보시스템의 활용도를 나타내는 것으로 사용자의 접속 횟수, 접속시간 등의 사용지표와 사용자 만족도가 있다. 사용자 만족도 지표는 사용지표와 상관관계가 커서 사용지표와 함께 이용지표로 분류하지만, 일부에서는 효과지표로 분류하기도 한다. 대부분의 이용지표는 정보시스템 운영부서에서 쉽게 도출될 수 있다.

효과지표는 정보시스템을 사용하여 기업의 업무 성과 향상이 나타날 때 이를 측정할 수 있는 지표이다. 평가지표 중 가장 중요하면서 복잡한 성격을 지니고 있다. 효과지표를 기업의 수익성 측면에서 매출 효과지표, 비용 효과지표로 구분하기도 한다. 종업원 1인당 매출액 증가, 고객 수의 증가, 고객 1인당 매출액 증가 등은 대표적인 매출 효과지표이며, 업무처리 시간의 단축, 산출물 수 증가 등이 대표적인 비용 효과지표이다. 그 외에도 1인당 생산성, 의사결정 효율성, 시장점유율, 주식가격 등도 효과지표로 들 수 있다.

3.2 비용 편익 분석측면의 지표

3.2.1 ROI Return On Investment

투자대비 수익률의 지표로 프로젝트 조직 내부적 투자에 의한 연평균 순수익의 비율을 말한다. 전체수익 대 투자비용에 대한 비율로 비용대비 예상 순효과를 판단하기에 장점이 있지만, 비용과 효과가 적어 순효과 검토 가치가 없을 수 있으며, 시간 개념을 고려하지 않기에 제약이 있을 수 있다.

3.2.2 NPV Net Prevent Value

순현재 가치를 말하는 지표로 할인율을 적용하여 프로젝트 Cost와 Benefit을 순현재가치로 산출한다.

$$NPV = \sum_{t=1}^{N} \frac{C_t}{(1+r)^t}$$

C_t는 시간 t에서의 순현금흐름을 말하며, C_0는 투하자본인 투자액을 말한

다. N은 전체 사업기간, r은 할인율, t는 현금흐름기간을 말한다. NPV > 0 이라면 투자가치가 있으며, NPV < 0이라면 투자를 기각하는 것으로 의사 결정에 활용할 수 있다.

3.2.3 IRR Internal Rate of Return

현금 수익의 현금가치가 현금 지출의 현재가치와 같도록 할인율을 정의하 며, NPV = 0을 만족시키는 r값을 말한다. 즉, NPV = 0을 만족시키는 할인율 을 정의한다. IRR > 시장요구수익률이라면 투자가치가 있다고 판단하여 투 자를 채택하고, IRR < 시장요구수익률이라면 투자가치가 미약하기에 투자 를 기각하는 것으로 의사결정에 활용할 수 있다.

3.2.4 PP Payback Period

투자된 비용의 회수시점까지 걸리는 시간으로 손익분기점의 의미로 해석해 도 무방하다. 누게 투자 금액과 매출액 합이 같아지는 기간으로 투자회수기 간을 말한다.

4 IT 투자평가 프로세스

IT 투자평가 프로세스는 현황 분석, 투자 분석, 효과 분석, 가치 분석의 네 단계로 나누어볼 수 있다. 먼저 현황 분석 단계에서는 IT 투자의 추진 배경 과 환경을 분석하고 평가 대상·기간을 설정한다. 그리고 투자평가를 분석 하기 위한 기준을 정의한다. 투자 분석 단계에서는 IT 투자 대상 시스템에 소요된 비용을 조사하고, 대상 시스템별 이용자와 이용현황을 조사한다. 효 과 분석 단계에서는 IT 투자평가를 정량적으로 파악할 수 있는 지표를 도출 하고 지표별 효과를 산출한다. 마지막으로 가치 분석 단계에서는 IT 투자비 용·효과를 요약하여 전사 차원에서 IT 투자의 효과성과 사업성을 평가한다.

5 IT 투자평가 시 고려사항

IT 투자평가는 투자를 통해 발생하는 효익과 비용 그리고 위험을 분석하여 투자의 효율성과 효과성을 측정하고, 궁극적으로는 기업 가치의 극대화에 기여한다. IT 투자평가를 통해 기업은 IT 투자를 제대로 하고 있는지, 효과는 어떻게 발생하고 있는지, 그 효과를 어떻게 최대화할 것인지 등을 파악할 수 있다.

IT 투자평가에서 중요하게 고려해야 할 사항으로 첫째, 측정지표 간 정합성을 들 수 있다. 다양한 관점에서의 지표 도출은 자칫 평가지표의 중복으로 이어져 정합성 문제를 일으킬 수 있다. 또한 측정지표가 시스템의 기술적인 관점에 너무 치우칠 경우, 기업 성과와는 관련성이 떨어지는 지표가 도출될 수도 있다. 따라서 최종적으로 도출된 측정지표에 대해 충분히 검토해야 한다. 둘째, IT 투자평가 결과에 대한 책임을 명확히 해야 한다. 프로젝트 구축에 실패했는데도 책임소재가 애매하면 IT 투자를 불신하게 된다. IT 투자의 실패가 개발부서 잘못인지, 이용부서 잘못인지 그 시시비비를 가릴 수 있어야 향후의 투자실패를 예방할 수 있다. 셋째, IT 투자평가를 분석하는 목적을 명확히 해야 한다. 그렇지 않고서는 산출된 수치들이 단순한 숫자 이상의 의미를 가지기 어렵다. IT 투자에 대한 가치평가는 기업 가치 극대화라는 측면에서 이루어져야 한다.

참고자료
한화S&C. 2007. 「IT 투자의사결정과 성과관리를 위한 IT ROI」.
김정유. 2001. 「IT 투자평가 방법론과 활용방안」.

Enterprise IT

F

경영솔루션

—

BI

BI는 최종사용자 질의 및 보고(EUQR: End User Query and Reporting)를 포괄하는 의미로, 경영진과 경영분석가들이 데이터를 통해 합리적인 의사결정을 내릴 수 있도록 데이터를 수집·저장·처리·분석하는 일련의 기술, 응용시스템을 말한다.

1 BI Business Intelligence 의 개념

BI(비즈니스 인텔리전스) 시스템은 새로운 개념이 아니다. 기업들은 항상 경쟁기업보다 우위의 경쟁력을 갖추길 원한다. 이를 위해 기업들은 비즈니스 정보를 잘 이해하고 활용하기 위해 지속적으로 노력해오고 있다. BI라는 용어는 EUQR End User Query and Reporting (최종사용자 질의 및 보고)을 포괄하는 의미로, 1990년대 초 가트너 그룹의 하워드 드레스너 Howard Dresner 에 의해 만들어진 신조어이다. 따라서 이 정의에는 최종사용자 질의 및 보고, BI 솔루션, OLAP On-Line Analytical Processing (온라인 분석 처리)을 활용하여 기업이 얻을 수 있는 경쟁적 우위의 개념이 포함되어 있다. BI 시스템은 데이터의 ETL Extraction, Transformation, Loading (추출, 전송, 로딩), 데이터 정제, 데이터베이스, 정보 포털, 데이터 마이닝 비즈니스 모델링 등을 포함하며 DW와 데이터마트 기술의 활용으로 더욱 활성화되었다.

  e-비즈니스는 전사 프로세스 통합 차원에서 CRM Customer Relationship Management (고객관계관리), SCM Supply Chain Management (공급망 관리), ERP Enterprise Resource Planning(전사적 자원관리) 등을 온라인으로 연결하여 경영의 효율성을 극대화하는 데 목적을 두고 있다. 그러나 경영의 효율성 제고의 노력만으로는 치열한 경쟁환경 아래 기업의 경쟁우위를 지속하는 데 한계가 있다. 경영환경의 위험성과 복잡성을 효과적으로 관리하고, 시장과 고객의 변화에 민감하게 대처하며, 자원을 최적으로 활용하는 그 무엇이 필요하게 된다. BI라는 개념은 이러한 경영의 복잡성을 효과적으로 해결해주는 나침반 역할을 수행하기 위해 등장했다.

2 BI의 방향성과 역할

데이터의 분산으로 데이터 통합의 필요성이 제기되고 있으나, 누가 무엇을 통해서 의사결정의 질을 제고할 수 있는지, 의사결정사항을 명확히 정의하는 것은 매우 중요한 전제조건이 된다. BI 시스템을 통하면 의사결정 지원 영역에 대한 명확한 정의를 얻을 수 있다.

2.1 기업 가치 극대화의 실현 도구

BI 시스템을 통해 기업 가치 극대화를 위한 과제를 효과적으로 수행할 수 있다. 회사의 장기적인 신념과 핵심가치 중심의 가치경영, 미래 주주 가치의 극대화, 책임경영체제 구축, 경영정보의 전략적 활용, 전략적 원가 및 수익성 관리, 그리고 정보 투명성 확보를 통한 투명경영 등의 기업 가치 극대화 과제들을 효과적으로 실현할 메커니즘이 필요한데, BI 시스템은 이러한 과제를 구현하는 중요한 도구로 활용될 수 있다.

2.2 전략의 실행력 강화

분석정보를 활용하여 의사결정의 질을 높이는 목적은 궁극적으로 경영 성과의 향상이다. 다양한 분석정보를 바탕으로 회사의 모든 경영자원을 전략 실행에 초점을 맞추고, 모든 조직의 목표와 관리 프로세스가 전략이라는 주제 아래 전사적으로 정렬될 수 있도록 해야 한다.

- 기업 가치 분석 모델 및 전략대안 평가 시뮬레이션 모델 정착을 통한 시
  나리오 경영 토대 구축
- 전략과 연계된 KPI Key Performance Indicator (핵심성과지표)를 통한 전사전략의
  부문별 정렬 및 연계
- 전략, 예산, 성과분석 프로세스 연계체제 확립
- 전략적 자원배분 실현
- 가치창출 경로상의 인과관계 모형에 근거한 경영 성과 원인분석 도구 확보
- 성과 및 업무협조 의사결정 메커니즘 설계 및 회의체 진행방식 정립

2.3 역할 중심 BI 시스템

BI 시스템은 역할 중심으로 이루어져야 한다. 예를 들면 전략과 운영의 통
합에서 경영자는 전략수립과 전략과 연계된 핵심성과지표 설정 및 모니터
링을 하고, 사내분석가와 관리자는 각 부문별 전략수립 지원, 경영 성과 분
석, 목표관리, 운영상황 조정이 가능하도록 해야 한다. 기회와 위협의 평가
및 활용 면에서 경영자는 기회/위협 분석과 의사결정 시뮬레이션을 수행하
며, 사내분석가와 관리자는 사업계획 수립 지원, 다차원분석, 시뮬레이션,
실시간 경보, 업무 자동화, 가치 중심 업무수행이 이루어지도록 해야 한다.
지식과 경험의 활용과 확산 면에서 경영자는 실행상황을 관리하고 전략실
행을 조정하며, 사내분석가와 관리자는 최적의 모범 사례를 발굴 및 확산하
고, 자원 및 공정 정보/프로세스 벤치마크가 이루어지도록 해야 한다. 솔루
션 측면에서 보면, 경영자는 SEM Strategic Enterprise Management (전략경영)에 해당
되며, 사내분석가와 관리자 및 현업담당자는 분석 인텔리전스에 해당된다.
이러한 역할은 조직의 계층, 즉 경영자, 관리자, 담당자 등으로 구분하고 수
평적으로는 조직의 업무기능별로 구분하여 역할 모델을 설정할 수 있다. 이
를 기준으로 매트릭스를 구성하고 각각의 셀이 하나의 역할로서 규정된다.
각 역할별로 업무요구사항과 의사결정사항을 분석한 후에 상세한 업무설계
가 이루어지고 이를 기반으로 BI 시스템의 솔루션을 구성하게 된다.

2.4 경영관리 프로세스의 통합 지원

BI 시스템은 전략 및 사업계획에서부터 평가 및 보상에 이르는 경영관리 프로세스를 통합적으로 지원하는 프로세스이다. 통합적 경영관리 프로세스는 계획 단계에서 경영전략, 예산, 성과목표를 통합적이고 정합성 있게 설계하며, 실행 단계에서는 전략의 성취도를 효과적으로 모니터링하는 성과관리 체계의 정립, 정확한 수익성 관리, 예외사항의 효과적인 관리를 하게 되며, 마지막으로 평가 단계에서는 전체적인 조직의 성과평가와 성과에 따른 효과적인 보상 수행을 하게 된다.

　따라서 이러한 문제를 해결하기 위해 기업들은 웹사이트 개발보다는 기존 인프라의 통합에 주력하게 되며, 확장이 가능하고 관리하기 쉬운 시스템을 필요로 하고 있다. 또한 사용자들은 의사결정의 확실성을 위해 기업정보의 실시간 액세스를 필요로 하고, 생산성 향상을 위해 개인별로 맞춤화된 정보를 요구하고 있다.

3 BI의 구성체계

BI 시스템 구성체계

구분	내용	구성요소
전략 인텔리전스	경영전략을 효과적으로 수립하고 실행하기 위해 필요한 가치 동인 관리, 경영 성과 관리, 전략 실행 모니터링, 원가 및 수익성 등에 관한 분석정보를 제공	VBM, BSC, ABC/ABM
운영 인텔리전스	특정 이슈의 해결을 위한 전문적인 의사결정 모델부터 업무기능의 영역별 보고서 및 조회를 위한 기능까지, 분석을 위한 다양한 정보를 생성하고 제공	OLAP, 데이터 마이닝, 의사결정분석도구
인텔리전스 인프라	기간계의 생성된 정보를 사용자의 요구에 맞도록 제공하고 비즈니스 인텔리전스를 구현하기 위한 다양한 기술 및 데이터 통합 기반 제공	ETL, 데이터웨어하우스, 데이터마트

BI 시스템이란 전사의 기간계 시스템의 데이터를 정보화·지식화하여 합리적이고 과학적인 의사결정을 내릴 수 있도록 지원하는 시스템으로, 크게 세가지 영역으로 나눌 수 있다. 첫째는 인텔리전스 인프라Intelligence Infra로 데이터를 축적하고 구조를 정의한 분석 기반의 기초 인프라이며, 둘째는 운영

인텔리전스Operation Intelligence로 업무의 영역별로 정보의 요구목적에 맞추어 분석하고 의사결정에 활용할 수 있는 영역이며, 마지막은 전략 인텔리전스 Strategic Intelligence로 전략이 실행 가능하도록 계획을 수립하고 성과를 관리할 수 있게 지원하는 영역으로 나누어볼 수 있다.

표에서 보는 바와 같이 비즈니스 인텔리전스 영역에는 다양한 시스템과 기반기술이 요구되며, 그러므로 비즈니스 인텔리전스를 이해하기 위해서는 이러한 시스템 및 기술에 대한 이해가 선행되어야 한다. 기반기술은 ETL Extraction, Transformation, Loading, 데이터웨어하우스, 데이터마트, 데이터 마이닝, OLAP, 전사포털 등이 포함되며, 최근에는 에이전트 기술이나 인공 신경망, 유전자 알고리즘과 같은 인공지능 기법과의 연계를 고려한 비즈니스 인텔리전스 영역들이 기술적으로 확장되고 있다.

각 영역별 상세내역은 다음과 같이 요약 정리할 수 있다.

3.1 전략 인텔리전스 Strategic Intelligence

전략 인텔리전스는 SEM Strategic Enterprise Management 이라는 솔루션 영역으로 분류되기도 하지만 BI라는 큰 주제영역을 보았을 때 같은 의미로 봐도 무방하다.

3.1.1 시나리오 경영

환경변화로 인한 미래의 불확실성을 고려하여 사업전략을 수립함으로써 선택할 수 있는 최선의 방책을 선정하여 리스크를 최소화하고 기업 가치를 최대화할 수 있도록 다양한 상황 전개를 예측하여 경영에 활용하는 기법

3.1.2 VBM Value Based Management

기존의 양적 성장에서 질 중심으로 관리하기 위해 기업의 가치를 지표화하여 관리하는 경영 기법

- EVA Economic Value Added: 부가가치를 창출하기 위해 자본을 얼마나 효율적으로 운용했는지 측정
- MVA Market Value Added: 자본의 시장가치를 얼마나 늘렸는지 측정

3.1.3 ABM Activity Based Management

구매에서 생산, 판매에 이르는 기업의 활동을 기준으로 원가를 산정하고 관리하는 방식

- 기존의 원가관리는 임의적 배분과정을 거쳐 원가를 배부하므로 정확한 원가계산이 어렵고 원가의 신뢰성이 낮음

3.1.4 BSC Balanced Scorecard

기존의 재무적 관점 위주에서 벗어나, 다양한 균형 관점에서 기업의 성과를 측정

- 프로세스 스케줄링
- 프로세스의 상태 관리

3.1.5 응용 프로그램 및 유틸리티 프로그램(사용자 지원도구)

- 고급언어의 번역(예: 컴파일러)
- 사용자 인터페이스(예: Shell, Graphical User Interface)
- 화면, 텍스트 편집기
- 유틸리티 및 사용자 관리를 위한 기능

3.2 운영 인텔리전스 Operation Intelligence

운영 인텔리전스는 실무적으로 접근하여 데이터를 분석하기 위해 필요한 영역이기 때문에 OLAP과 데이터 마이닝을 이해하는 것이 필요하다.

3.2.1 OLAP On-line Analytical Processing

정보 위주의 분석 처리를 의미하며, 다양한 비즈니스 관점에서 쉽고 빠르게 다차원적인 데이터에 접근하여 의사결정에 활용할 수 있는 정보를 얻을 수 있게 해주는 기술

- MOLAP Muti-Dimensional OLAP or MDB-based OLAP : 다차원 데이터베이스(일명: Cube)는 2차원의 테이블 형식인 Relational DB와 다르게, 필요한 차원만큼으로 데이터를 저장하여 분석하고 조회하는 데이터 형식
- ROLAP Relational OLAP or RDB-based OLAP : 데이터웨어하우스에서 직접적으로

데이터를 액세스하는데, 이 구조에서 주요 전제는 관계형 데이터베이스를 이용하는 데 있음
- HOLAP_{Hybrid Online Analytical Process}: HOLAP은 ROLAP과 MOLAP의 장점을 혼합한 형태의 OLAP으로, 요약정보는 MOLAP의 Cube에 저장함으로써 빠른 수행을 지원하고, 세부 내용의 정보가 요구될 때는 관계형 데이터베이스에서 Drill Through를 수행
- DOLAP_{Desktop Online Analytical Process}: 다차원 데이터의 저장 및 분석 프로세싱이 모두 클라이언트의 데스크톱에서 실행되는 OLAP으로, 분석에 필요한 데이터는 데이터베이스에서 추출되어 데스크톱에 특수한 파일 형태로 저장됨

3.2.2 데이터 마이닝

데이터 마이닝은 기존의 단순한 요약 및 사실적 분석에 사용되던 정보에서 숨겨진 가치를 찾아내기 위한 기업의 주요한 정보획득 과정이다.

데이터 마이닝의 기법

기법	설명	구현 알고리즘
군집 (Cluster)	다수의 고객을 유사한 특성을 가진 집단으로 분류	- 군집 분석 - 신경망 분석
분류 (Classification)	특정한 목표가 일어날 가능성에 따른 분류	- 의사결정 트리 - 신경망 분석 - 회귀 분석
연관 (Association)	다양한 사건들 중 두 가지 이상의 사건이 동시에 일어날 가능성	장바구니 분석
예측 (Projection)	어떠한 추이를 분석하고 이를 기초로 향후 변화 예측	- 신경망 분석 - 회귀 분석
연속 (Sequence)	시계열적으로 분석하여 향후 미래의 모습을 예측	시계열 분석

3.3 인텔리전스 인프라 Intelligence Infra

3.3.1 ETL Extraction, Transformation, Loading

기존의 다양한 시스템과 파일에 저장된 데이터를 하나의 데이터웨어하우스로 통합하기 위해 데이터를 추출·가공·전송하는 일련의 과정

ETL의 구성

단계	서비스 내용
추출 (Extraction)	원본 파일과 트랜잭션 데이터베이스로부터 데이터웨어하우스에 저장될 데이터를 추출하는 과정 - 초기 추출(Migration): DW에 최초로 데이터를 구축할 때 사용 - 주기적 추출(Batch): DW Migration 후에 일/월 단위의 주기적인 보완
가공 (Transformation)	질적으로 문제가 있는 데이터 정제(Cleansing) - Column Level: 남녀 구분 등 Value Set - Record Level: 선택(Selection), 결합(Join), 집단화 기능 이용
전송 (Loading)	선택된 데이터를 데이터웨어하우스에 전송하여 저장하고 필요한 색인을 만드는 것

3.3.2 데이터웨어하우스 Data Warehouse

의사결정 지원이라는 특별한 목적을 위해 설계된 주제 지향적Subject-Oriented, 통합적Integrated, 시간 가변적Time-Varient, 그리고 비휘발성Non-Volatile 의 데이터 집합체

3.3.3 데이터마트 Data Mart

전사적으로 구축된 데이터웨어하우스로부터 특정 주제, 부서 중심으로 구축된 소규모 단일 주제의 웨어하우스

구분	데이터마트	데이터웨어하우스
구축기간	수개월	수개월, 수년
데이터 양	대량	초대량
DB 유형	다차원	다차원, 관계형
질의 형태	읽기, 쓰기	읽기
데이터 범위	과거, 현재, 미래	과거, 현재

4 BI 시스템의 발전방향

4.1 데이터의 폭발적 증가와 빅데이터 처리 기술진화

모바일 디바이스가 증가하고 IOT기술 확대에 따라 중요도가 낮고 잠재적 가치가 높은 데이터에 대한 빅데이터 기술 활용이 빠르게 이루어지고 있다.

NoSQL(비정형데이터와 구조화된 데이터를 함께 처리할 수 있는 분산 데이터베이스)을 사용하는 제품 및 사용자가 확산 중이며 하둡(여러 개의 저렴한 컴퓨터를 마치 하나인 것처럼 묶어 대용량 데이터를 처리하는 기술)이 이제는 데이터 처리의 일반적인 기술로 진화하고 있다.

4.2 Self Service BI의 확대

과거 IT부서 중심으로 구축되고 활용되던 운영BI, 분석BI, 전략 BI로 정의되던 BI의 개념이 최근 들어 빅데이터의 활용이 보편화되면서 현업 사용자가 IT의 기술적인 도움 없이 직접 여러 데이터 소스를 연결하고, 분석하고 공유까지 하는 Self-Service BI라는 새로운 콘셉트가 등장하였다. 하나의 통합된 시스템에서 데이터의 수집, 정리, 가공, 분석, 활용이 가능하도록 하며, 서비스의 일부를 사용자 스스로 수행하여 직접 필요한 정보를 획득하는 방식으로 인터페이스를 단순화, 시각화 등을 통해 IT 비전문가도 다양한 고급 검색 및 분석이 가능하도록 지원하는 솔루션을 의미한다. 빅데이터를 가공하고 반복하여 분석하도록 하는 모델 개발 기술이 핵심이며 지정학적 통계 기법, 머신러닝, 데이터 사이언스 등의 선진 데이터 분석기법이 활용, 개발된 모델은 추후 다른 분석을 위해 재활용된다.

참고자료
삼성SDS 기술사회. 2014. 『핵심 정보통신기술 총서』(전면2개정판). 한울.
정보통신기술진흥센터. 『2017년도 글로벌 상용SW 백서』.

기출문제
114회 관리 데이터웨어하우스에서 다차원 온라인분석처리(MOLAP)의 설계방법과 고려사항을 설명하고, 다음의 요구사항에 맞는 다차원 데이터 큐브를 설계하시오. (25점)
2017년 2월, 서울 매장에서 팔린 침대의 매출액은 얼마인가?
2017년 2월, 강남 매장에서 팔린 매출액은 얼마인가?
2017년 1월~3월간, 부산 매장에서 팔린 침대의 매출액은 얼마인가?
2017년 1월~3월간, 대전 매장에서 팔린 의자의 매출액은 얼마인가?
2017년 3월, 팔린 의자의 매출액은 얼마인가?

2017년 1월~3월간, 팔린 의자의 매출액은 얼마인가?

2017년 1월~3월간, 팔린 총매출액은 얼마인가?

102회 관리 Business Intelligence와 Business Analytics를 비교하여 설명하시오. (25점)

95회 관리 다음의 A 보험의 정보시스템 현황이다. (25점)

〈A 보험 정보시스템 현황〉

가. 계정계 DB로부터 ETT(Extraction, Transformation, Transportation)를 활용하여 정보계 DB를 구축 및 운영

나. 정보계 DB를 활용하여 BI(Business Intelligence)를 구성하고 의사결정 지원 보고서 작성 및 제출

다. 관리자, 분석가 등 10명의 고급 사용자(Power User)가 SQL 도구를 활용하여 별도의 분석을 수행

라. IT 조직은 IT기획팀, 준법감사팀, ITO(IT Outsourcing)팀, 총무팀 등으로 구성

마. 일반사용자는 회사 내 또는 원격지에서 업무시스템을 사용하거나 Excel로 자료 다운로드 가능

바. 고객의 정보로 주민등록번호, 계좌번호, 계약정보, 전화번호, 주소 등을 보유

주어진 A 보험의 정보시스템 현황에 따라 다음 질문에 답하시오.

(1) 정보시스템 현황에 따른 취약점 분석을 수행하시오.

(2) 고객정보보호, 원칙 및 전략을 수립하여 제시하시오.

(3) 관리적·물리적·기술적 측면에서 고객정보 보호방안을 제시하시오.

95회 응용 BI(Business Intelligence)에서 Data Mining과 Text Mining을 비교 설명하시오. (25점)

87회 조직응용 기존 BI(Business Intelligence)가 성공적인 BI로 변하기 위해서는 기업 전체 데이터를 한눈에 볼 수 있고 정확하고 가치 있는 정보를 제공할 수 있어야 한다. 또한 실시간으로 최신 데이터를 활용함으로써 신속한 의사결정을 지원해야 한다. 성공적인 BI 수행을 위한 요구사항과 그 해결방법(기술)을 설명하시오. (25점)

77회 정보관리 벤치마킹(BM: Benchmarking), 비즈니스 리엔지니어링(BPR: Business Process Reengineering), SCM(Supply Chain Management), BSC(Business Scorecard) 등과 같은 다양한 경영혁신 기법들과 경영에 대한 건전한 이해를 시스템 개발자들은 반드시 하고 있어야 한다. 그 이유를 설명하고, 특히 경영환경의 변화와 정보사용자의 입장에서 기술하시오. (25점)

69회 정보관리 DW와 비즈니스 인텔리전스를 비교 설명하시오. (10점)

F-2

ERP

기업의 경영을 혁신하고 핵심 업무들의 프로세스를 개선하는 ISP, PI, BPR, BRE 등을 수행해오면서 이러한 기업 경영 혁신을 뒷받침할 수 있는 시스템적인 혁신 및 통합을 위한 ERP(Enterprise Resource Planning)를 도입하고 있다. 지난 20여 년간 IT를 이용한 기업 경영 시스템 혁신과 ICT 관점의 개선의 중심에는 ERP가 존재했다고 볼 수 있다. ERP는 단순히 하나의 애플리케이션을 도입하는 관점이 아닌 전사적인 경영 판도 변화의 핵심에 있는 중요한 솔루션이다.

1 ERP Enterprise Resource Planning 의 개념

ERP(전사적 자원 관리)는 기업활동을 위해 쓰이고 있는 기업 내의 모든 인적·물적 자원을 효율적으로 관리하여 궁극적으로 기업의 경쟁력을 강화시켜주는 역할을 하게 되는 통합정보시스템이라고 할 수 있다. 기업은 경영활동의 수행을 위해 여러 개의 시스템, 즉 생산, 판매, 인사, 회계, 자금, 원가, 고정자산 등의 운영시스템을 갖고 있는데, ERP는 이처럼 전 부문에 걸쳐 있는 경영자원을 하나의 체계로 통합적 시스템을 재구축함으로써 생산성을 극대화하려는 대표적인 기업 리엔지니어링 기법이다.

과거의 경영지원을 위한 각 서브시스템들은 해당 분야의 업무를 처리하고 정보를 가공하여 의사결정을 지원하기도 하지만, 별개의 시스템으로 운영되어 정보가 다른 부문에 동시에 연결되지 않아 불편과 낭비를 초래하게 되었다. 이러한 문제점을 해결하기 위해 ERP는 어느 한 부문에서 데이터를 입력하면 회사의 전 부문이 동시에 필요에 따라서 정보로 활용할 수 있게 하자는 것이다. ERP를 실현하기 위해서 공급되고 있는 소프트웨어를 ERP

패키지라고 하는데, 이 패키지는 데이터를 어느 한 시스템에서 입력을 하면 전체적으로 자동 연결되어 별도로 인터페이스를 처리해야 할 필요가 없는 통합 운영이 가능한 시스템이다.

또한 ERP 패키지는 주기적으로 새로운 버전이 공급되고 있어 신기술 도입이 쉽고, 선진 업무 프로세스의 도입에 의한 생산성 향상, 많은 기업의 적용으로 신뢰성 및 안전성 확보, 전 모듈 적용 시 데이터의 일관성 및 통합성으로 업무의 단순화·표준화 실현, 실시간 처리로 의사결정 정보의 신속한 제공 등의 장점을 갖고 있다. 따라서 ERP 패키지를 도입함으로써 업무처리 능률을 극대화하기 위한 선진 프로세스와 최적화된 기업정보 인프라를 동시에 얻는 효과를 거둘 수 있고, 이는 급변하는 경영환경의 변화와 정보기술의 발전에 필사적으로 대응하려는 기업의 고민을 동시에 해결해주는 솔루션이라고 할 수 있다.

ERP는 단순히 하나의 솔루션, 시스템, 프로그램을 구축하는 것이 아닌 ERP가 포함하고 있는 '기업 업무 프로세스와 경영 방식'을 도입한 선진 기업의 업무 방식을 적용함으로써 현재 기업의 업무 프로세스와 경영 방식을 혁신하는 커다란 변화의 과정이라고 볼 수 있다. Oracle, SAP 등의 글로벌 선진 ICT 기업들은 이러한 ERP 솔루션을 통해 글로벌 SI, ITO 분야의 선두주자가 되었다.

2 ERP의 등장배경 및 변화과정

ERP는 어느 날 갑자기 생긴 개념이 아니라 경영 및 정보기술 환경의 변화에 따라 자연스럽게 생긴 것이다. ERP는 제조업체의 핵심인 생산부문의 효율적인 관리를 위한 시스템인 MRP Material Requirement Planning (자재소요량계획)에서 비롯된다. 1970년도에 등장한 MRP는 기업의 가장 큰 고민거리 중 하나인 재고를 줄일 목적으로 단순한 자재수급관리를 위한 시스템이었다.

1980년도에 출현한 MRP II Manufacturing Resource Planning II (생산자원계획)는 자재뿐만 아니라 생산에 필요한 모든 자원을 효율적으로 관리하기 위해 MRP가 확대된 개념이다. 그러나 MRP, MRP II 시스템은 IT 자원이 충분히 뒷받침되지 않아 만족할 만한 성과를 거두지 못한 것으로 평가되고 있다.

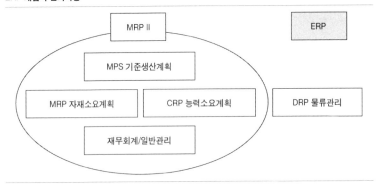

MRP II에서 확장된 개념의 ERP 시스템은 생산뿐만 아니라 인사, 회계, 영업, 경영자 정보 등 경영 관점에서 전사적 자원의 효율적인 관리가 주목적이다. 1990년대 들어 글로벌 경쟁체제로 들어서면서 급변하는 경영환경에서 특히 컴퓨팅 파워가 막강해지고(하드웨어 비용의 급락, 첨단 IT 출현) 시장구조가 생산자 중심에서 소비자 중심으로 전환되어가고 있는 가운데, 기업체들은 살아남기 위해서 IT 자원을 활용한 첨단의 경영기법을 도입해야 하는 상황에 처하게 되었고, 자연스럽게 ERP 시스템이 주목을 받게 되었다.

2.1 MRP(1970년대)

MRP Material Requirement Planning 는 제품을 구성하는 모든 요소, 즉 원자재/반조립품/완제품 등에 대한 자재수급계획과 생산관리를 통합시킨 최초의 체계적인 제조정보 관리기술이었다. MRP는 제품구성정보BOM: Bill of Materials, 표준공정도Routing Sheet, 기준생산계획MPS: Master Production Schedule, 재고 레코드 Inventory Record 등의 기준정보를 필요로 한다. MRP 시스템은 기준정보를 근거로 어떤 물건(원자재나 가공품, 반제품 등)이 언제, 어느 곳에서 필요한지를 예측하고, 모든 제조활동과 관리활동이 그 같은 계획에 근거하여 움직이기 때문에, 기업 자원의 비능률적인 활용이나 낭비를 제거할 수 있도록 해주었다. 그러나 초기의 MRP 시스템은 확고한 개념의 미정립, 컴퓨터와 통신 기술의 부족, 데이터베이스 기술의 미흡 등으로 시스템을 구현시키기에는 여러 가지로 부족한 점이 많았다.
– 주요 기능: 자재수급관리, 재고의 최소화

2.2 MRP II (1980년대)

1980년대에 이르러 소품종 다량생산의 제조환경이 다품종 소량생산의 형태로 전이되기 시작했으며, 고객지향의 업무체계가 각광받기 시작하면서 수주관리, 판매관리 등의 기능이 더 중요하게 되었고 재무관리의 중요성이 대두되기 시작했다. 그리고 컴퓨터 기술의 발달로 데이터베이스나 통신 네트워크가 중요한 기술로 등장했다. 이와 같이 주변 여건이 변하면서 MRP는 큰 변화를 맞게 된 것이다. 기존 MRP의 문제점을 개선하면서 재무관리 등 중요한 기능을 새로이 포함해 수주관리, 재무관리, 판매주문관리 등의 기능이 추가되어 실현 가능한 생산계획을 제시하면서 제조활동을 더 안정된 분위기에서 가장 효율적으로 관리할 수 있는 MRP II Manufacturing Resource Planning II 가 탄생하게 된 것이다. MRP II는 '제조자원계획'이라고도 불리는데, 스케줄링 알고리즘과 시뮬레이션 등 생산활동을 분석하는 도구가 추가되면서 더욱 지능적인 생산관리 도구로 발전하게 된 것이다.
- 주요 기능: 제조자원관리, 원가절감

2.3 ERP (1990년대)

1990년대에 들어 컴퓨터 기술의 발전이 더욱 가속화되면서, 기업들은 '전사적 자원계획 ERP: Enterprise Resource Planning'이라는 개념을 받아들이면서 MRP, MPR II를 넘어서는 요구를 하게 되었다. 즉, 고객회사, 하청회사 등 상·하위 공급체계와 설계, 영업, 원가회계 등 회사 내 연관부서의 업무를 동시에 고려하지 않고서는 올바른 의사결정을 내릴 수 없다는 인식을 하게 된다. ERP는 생산 및 생산관리 업무는 물론 설계, 재무, 회계, 영업, 인사 등의 순수관리 부문과 경영지원 기능을 포함하고 있다.
- 주요 기능: 전사적 자원관리, 경영혁신
- 도입효과: End to End 프로세스 연계, 경영혁신

3 ERP의 구성요소

ERP란 비즈니스 업무의 근간을 이루는 업무를 통합 관리하는 전사적인 정보시스템으로서, 영업, 물류, 생산, 구매, 자재, 인사, 회계, 개발 등의 업무를 지원하는 수많은 모듈의 집합체로 구성되어 있다.

ERP의 구성요소

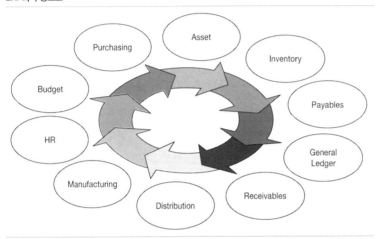

- General Ledger(총계정 원장)

  분개, 재무 및 관리 결산, 연결 및 세무 회계 예산 지원

- Purchasing(구매 관리)

  구매요청을 받아 구매조달을 하고, 자재 단가와 벤더Vendor를 관리

- Payables(미지급금 관리)

  사내 및 외부업체에 대한 지급, 채무 설정 및 반제를 지원하는 지급 채무 관리

- Receivables(미수금 관리)

  매출 채권의 설정 및 반제를 지원하는 채권 관리

- Inventory(재고 관리)

  부품 및 제품의 재고 관리

- Manufacturing(제조 관리)

  영업에서 제품생산 요청을 받아 벤더와의 협력관계를 통해 제품을 생산하고 제품을 출하하는 과정을 포함하는 생산 중심의 시스템으로, 세부적

인 구성요소는 다음과 같다.

제조 관리 세부기능

구분	세부기능
BOM/Engineering	설계의 BOM 구성과 시방관리 기능 지원
Master Scheduling	기준일정 관리 기능으로 제품생산계획을 수립
MRP	생산계획에 따라 자재소요계획을 편성하고 주문 요청, Work Order를 발생시키는 기능을 지원
Work in Process	생산공정의 Work Order, Routing 형성, 공정 자재관리, 작업시간, 공정별 실적 집계 기능을 지원
Cost Management	생산에서 발생하는 비용을 집계하여 생산 원가를 형성하고 Item Cost를 관리
Quality	Vendor로부터의 구입품에 대한 품질관리 및 공정 생산품, 최종 조립품에 대한 품질 검사를 관리

- Distribution

  수주 및 배송관리 기능
- Budget

  은행 간 자금 대체 및 은행예금 잔고관리를 지원하는 자금관리 기능
- HR

  급여, 근태관리 등 인사에 관련된 제반 업무 관리 기능
- Asset

  고정자산의 취득, 이관, 매각과 감가상각비 계산 지원

4 ERP의 글로벌 통합

4.1 ERP의 글로벌 통합의 개념

'ERP의 글로벌 통합'이란 전 세계적으로 산재되어 있는 ERP 시스템을 물리적·논리적으로 통합하는 것을 의미한다. 물리적인 측면의 통합으로는 데이터센터 통합, ERP 인스턴스Instance 통합, ERP 내 클라이언트Clients 통합 등이 있으며, 논리적인 측면의 통합이란 개별적으로 상이하게 구축된 프로세스의 글로벌 차원에서의 표준화와 단순화를 의미하는 것이다. ERP의 글로벌 통합은 본질적으로 글로벌 차원에서의 프로세스의 표준화 및 단순화, IT 자

원의 통합관리를 통해 경영의 스피드 및 효율을 제고시킴으로써 기업의 경쟁력을 극대화하는 프로세스 및 시스템의 관리체계를 의미하는 것으로, 그 목표와 범위 수준에 따라 단순한 물리적인 통합부터 고도의 프로세스 표준화까지 다양한 범위와 형태로 추진될 수 있으며, 그에 대한 자원의 투자와 리스크 또한 상당 부분 상이하게 진행된다.

ERP의 글로벌 통합에서 무엇보다 중요한 것은 통합 단위를 정의하는 것이다. 통합의 모습 중 글로벌하게 단 하나의 ERP를 유지하는 것이 가장 이상적이라고는 하지만 모든 기업에 해당되는 것은 아니다. 통합으로 인한 시너지가 존재하지 않는 한 통합 후 현재의 분산된 환경보다 더 많은 문제와 위험이 야기될 수 있기 때문에 어떠한 형태로 통합할 것인가를 필수적으로 고려해야 한다.

4.2 ERP의 글로벌 통합 단계

ERP 시스템의 글로벌 통합을 논의할 때는 ERP 시스템에 존재하고 있는 물리적 실체, 즉 인스턴스의 통합을 의미하는 것인지, 기준정보가 공유되고 ERP 내에서 거래정보의 공유가 가능한 수준에서의 클라이언트 통합을 의미하는 것인지에 따라 다양한 수준의 ERP 시스템 통합에 대한 논의가 이루어질 수 있다. ERP의 글로벌 통합은 IT 측면의 시스템 통합 이외에 지역 간, 사업부 간, 기능 간 프로세스의 Harmonization 고려 등 다양한 형태로 논의될 수 있으며, 그 규모와 복잡성은 구현방법에 따라 상이하다.

개별적인 하드웨어와 데이터베이스 상에 구축된 법인별 ERP 시스템을 하나의 하드웨어와 데이터베이스상으로 통합하여 구축할 수 있으며(인스턴스 통합), 하나의 인스턴스에 ERP 내부의 논리적 구분을 위해 클라이언트를 설정하고 클라이언트를 나누어 사용할 수 있으며(클라이언트 통합), 하나의 클라이언트 내에 개별 법인을 의미하는 회사 코드Company Code를 구분해서 사용하는 경우도 있다. 개별적인 하드웨어와 데이터베이스상에 구축된 법인별 ERP 시스템을 하나의 하드웨어와 데이터베이스상으로 통합하여 구축할 수 있으며(인스턴스 통합), 하나의 인스턴스에 ERP 내부의 논리적 구분을 위해 클라이언트를 설정하고 클라이언트 내에 개별 법인을 의미하는 회사 코드Company Code를 구분하여 사용하는 경우도 있다. 회사 코드는 글로벌 영역으로 사용할 수도 있으며 하나의 지역의 법인 내부적으로 상세하게 나누어 사용할 수도 있다.

ERP의 회사코드 Client 사용 사례

4.2.1 인프라 통합

인프라 통합은 단순히 데이터센터에서 관리되는 하드웨어를 일정 거점을 기준으로 집중 관리하는 것으로, ERP 시스템 내부에 아무런 영향을 미치지 않는 가장 단순한 통합방법을 의미하며, 데이터센터의 위치, OS의 유사점, 하드웨어 및 DB의 공유 정도를 판단하여 그 필요성과 구현 방안을 결정한다. 인프라 통합을 통해 서버 박스의 수와 운영비용 절감을 기대할 수 있다.

4.2.2 인스턴스 통합

단순히 물리적으로 분리된 인스턴트를 통합하는 것으로 시스템 소프트웨어 수의 감소, 데이터베이스 수의 감소 및 타 시스템과의 인터페이스 감소를 기대할 수 있다. 이 단계에서는 비즈니스 프로세스의 변화 없이도 통합이 가능하며, 시스템의 크기, ERP 버전, 시스템의 수정 정도, ERP 솔루션 유형 등을 감안해야 한다.

4.2.3 클라이언트 통합

클라이언트 통합은 계정 코드, 주요 기준정보 등을 공유한다는 것을 의미한다. 주요 기준정보에 대한 공유가 이루어진다고 해서 이것이 프로세스 통합을 의미하는 것은 아니다. 클라이언트 통합은 조직 및 프로세스에 대한 거버넌스, 사업의 변화 정도, 사업 종류의 다양성 등을 감안하여 결정된다.

4.2.4 프로세스 Harmonization

프로세스 Harmonization은 글로벌 표준 프로세스와 지역의 특화 프로세스의 조화를 통해 가장 최적의 기대이익을 찾아내는 통합 단계이다. 현시점에서 의미 있는 글로벌 통합을 위해서는 프로세스의 단순화와 프로세스의 Harmonization에 초점을 두어야 하는데, 이는 지역별·사업부별로 다르게 수행하고 있는 업무 프로세스에 대해 글로벌 표준화가 필요하거나 공통 서비스화할 것은 글로벌로 통일하고 각기 차별화가 필요한 프로세스에 대해서는 특화를 인정하여 프로세스를 재설정하는 것을 의미한다.

최적의 Harmonization 수준의 정의는 어려운 과제로 자율성/비집중화(사업부 자율성 기반 효익 – 신속한 시장 대응, 유연성과 통제)와 표준화/집중화(규모 및 표준화 기반 효익 – 집중된 구매력, 운영상의 시너지, 정보 공유의 효익) 간에 균형이 이루어져야 하며, 전체 최적화를 위해 특화 프로세스를 최소화하는 것이 글로벌 추세이다.

5 ERP의 성공적 도입을 위한 고려사항

대부분의 기업들에 국내외 ERP 시스템 수의 증가와 ERP 시스템 간, 타 시스템과 ERP 시스템 간 연계의 복잡성 증가는 향후 지속적인 발전의 장애요인 또는 극복해야 하는 대상으로 생각되고 있다. 목표하는 ERP 시스템의 미래 모습에 대해 고민하고, 프로세스와 시스템의 변화 범위에 대한 진지한 의사결정이 필요하다. ERP를 구축하고 도입하는 과정에서 많은 기업들이 임직원들의 반발과 IT인력들의 과도한 인력 투입 및 운영비용 증가 등 부작용이 존재했으므로, ERP의 성공적인 도입을 위한 요인은 초기부터의 지속적인 변화관리라고 할 수 있다. 변화관리의 대상은 ERP 시스템의 최종 사용자부터, 인프라 담당자, ICT 운영 담당자, 정보전략, 프로세스 관리자, 최종 의사결정권자까지 아우르는 기업 전체 임직원이 포함되는 전사적인 활동이 되어야 한다. ERP는 기업의 경영을 혁신하고 임직원의 업무 프로세스를 개선하며 인프라 관점의 변화를 일으키는 총체적인 활동이므로 변화관리 없는 성공은 존재할 수 없을 것이다.

6 ERP의 최근 경향: 서비스형 ERP

ERP는 전통적으로 특정 밴더의 솔루션을 기반으로 빅뱅Big Bang 방식의 구축을 지향하고 해당 솔루션에 종속된 ITO 운영이 이루어지는 형태가 일반적이었다. 하지만 2010년 이후 클라우드 환경이 확산되고 서비스 기반의 애플리케이션에 대한 효과가 증명되면서 ERP도 SaaSSoftware as a Service 형태로 서비스를 제공하는 기업이 증가하고 있다. SaaS 형태의 ERP 서비스의 고객층은 주로 중견기업 및 중소기업이며, ICT 운영인력을 최소화하기를 원하는 기업들이 주요 대상이 된다. 서비스형태로 제공되기 때문에 인프라에 대한 구축비용을 절감할 수 있으므로 초기 비용을 최소화하는 장점이 있고 임직원의 증감에 따라 비용을 조절하는 합리적인 비용계획이 가능하다. 반면에 해당 서비스의 업무프로세스를 그대로 적용할 수밖에 없다는 단점이 존재하고 대부분의 업무 데이터와 기준정보 등을 직접 보유하지 못하고 클라우드 환경이 원격지에 저장해야 한다는 보안취약점이 존재한다.

참고자료

박진우. 1999. 「MRP/ERP 기법」.
삼성SDS. 「ERP의 글로벌 통합 방안 및 사례 조사」.
≪LAN TIMES≫. 1998.7. "한국형 ERP 이렇게 도입하라".

기출문제

108회 정보관리. 다음은 국내 및 해외에 다수의 생산공장을 보유한 B 전자의 SCM(Supply Chain Management) 구축 프로젝트를 수행하기 위해 작성한 정보시스템 현황 및 요구사항이다. 요구사항에 따른 Statement of Work(SOW)와 Gold Plating 방지 방안을 작성하시오.

> 〈B 전자 SCM 관련 정보시스템 현황〉
> - 기존 SCM 시스템을 운영 중에 있으며 C/S(Client/Server) 환경으로 구성되어 있음
> - 마스터 정보 BOM(Bill of Material) 관리 ERP(Enterprise Resource Planning) 등이 운영되고 있으며 BOM의 데이터 누락이 발생하고 있음
> 〈신SCM 구축 요구사항〉
> - 수요 예측 및 경영계획을 바탕으로 3개월 플랜을 수립하는 기능 개발

> - 3개월 플랜에 따른 제품별 주 단위 판매 계획과 생산 계획을 수립하는 기능 개발

95회 정보관리 A 전자는 세계 전역에 생산기지 및 판매망을 확보하고 있는 글로벌 기업으로서 글로벌 재정위기, 지구 환경 변화 등 세계의 급변하는 경영환경에 대한 민첩성을 향상하고 미래 지향적인 정보시스템을 구축하기 위하여 정보화 전략계획(ISP)을 수립하고자 한다. A 전자의 아래 현황에 따라 다음 질문에 답하시오. (단, 구체적인 기업환경 및 정보시스템의 현황은 가정하여 작성) (25점)

> 〈A 전자 정보시스템 현황〉
> 가. A 전자의 정보화 비전
>   글로벌 환경 변화에 신속한 대응 확보 가능한 스마트 정보시스템 구축
> 나. 보유시스템
>   포털시스템, ERP, CRM, 영업관리시스템, 생산자동화시스템

   (1) ISP 수립 절차에 대하여 설명하시오.
   (2) 5-Force, 7S, SWOT 분석을 활용하여 환경분석 결과를 제시하시오.
   (3) A 전자의 정보화 비전에 따른 TO-BE 모델을 도출하시오.

90회 응용 어떤 회사에서 ERP, SCM, MES 등 솔루션 도입 프로젝트를 계획하고 있을 때, 솔루션 선정을 위한 도입 추진 절차를 설명하시오. (25점)

86회 정보관리 전자장비를 취급하는 어떤 회사가 ERP 도입을 추진하고 있다. 이 회사의 본사에는 컬러 프린터 사업부, 측정장비 사업부, 그리고 비디오 사업부를 가지고 있으며, 각 사업부는 업무 특성이 다르다. 해외에 7개 지사가 있으며, 각 지사는 본사 3개 사업부의 업무를 모두 취급하고 있다. 이 회사는 회계와 구매/매출채권 ERP 모듈을 도입하려고 한다. 귀하가 ERP 도입 책임자라면 어떠한 도입계획을 제시하겠는가? 조직의 특성(본사/해외지사, 3개 사업부)과 도입 ERP 모듈 각각(회계, 구매/매출채권)의 특성을 고려하여 '위험 최소화 전략' 차원에서 제시하시오. (25점)

75회 정보관리 BPR(Business Process Reengineering)을 동반한 ERP(Enterprise Resource Planning) 도입 프로젝트에서 최종사용자, 개발자, 운영자 측면에서의 고려사항을 기술하시오. (25점)

71회 정보관리 SEM(Strategic Enterprise Management)의 개념과 효과를 설명하고, ERP와의 차이점을 기술하시오. (25점)

68회 정보관리 ERP 구축 시 여러 패키지에서 모듈별 가장 적합한 것만 모아서 구축하는 Best of Breed 방법과 한 패키지로 다하고 필요하면 수정하는 All in One 방법의 장단점 (25점)

68회 조직응용 ERP 개념 구축방안과 MIS 비교 (25점)

PRM

인터넷은 경영주체 간의 관계 측면에서 혁신적인 변화를 가져왔다. 공급 채널에서의 SCM(Supply Chain Management)이나 고객관계관리를 다루는 CRM(Customer Relationship Management) 등의 예에서 볼 수 있듯이 경영주체 간의 관계 유지 및 효율성 확보는 점점 그 중요성을 더해가고 있다. PRM은 기업이 영업 파트너와 협력하고 이들을 활용함으로써 최종 고객에게 더 나은 제품과 서비스를 제공하기 위한 비즈니스 전략을 말한다.

1 PRM Partner Relationship Management 정의와 등장배경

PRM(파트너 관계 관리)은 제조기업이 자사가 소유한 영업망 외에 특약점이나 전문점 등의 간접 유통 채널을 이용하는 경우, 온라인상에서 간접 유통 채널의 파트너들과의 상호 이익 관계를 지속적으로 개발하고 유지하기 위한 전략 및 활동을 의미한다. 여기서 파트너란 제조기업과 최종 고객 사이에서 최종 소비가 아닌 중간 유통 기능을 수행하는 독립된 경영주체를 의미한다. 궁극적으로 고객 대응이라는 측면에서 보면 PRM은 CRM과 맥을 같이하고는 있지만, CRM이 최종 고객을 대상으로 한 직접 판매를 수행하는 기업을 주요 대상으로 하는 반면, PRM은 유통 채널을 통한 간접 판매를 수행하는 기업을 대상으로 한다는 점에서 차이가 있다. 또한 CRM이 영업, 마케팅, 콜센터 등 제조기업 내의 고객 관련 업무를 주요 관리대상으로 하는 반면에, PRM은 제조기업과 외부 파트너 간의 고객 관련 업무를 통합 관리하는 특성을 가지고 있다.

구체적으로 제조기업은 PRM을 통해서 정보를 파악하고, 파악된 정보를 취합하여 파트너별로 적합한 지원을 제공한다. 이러한 지원에는 제품, 가격, 거래, 고객 서비스 및 영업 관련 정보 제공을 포함한다. 또한 고객의 주문을 파트너별로 배분하고 주문 내용이 완결될 때까지 관리하는 기능도 수행한다.

물론 제조기업으로부터 최종 소비자로 이어지는 직접 판매 모델이 장기적 관점에서 인터넷을 이용한 비즈니스 모델의 주류로 인정받고 있는 것은 사실이다. 그런데도 파트너를 대상으로 한 관계 관리 기법이 현재 주목을 받고 있는 이유는 다음과 같다.

첫째, 제조기업이 파트너와 거래 이후의 고객 정보를 효과적으로 확보하거나 활용하지 못하고 있다는 점이다. 파트너와 최종 고객 사이에서 생성된 정보의 내용이 제조기업에 전달되지 않기 때문에 고객 대상 판매현장의 생생한 고객 니즈를 파악하는 데 한계가 있다. 이러한 고객 정보를 제조기업이 확보하고 활용할 수 있다면, 제품개발 단계부터 고객의 요구사항에 대해 명확한 대응이 가능해질 수 있을 것이다.

파트너 측면에서는 제조기업으로부터 필요한 정보를 적기에 획득하지 못하는 경우가 발생하고 있다. 제조기업이 보유하고 있는 입찰 내역, 제품 가격 변화, 신제품 출시 등을 예로 들 수 있는데, 이러한 정보의 활용 없이 파트너가 고객들에게 효과적으로 대응하는 것은 불가능하다. 제조기업과의 정보 공유를 통해 파트너가 적기에 관련 정보를 획득하게 되면, 고객 대응에서 신속한 판단이 가능해지고, 고객에게 더 큰 만족을 줄 수 있게 된다.

둘째, 제조기업이 파트너 관리 및 평가 기능을 전략적으로 수행하고 있지 못하다는 점이다. 기존의 매출액 혹은 기타 소수 지표를 기준으로 한 파트너별 단순 비교 평가로는 파트너별 공헌도 평가나 개별 파트너를 대상으로 한 관리 개선방안 도출 등에서 한계가 있을 수밖에 없으며, 체계적인 파트너 관리에도 어려움이 있다. 반면 파트너의 판매 실적, 고객 대응 활동 등 파트너에 대한 데이터베이스를 구축하고, 체계적인 분석을 실시하게 되면, 제조기업에 기여하는 파트너의 규명, 파트너 활동에 대한 세부 지원 및 업무 공조 등의 전략적 관리 실행이 가능해질 수 있다.

셋째, 제조기업이 맞이하고 있는 현재의 경영 추세가 경영주체 간의 관계를 강조하고 있다는 점이다. 경쟁 심화, 정보화, 세계화, 기업 간 합병 등의 경영환경 변화에 따라 경영주체 간의 관계 관리가 어느 때보다도 중요해진 것이다. 기업 외부의 경영주체들과의 관계를 고려하지 않은 상황에서 자사의 전략만으로 경영을 수행하는 것은 경쟁력 저하의 직접적인 원인이 되고 있다.

제조기업이 파트너를 포함한 여러 관련 경영주체들과 상호이익을 추구하는 관계를 구축할 때, 극심한 환경변화 속에서 장기적인 기업생존이 가능해질 수 있다.

2 PRM의 구성

성공적인 파트너 관리 및 정보공유를 통해 이를 수익향상으로 이끌기 위해서 PRM이 갖추어야 할 시스템적 요건을 살펴보자. 기업과 파트너, 고객이라고 하는 End Customer들 간의 채널 협업으로 기업과 파트너의 매출을 향상시킬 뿐 아니라 파트너와 고객의 로열티를 증가시키고, 기업은 고객의 제품에 대한 니즈를 만족시키면서 파트너와 효과적으로 작업할 수 있도록 지원해야 한다. 또한 보안관리와 정보배분 방식을 통해 파트너와의 관계를 간단하게 하고 커뮤니케이션을 향상시킬 수 있어야 한다. PRM 지원을 위한 구성을 살펴보면 다음과 같다.

2.1 Customer Management

- 조직 내에서의 담당자 정보관리
- 영업기회 관리, 견적 및 인터랙션, 관심정보 수집 및 조회
- 고객정보 액세스 제한관리
- 수신거부(DM 거부, SMS 거부, E-Mail 거부) 등과 같은 플래그Flag 관리

2.2 Partner Profile Management

파트너 프로파일 관리를 통해 접촉 담당자, 관계정보, 영업팀, 관심사항, 영업기회, 견적, 상호 인터랙션을 관리하고, 또한 해당 파트너에게 우선권이 주어질 만한 솔루션과 서비스에 대한 정보도 제공해야 한다. 그리고 각각의

비즈니스 니즈를 만족시키기 위해 고객 파트너 속성별로 연락체계를 지원해야 한다.

- 우선권이 주어질 수 있는 솔루션, 서비스, 매출목표 등의 파트너 상세정보 제공
- 파트너별 속성정보, 즉 지역, 판매규모, 영업기회 상태 등에 의한 관계 기한과 이메일 통지 설정

2.3 Opportunity Management

영업사원, 텔레마케터, 또는 파트너 직원들로부터 직접 입력된 영업기회들이 적절한 파트너들에게 배정되어야 하며, 이러한 영업기회들은 기업이 정의한 속성에 따라 자동으로 혹은 수작업으로 우선순위가 정해져 파트너들에게 배정되어야 한다.

2.4 Information Management, Propagation

파트너의 태스크 관리 등으로 기업의 수요예측정보를 제공해야 하며, 파트너 개별적으로 요구하는 관련 자료들을 제공해야 한다. 또한 지역관리와 자원관리 등을 통해 파트너들을 특정 지역에 매핑시킬 수 있어야 한다.

3 PRM의 활용

PRM의 활용 측면을 보면, 제조기업과 파트너 간의 상호작용이 인터넷을 통해서 이루어지면서 PRM의 시행 가능성이 더욱 커지고 있다. 이러한 이유로 PRM의 활용분야는 세 가지로 기능을 분류할 수 있다.

3.1 정보의 효율적 관리 및 활용

제조기업은 PRM을 통해서 스스로 생성해낼 수 없는 정보나 서비스, 즉 파트너가 가지고 있는 다양한 정보들을 관리하고 활용할 수 있게 된다. 이러

한 활용은 주로 제조기업과 파트너 간의 공동 웹사이트상에서 이루어진다. 제조기업은 다양한 정보를 파트너로부터 취합하여 실시간으로 판매 예측을 할 수 있으며, 온라인을 통한 데이터의 분석을 체계적으로 수행할 수 있게 된다. 또한 웹사이트상에서 제조기업과 파트너 간의 상호 정보교류를 통해 당면한 문제 해결의 가능성도 높일 수 있다.

3.2 파트너를 활용한 판매 기능 수행

제조기업은 PRM을 활용하여 파트너를 통한 간접 판매 기능을 더 효율적으로 수행할 수 있게 된다.

많은 제조기업이 당면하고 있는 중대한 문제 중의 하나는 제조기업에서 파트너, 다시 최종 고객으로 이어지는 판매 프로세스가 복잡하고 비효율적이라는 점이다. 제조기업은 PRM을 통해 파트너와의 제휴관계를 강화하고, 동시에 거래의 투명성을 확보할 수 있다.

구체적으로 고객 주문 관리를 살펴보면, PRM을 통해 제조기업은 직접 구매 고객과 접촉하여 생성되는 주문을 파트너에게 배분하는 과정을 관리한다. 이는 단순히 지역적으로 가까운 파트너에게 주문을 연계시키는 것이 아니라, 프로세스의 효율성 측면에서 파트너의 특성을 고려하여 적절한 파트너를 선정하는 것을 의미한다. 이후 온라인을 통해서 파트너에서 최종 고객으로 이어지는 판매 프로세스의 완결 시까지 거래의 투명성을 확보하게 된다. 이러한 과정을 통해서 제조기업은 추가적으로 고객에 대한 매출 정보를 파악할 수 있게 되고, 영업활동의 반응 및 성과도 측정할 수 있게 된다.

또한 PRM 정보를 활용해서 제조기업은 파트너들에게 더 낮은 비용으로 더 많은 상품을 팔 수 있는 방안을 소개하고, 파트너들은 제조기업의 지원 및 각종 분석정보 활용으로 적절한 판매 전략을 구사할 수 있게 된다.

3.3 파트너 관리 역량 향상

제조기업은 PRM 운영을 통해서 파트너 관리 역량을 향상시킬 수 있다. 제조기업의 입장에서 파트너는 기업 외부에 있는 영업 조직이라고 할 수 있다. 따라서 파트너 관리의 효율화는 제조기업의 대고객 영업 역량 강화와 밀접한 관련성을 가지고 있다.

파트너 관리 역량 향상을 위해 우선적으로 파트너 대상 분석을 수행한다. 파트너 대상 분석은 판매 실적 데이터, 마케팅 효과, 교육, 보증 여부 등 파트너에 대한 데이터베이스의 작성을 통해 실시된다. 이러한 분석은 제조기업이 어떠한 거래 상대방을 파트너로 선정·유지해야 할지에 대한 기준을 제공한다. 파트너 선정이 이루어지면 파트너와의 구체적인 제휴관계 관리를 위한 기본 방향을 설계한다. 주요 내용은 파트너와의 공동 목표 설정과 파트너의 세부 행동계획 수립 지원을 들 수 있다. 또한 고객 주문, 연구개발, 입찰 등 업무 프로세스상의 실시간 공조도 파트너와의 제휴관계 관리 차원에서 이루어진다. 이러한 효익을 가지고 있는 PRM을 제조기업의 입장에서 실제로 구현하기 위해서는 해결해야 할 많은 과제들이 있다. 따라서 제조기업은 PRM의 도입 시점부터 실제 활용 시점까지 지속적인 개선 노력을 기울여야 할 것이다.

참고자료
류승범. 「PRM 추진전략」.
≪Industry Week≫. 「PRM의 전략적 활용」.

기출문제
72회 정보관리 PRM(Partner Relationship Management)의 특성을 설명하시오. (10점)

F-4

SCM

글로벌 시장 환경에서의 치열한 경쟁, 정보통신 기술의 발달로 인한 제품 생명주기의 단축, 경영이념의 기업 중심적 사고에서 고객 중심적 사고로의 가치전환 등은 기업 간 경쟁을 더욱 심화시키고 있다. 따라서 글로벌 환경 아래에서 기업들이 추구해야 하는 핵심 전략과제는 저비용 수준에서의 고객가치 창출을 통해 경쟁력을 확보·유지하는 것이며, 이를 위한 효율적 물류 및 공급 관리기법 중 하나로서 공급망 관리(SCM: Supply Chain Management)의 중요성은 더욱 커지고 있다.

1 SCM Supply Chain Management 의 개념

SCM은 상대적으로 새로운 경영이념으로 1980년대에 언급되었다고 할 수 있으며, 공식적으로 논의된 것은 1990년대 초반이다. 초기 연구는 SCM과 이전의 물류 실행과의 차이점을 명확히 하는 용어 정의에 초점이 맞추어졌고, SCM의 명제Tenets 에 대한 논의를 포함하고 있다. SCM은 1980년대 초 자재의 구입, 제조, 판매의 비즈니스 기능을 통합했을 때 얻을 수 있는 이점을 연구한 올리버R. Oliver 와 베버M. Webber 에 의해 처음 소개되었다.

공급망Supply Chain 은 원재료의 공급에서부터 소비자에게 최종 제품을 실질적으로 인도하는 것을 포함하여 최종 제품의 생산에 이르기까지 둘러싸고 있는 모든 활동의 네트워크를 말한다. 이러한 활동에는 조달, 생산, 유통 등이 포함되며, 또한 부가적으로 부가가치를 창출하는 모든 활동이 포함되고 있다.

SCM은 원자재의 전방 흐름과 정보의 후방 흐름을 경유하여 원자재 공급자, 생산설비, 유통서비스 및 고객 등을 포함하여 조직체의 구성원들이 상호 연계된 시스템으로서, 소비자의 요구에 대응하기 위해 제품의 기원에서 소비까지 관련되어 있는 제품, 서비스, 정보의 효과적이고 효율적인 흐름과 저장을 계획·실행·통제하는 과정을 말한다. 따라서 SCM은 고객을 만족시키기 위해 원재료부터 최종사용자로의 배달까지 모든 제품 및 정보의 흐름과 활동들을 기업 간, 지역 간 경제 등을 극복 통합하여 일관되게 관리(기획, 실행, 통제, 평가)하고 전체를 최적화하자는 원칙으로 정의된다.

미국의 물류관리협회는 SCM을 제품의 기원에서 소비 시점까지 소비자의 요구에 부응하기 위해 효율적이고 효과적인 제품재고, 서비스, 정보의 흐름을 계획·실행·통제하는 과정이라고 정의하고 있다.

2 SCM의 등장배경 및 도입 목적

SCM은 물류를 통해 생산관리의 진보, 정보기술의 진보, 마케팅의 진보에 의한 일련의 과정으로 이루어야 할 집중적인 개선과 투자의 필요성에 의해서 생겨났다. 그 이유는 사회구조의 복잡성으로 인해 고객의 성향과 요구조건이 다양해짐에 따라 이전의 물류관리 개념만으로는 고객들의 요구사항의 변화속도를 따라가지 못하게 되었다는 것이다. 또 제품을 만들어 시장에 밀어내는 방식으로는 고객의 요구에 빠르게 대응했다 할지라도 공급과정에서의 소요시간이 지나치게 길어져서 결국은 고객의 요구를 만족시킬 수 없게되는 문제점이 생겨났다.

이러한 SCM의 등장배경이 지속되는 순간에도 전 세계적으로는 물류비용이 꾸준히 증가하는 추세로, 이제는 업종에 따라 전체 비용의 10~15%에 이른다. 그러므로 기업이 아무리 라인, 공장, 기업 내의 생산성 향상 리드타임 단축, 원가절감 리엔지니어링, 기업통합 및 정보화 컴퓨터 통합 생산에 많은 비용을 투자해도 기업 내외의 물류문제가 해결되지 않고서는 경쟁력 제고와 고객만족, 나아가 기업의 재무구조에 효과를 보는 것이 어렵게 되었다. 기업이 물류관리의 중요성을 인식하게 된 것은 부분적인 최적화가 결국에 가서는 전체의 최적화에 도움이 되지 않을 수도 있다는 것을 알게 되었기 때문이다. 그래서 기업의 업무 전체를 비즈니스 프로세스로 파악하여 부서별로 다르게 관리하던 분야를 전체적인 관점에서 다루는 방법이 필요하

BPR(Business Process Reengineering)

비용, 품질, 서비스, 속도와 같은 핵심적 성과에서 극적인(Dynamic) 향상을 이루기 위해 기업 업무 프로세스를 근본적으로(Fundamental) 다시 생각하고 혁신적으로(Radical) 재설계하는 것을 말한다.

게 되었다. 이에 따라 BPR Business Process Reengineering 을 하게 되었으나 초기의 BPR은 정보시스템 기술 중심으로 검토되어 현상의 프로세스 분석에만 머물게 되어 새로운 프로세스를 디자인하는 등의 경쟁력을 향상시키는 성과는 미흡했다.

1990년대에 BPR의 추진 수단으로 ERP Enterprise Resource Planning 가 등장했는데, 처음에는 제조업의 기본 업무용 패키지 소프트였으나 판매, 생산, 인사 등의 기능 분야별로 성장했고, 정보기술의 발전에 힘입어 많은 진보가 이루어졌다. ERP로 인해 거대한 데이터베이스에 기본 업무의 모든 데이터가 통합되어 실시간으로 제휴할 수 있었다. 그 때문에 하나의 패키지에 의해 복수거점의 업무를 수행할 수 있고 개방형 시스템으로 유연성과 비용 대 성능 비율이 높아져 기업의 정보시스템 인프라로서 유용하게 사용되었으며, 기업 내의 표준화를 추구하여 경영 효율화를 이루는 수단이 되었다. 그러나 각 기업은 업종, 규모, 역사 등이 제각기 다르기 때문에, 비록 ERP가 보편성이 높은 분야에서 큰 효과를 발휘했지만, 생산성과 고객만족의 극대화를 실현하기 위해서는 기업들이 자신들의 틀을 깨고 고객 위주의 비즈니스 프로세스를 실현해야 했고, 획일적으로 ERP로 통합하는 것은 비현실적인 방법이 되었다.

비즈니스 프로세스 통합의 궁극적인 목적은 기업의 틀을 뛰어넘어 고객과 공급자까지 자사를 중심으로 통합하는 것이다. 기업들은 종합화 방향에서 핵심역량을 강화하는 방향으로 초점을 맞추고 있고, 이에 따라 기업은 전문화를 계속적으로 추진해가면서 이를 통합해야 하는 과제를 안게 되었다.

또한 기업은 풍부한 노동력 확보, 원자재의 원활한 획득, 우수한 연구개발자의 획득, 갈수록 심화되는 무역장벽의 극복 등의 이유로 점점 글로벌화되었고, 이에 따른 약점은 정보기술이나 물류시스템으로 대신하고 각 지역의 강점을 통합하는 글로벌 공급망 경쟁시대를 맞았다. 그러나 다양한 문화, 가치관, 인종, 종교, 경제구조 등의 여러 가지 면의 차이점에 대해서 하나의 표준으로 글로벌한 기업을 이끌어갈 수가 없게 되어 각 나라와 지역에 맞는 요구와 환경에 적응하며 글로벌한 규모의 힘을 최대한 살리는 경영이 기업에 필요하게 되었다.

기업의 목표는 재정적 이익을 취득하는 것이며, 고객은 원할 때 원하는 장소에서 상품이나 서비스를 제공받길 원한다. 이와 같은 관점에서 SCM은 재고, 수송, 핸들링 비용을 절감하여 전체적인 물류비용을 절감할 수 있으며, 또한 품절, 배달, 리드타임의 단축을 통해 구매비용을 절감할 수 있고, 주문/조달의 불확실성과 변동을 제거함으로써 생산계획을 합리화하고, 제공장소, 납기 등을 만족시킴으로써 전체적인 생산의 효율성을 극대화할 수 있다. 그리고 SCM을 통해 제품의 제조 및 유통과정에서 제품의 흐름에 대한 가시성을 확보할 수 있어 제품의 제조 및 유통 공정을 더욱 명확히 할 수 있고 고비용의 재고관리 업무를 저렴하게 대체할 수 있다.

일반적으로 SCM을 구축하려는 이유는 체인 내에서의 재고투자의 감소, 고객 서비스의 증가, 채널에서의 경쟁우위 획득 등이다. 신뢰성 있는 제품인도를 위해 고객 서비스를 향상시키고 일정량의 재고수준을 유지하기 위해 발생하는 비용을 감소시키기 위해서 기업은 SCM을 활용하게 된다. 이러한 이유로 SCM의 도입 목적은 다음과 같다.

2.1 체인 내에서의 재고투자의 감소

SCM은 적정재고를 유지하도록 하는 체인 내의 기업들 사이의 거래관계에 존재하고 있는 불확실성을 최소화시켜주며, 불확실성의 감소는 거래하는 공급자의 수를 감소시키고, 거래기업과의 관계 강화를 통해 체인 내에서 발생하고 있는 재고수준을 낮출 수가 있다. 또한 예상수요, 주문, 생산계획 등에 관한 정보공유를 통해 불확실성을 최소화하며 재고수준을 낮출 수가 있다. 재고를 체인에서 완전히 제거한다기보다는 오히려 잉여 재고수준을 제거한다는 의미를 갖고 있다.

2.2 고객 서비스의 증가

기업은 고객 서비스를 통해 수익을 증대시키고 고객만족을 향상시킬 수 있다는 사실을 인식하고 있다. SCM의 출현 배경 이면에는 고객으로부터의 서비스 향상 압력 요구 요인이 있었다. 고객 서비스는 경쟁우위를 제공하고 최종 고객에게 총체적인 가치를 최대화하기 위해 공급망상의 이익을 부가시키는 프로세스라고 할 수 있으며, 고객만족은 상품이나 서비스의 전체적인 구매와 소비 경험을 기초로 한 축적된 만족의 수준으로 언급되고 있다. SCM은 신속한 납기시간과 비용절감으로 상당히 높은 수준의 고객만족을 가져오는 도구이다.

2.3 경쟁우위의 획득

시장환경에서의 경쟁이 더욱 심해짐에 따라 기업은 살아남기 위해 전략적 경쟁우위를 획득해야만 한다. 전략적 우위능력은 기업의 성공을 위해 필요하며, 이러한 경쟁우위 요인에는 목표시장에 대한 반응성, 낮은 총비용, 신속하고 신뢰성 있는 배송 등이 포함된다. 기업은 이러한 전략적 우위능력을 달성하기 위해 전략적 제휴를 사용한다. 전략적 제휴란 '물류 채널에서 특정 목적이나 혜택을 얻기 위해 두 개의 독립 주체 사이에서 이루어지는 계약적 관계'로 정의된다. 파트너십은 가장 일반적이고 전형적인 전략적 제휴의 한 형태이다.

SCM은 공급망상에 있는 당사자들 사이의 파트너십을 형성하기 위한 인센티브가 되고 있다. 또한 기업들은 채널상의 대부분 혹은 모든 파트너들이 상호 간의 노력을 통해 협력관계를 유지하고자 하는 SCM의 개념을 적용하고 있다.

3 SCM의 구성요소

SCM은 크게 SCP Supply Chain Planning 와 SCE Supply Chain Execution 로 분류하여 구성된다. SCP는 수요예측, 글로벌 생산계획, 수/배송 계획, 분배할당 계획 등 공급망의 일상적 운영을 위한 최적화된 계획을 수립하는 것을 말한다. SCE는 고객 중심의 수요 만족을 위해 기업 간 자재, 서비스, 정보 효율화를 지원하는 수행 지향 Execution-oriented 의 애플리케이션이다.

3.1 SCP Supply Chain Planning

SCP는 공급망(총공급망)을 구성하는 다양한 요소, 즉 생산시설, 유통 및 물류센터, 공급자들의 관계를 파악하고 시장 수요를 예측하여 공급망 전체에 대한 최선의 계획을 수립하는 것을 말하며, SCM의 운영 방향을 제시한다. 현재 대부분의 SCM 솔루션Solution이 SCP에 초점을 맞추고 있는데, 이는 공급망을 분석하여 최적 운영을 위한 조달, 분배, 수/배송 정책 및 운영기준을 정립하는 프로세스이다. 공급망의 종합적 관점에서 상품과 서비스의 배송, 공급자로부터 고객까지의 정보흐름, 수요와 공급 조정의 최적화 계획을 지원하는 개념이다.

SCP는 크게 수요계획Demand Planning, 운영계획Operations Planning, 배송계획 Distribution Planning, 생산계획Production Scheduling, 주문처리Order Fulfillment 등으로 구성된다. SCM이 물류에서 공급망의 종합적인 관리체계라고 한다면, SCP는 그러한 공급망의 실현을 위해 생산부터 유통까지의 총체적인 계획을 세우는 단계라 할 수 있고, 마지막으로 SCE는 SCP에서 구체적으로 계획을 세운 사항들을 실행하는 단계라 할 수 있다.

3.1.1 수요계획 Demand Planning

수요계획은 공급자와 제조업체, 배급업체, 도소매업체를 총체적으로 고려하여 수요를 예측하는 데 중점을 두는 과정이다. 궁극적인 목표는 정확한 수요계획을 통해서 SCM의 최대 현안인 재고관리를 더 효율적으로 실행하여 실적의 향상으로 이어지게 하려는 데 있다. 수요계획의 하부 구성요소들로는 통계적 예측, 공동 예측(협력적인 예측), 판매 계획, 제품수명 계획, 제품홍보 계획 등이 포함되어 있다.

3.1.2 운영계획 Operations Planning

운영계획은 수요계획에서 전체적으로 계획을 세운 콘텐츠를 각각의 제조업체에서 본격적으로 운영하는 계획을 세우는 과정이다. 운영계획의 목표 또한 수요계획의 목표와 연장선상에서 이해할 수 있다. 즉 수요 예측한 것을 운영하는 데 최대한 반영하여 최적으로 재고를 관리하는 데 있다. 구성요소로는 장기계획Long-range Planning, 자재 및 시설 수급계획Simultaneous Material & Capacity Planning, 대일정생산계획Constrained Master Product Scheduling, 제품가격계획 등이 포함된다.

3.1.3 **분배계획** Distribution Planning

공급자로부터 제조업체들을 거쳐 물품 발송업체들을 통해 최종적으로 소비자들에게 이르기까지의 일련의 계획을 세우는 과정이다. 이는 공급과 배분을 위한 네트워크 구축계획이 필수적 요소이다. 이를 위해서는 최적화된 공급 네트워크 시설이 필요하다. 또한 분배계획은 VMI Vendor Managed Inventory 를 통한 재고관리요소를 갖추고 있다.

VMI(Vendor Managed Inventory)
제조업체에서 특정 물류업체에 제품과 원재료의 입출고 관리 등 물류업무를 위탁하고, 해당 전문 물류업체는 이를 WMS(창고관리시스템)를 활용하여 고객이 원하는 시점에 원하는 장소에 원하는 양을 수/배송하여 고객사의 재고관리를 대신 수행해주는 것을 말한다.

3.1.4 **생산계획** Production Scheduling

생산계획은 고객이 원하는 제품을 제때 공급하기 위해 생산라인과 상호 유기적으로 생산에 관련된 상황을 계획하는 과정이다. 고객과 생산라인을 중간에서 연결하는 중간관리자의 역할이 가장 중요하다. 주요 내용으로는 상호작용적인 작업장 스케줄링 Interactive Shop Floor Scheduling, 비율 기준 스케줄링 Rate-based Scheduling, 라인 플로 서열화 및 스케줄링 Flow Sequence & Scheduling, 라인 밸런싱 Line Balancing 등으로 구성된다.

3.2 **SCE** Supply Chain Execution

SCE는 재고관리 Inventory Management, 창고관리 Warehouse Management, 운송관리 Transportation Management 등으로 구성되어 있으며, 고객 중심의 수요 만족을 위해 기업 간 자재, 서비스, 정보 효율화를 지원하는 실행 프로세스이다.

3.2.1 **공급망 재고관리** SCIM: Supply Chain Inventory Management

공급망 재고관리의 개념은 공급망 내부 구성원과 외부 고객에게 필요한 제품을 적시적소에 공급하기 위한 재고관리 기법이며, 공급망 각 경로별 수요를 결정하고, 경로를 따라 발생하는 고객의 수요에 대응하기 위해 최적량의 재고를 유지하기 위한 활동을 말한다.

3.2.2 **창고관리** Warehouse Management

창고관리는 물류센터의 역할로서 상물분리하에서 물류를 담당하며, 고객만족을 위한 물류서비스를 제공한다. 물류센터는 판매지원 및 수급조정, 과잉재고 및 재고편재 방지, 중복수송·교차수송 방지 등의 기능을 하며 물류채널의 일원화를 통해 효율성을 제고한다. 주요 업무로는 물류센터에서 입고, 보관, 출고, 관리의 업무를 수행한다.

3.2.3 운송관리 Transportation Management

운송관리는 수송전략과 수송서비스로 구분된다.

수송전략은 비용절감 전략, 자본절감 전략 두 가지로 나뉜다. 먼저, 비용절감 전략은 수/배송 및 보관에 관련된 비용을 최소화시키는 전략이다. 자본절감 전략은 물류시스템에 대한 직접투자를 최소화하는 전략으로, 3PL Third Party Logistics을 활용하며, 창고를 운영하지 않고 소비자에게 제품을 직접 수/배송한다. 또한 JIT Just-in-time(적시적량) 공급방식을 강화한다. 서비스 개선 전략으로는 정확, 정시, 안전 수/배송으로 서비스 품질을 향상시키며, 화물위치추적 서비스 등 정보시스템을 활용한다.

복합 수송서비스의 개념은 복합 운송인이 복합 운송계약에 의거, 인수한 물품을 한 지점에서 다른 지정 인도지점까지 공로, 철도, 해상, 항공 등 두 가지 이상의 수송서비스를 사용하여 수송하는 것이다. 하나의 수송수단에서 다른 수송수단으로 신속하게 환적할 수 있는 기술이 필수적으로 요구된다.

복합 수송서비스의 혼합유형은 다음과 같이 나타난다. 여러 가지 혼합유형이 가능하나 피기백, 피시백 등이 주로 이용된다.

- 공로 + 철도 = 피기백 Piggy-back
- 공로 + 해운 = 피시백 Fishy-back
- 공로 + 항공 = 버디백 Birdy-back

4 SCM의 응용기술

4.1 자동발주시스템 CAO

자동발주시스템 CAO: Computer-Aided Ordering 은 첫째, 물류 관련 정보를 컴퓨터를 이용하여 통합·분석하여 주문서를 작성하는 시스템이다. 둘째, POS를 통해 얻어지는 상품흐름에 대한 정보를 얻는다. 셋째, 소비자 수요에 영향을 미치는 외부요인에 대한 정보를 얻는다. 마지막으로 실제 재고수준, 상품수령, 안전재고수준에 대한 정보를 얻는다.

　자동발주시스템의 기대효과는 여섯 가지로 나타난다. 첫째, 소비자가 선호하는 상품 파악이 쉬워져 재고가 줄어들게 된다. 둘째, 재고보유량 감소 및 과다재고를 없애기 위한 할인판매가 감소된다. 셋째, 주문서 작성 및 발송 비용이 절감된다. 넷째, 결품률 감소 및 매출액 증대가 가능하다. 다섯째, 원활한 상품 배송이 가능하다. 마지막으로 고객 니즈Needs에 대한 적절한 대응으로 신뢰성이 향상된다.

　자동발주시스템의 주요 활동은 데이터 수집, 주문수요 확인, 매장 및 창고 특성에 적합한 주문서 확인 및 수정, 최종주문서 작성 및 전송 등이 있다. 데이터 수집에서는 매장의 판매대, 백오피스Back Office, 창고 등에서 컴퓨터시스템을 통해 자동으로 정보를 수집한다. 결품 상태 확인, 물리적 재고 검사, 판촉활동을 위한 수정, 계절적 조정 및 외부적 요인으로 인한 상품이동기록 수정 등은 때에 따라 수작업으로 진행한다. 주문수요 확인에서는 물류센터나 매장의 CAO 운영자는 상품의 수요량을 파악하기 위해 사용 가능한 재고량과 재주문량을 고려해야 한다. 재주문 시점은 소비 및 수요 예측, 안전재고, 리드타임, 경제적 주문량 등을 고려하여 결정한다. 주문수량이 결정되면 계절적 수요패턴과 효율적 물류조건과 같은 사항을 고려하여 재조정한다. 매장 및 창고 특성에 적합한 주문서 확인 및 수정에서는 컴퓨터시스템에서 주문제안서를 작성한 후, 주문담당자는 정치적·사회적 요인 등과 같은 컴퓨터시스템에서는 계산할 수 없는 요인들을 검토하며, 주문담당자 본인의 지식을 활용하여 주문제안서를 수정 및 확인한다. 최종주문서 작성 및 전송에서는 전자문서로 거래를 하기 위해서 거래선들 간에 처리해야 할 단위에 대한 명확한 합의가 선행되어야 하며(예: 물류단위, 판매단위 등), CAO를 통해 주문서를 제조업체에게 전송하기 위해서는 표준에 의거한 최종주문서의 작성이 필수이다.

4.2 크로스 도킹 Cross-docking

크로스 도킹의 개념은 창고나 물류센터에서 수령한 제품을 재고로 보관하지 않고 즉시 배송할 준비를 하는 물류시스템이며, 중간 저장 단계가 전혀 없거나 거의 없이 배송지점으로 배송하는 것이다. 크로스 도킹의 목적은 유통업체나 도매, 배송업체의 물류센터에서 발생되는 비생산적인 재고를 제거하는 것이다. 기대효과로는 물류센터가 상품의 유통을 위한 경유지로 사용되며, 물류센터의 물리적 공간을 감소시킨다. 또한 공급망 전체 내의 저장공간 감소, 재고수준의 감소, 물류센터 회전율 증가와 상품공급의 용이성이 증대된다.

크로스 도킹의 종류는 두 가지로 나뉜다. 첫째, 기포장 크로스 도킹은 물류센터 주문에 따라 제조업체가 미리 선택된 팔레트, 케이스 등 패키지를 수령한 후 제품을 포장하며, 추가 작업 없이 다른 제조업체에서 집하된 패키지와 함께 배송 도크로 이동, 목적지로 배송하는 것을 의미한다. 이는 슈퍼마켓이나 소형 셀프서비스 매장과 같은 점포로 배송하는, 상품이동이 늦은 제품에 적용하기 용이하다. 또한 화장품, 위생용품, 잡화, 의류 등 거래량은 적으나 식별번호가 다양한 상품에 적용한다.

중간처리 크로스 도킹에서는 팔레트, 케이스 등 패키지를 수령하여 물류센터에서 소분(추가 작업 필요)하며, 소분된 패키지에 다시 라벨을 붙여 새로운 패키지를 만든다. 이렇게 만들어진 새로운 패키지 가운데 유사한 패키지별로 묶어 배송 도크로 이동, 목적지로 배송하게 된다.

4.3 e-SCM

e-SCM이란 '디지털 기술을 활용하여 공급자, 유통채널, 소매업자, 그리고 고객과 관련된 물자, 정보, 자금 등의 흐름을 신속하고 효율적으로 관리하는 것'을 의미한다. 다시 말해 e-SCM은 공급자에서 고객까지의 공급망상의 물자, 정보, 자금의 흐름을 디지털 기술을 활용하여 총체적인 관점에서 통합하고 관리함으로써 e-비즈니스 수행과 관련된 공급자, 고객, 그리고 기업 내부의 다양한 니즈를 만족시키고 업무의 효율성을 극대화하려는 경영기법이다.

e-SCM의 등장으로 기존 기업의 폐쇄적·수직적 가치사슬이 해체되고 글로벌 차원에서 기업들은 핵심 분야에만 집중할 수 있게 되었으며, e-비즈니스의 연관 분야 또는 다른 산업으로 진출하는 개방적·수평적 확장 현상이 가속화되고 있다.

e-SCM을 통해 기업이 달성하고자 하는 목표는 크게 세 가지로 나눌 수

전통적 SCM과 e-SCM의 차이

구분	전통적 SCM	e-SCM
공급망 프로세스	예측 가능, 채널의 견고성	유동적, 채널의 붕괴
경쟁력	고정자산, 비용	속도와 지식, 고객 서비스
변화주기	연/월	일/주
공급망 거래	1:1 접점 거래, 고정가격 책정(Fixed Pricing)	N:N 전자상거래 내에서의 거래, 동적 가격 책정(Dynamic Pricing)
기획 및 실행	관리자와 분석가, 기획 후 변경	모든 참여자, 기획과 실행의 동시성
업무환경	지시와 통제	권한의 분산

있다. 첫째, 디지털 환경으로 등장한 새로운 비즈니스 패러다임에 부합할 수 있도록 원재료, 제품, 정보 흐름 등을 리엔지니어링Reengineering하는 것이다. 둘째, 디지털 기술을 활용하여 원재료, 구매, 제조, 판매, 물류 등을 동기화Synchronization하는 것이다. 셋째, 이를 통해 고객에 대한 대응 능력을 높이고 새로운 서비스를 제공하여 고객만족도를 높이는 것이다.

4.4 RFID

공급사슬 전반의 제품 흐름에 관련된 데이터나 정보에 접근하여 적시에 상태파악 및 신속한 장애에 대처할 수 있는 능력이 중요하다. RFID는 기존의 바코드나 POS시스템보다 양질의 데이터를 제공해 다음과 같이 공급사슬의 여러 영역에서 가시성 개선에 도움을 줄 수 있다.

첫째, 공급자 측면에서 RFID기반 재고정보를 확보하고 재고보충계획과 연계가능하다. 둘째, 물류센터 측면에서 피킹의 최적화 및 수작업 오류를 감소시킨다. 셋째, 운송 측면에서 컨테이너 등의 실시간 위치관리로 추적이 가능하다. 마지막으로 소매업체의 재고보충과 청구서발행 자동화를 실현한다.

5 차세대 SCM의 기술 동향

5.1 블록체인 기반 공급망 대두

블록체인은 데이터를 한곳에 모아 집중관리하는 대신 여러 곳에 두고 동기화시키면서 관리하는 분산형 기록 관리기술이며 이를 통해 새로운 형태의 공유경제를 창출하는 효과를 가져올 수 있는 플랫폼 구축이 가능하다. 예를 들면 제품 제조가 완료되는 시점에 제조사는 전 세계적으로 공유되는 블록체인에 제조된 제품에 대한 정보를 등록함으로써 제품 생애주기의 시작을 기록하고, 제품이 사용자에게 판매되는 시점에 지역 블록체인에 판매이력을 기록할 수 있다.

5.2 물류 원가 절감 및 서비스 개선을 위한 신기술 도입

기업의 공급망 개선 및 물류비 절감을 위한 물류 IT에 대한 투자가 증가하고 있다. 글로벌 선진 물류기업에서는 혁신적인 물류 서비스 제공을 위한 드론 등 최신 기술의 도입을 시험적으로 추진 중이며 물류 효율화를 위하여 생산, 물류에 관련된 정보를 거래처와 공유하는 Virtual Tracking 시스템을 운영 중이다. 또한 SCM에 Social 서비스를 접목하여 공급망을 구성하는 다양한 구성원 간의 커뮤니케이션 문제를 보완하고자 한다.

5.3 빅데이터를 활용한 SCM의 변화 양상

빅데이터는 공급사슬 내외부에서 데이터 분석을 통한 정확하고 명확한 결과 및 통찰력을 제공함으로써 기업의 새로운 경영방법론으로 제시되고 있으며 기존 SCM 솔루션으로는 대응이 어려운 병목 현상을 해결하는 가장 핵심 기술로 평가받는다. 수요예측, 비즈니스 계획, 위험 분산, 협업 효율화 등에서 효과를 입증하고 있으며 주문-배달시스템의 효율화, 예측제작, 비용 절감, 조직효율화까지 이어지고 있다.

참고자료

삼성SDS 기술사회. 2014. 『핵심 정보통신기술 총서』(전면2개정판). 한울.
정보통신기술진흥센터. 『2017년도 글로벌 상용SW 백서』.
권오경. 2011. 『공급사슬관리』. (주)박영사.

기출문제

108회 관리 다음은 국내 및 해외에 다수의 생산 공장을 보유한 B 전자의 SCM(Supply Chain Management) 구축 프로젝트를 수행하기 위해 작성한 정보 시스템 현황 및 요구 사항이다. 요구사항에 따른 Statement Of Work(SOW)와 Gold Plating 방지 방안을 작성하시오. (25점)

〈B전자 SCM 관련 정보시스템 현황〉

- 기존 SCM 시스템을 운영 중에 있으며, C/S(Client/Server) 환경으로 구성되어 있음
- 마스터 정보, BOM(Bill Of Material) 관리, ERP(Enterprise Resource Planning) 등이 운영되고 있으며, BOM의 데이터 누락이 발생하고 있음

〈신 SCM 구축 요구사항〉

- 수요 예측 및 경영계획을 바탕으로 3개월 플랜(Plan)을 수립하는 기능 개발
- 3개월 플랜에 따른 제품별 주 단위 판매 계획과 생산 계획을 수립하는 기능 개발
- 최적화 솔루션을 활용하고, 매출, 수익성 등 변수를 반영한 계획 시나리오 수립
- 시나리오별 손인 시뮬레이션 기능 개발
- 기존 운영 중인 SCM을 웹 환경으로 전환하고, 데이터 마이그레이션 수행

90회 응용 어떤 회사에서 ERP, SCM, MES 등 솔루션 도입 프로젝트를 계획하고 있을 때, 솔루션 선정을 위한 도입 추진 절차를 설명하시오. (25점)

77회 관리 벤치마킹(BM: Benchmarking), 비즈니스 리엔지니어링(BPR: Business Process Reengineering), SCM(Supply Chain Management), BSC(Business Scorecard) 등과 같은 다양한 경영혁신 기법들과 경영에 대한 건전한 이해를 시스템 개발자들은 반드시 하고 있어야 한다. 그 이유를 설명하고, 특히 경영환경의 변화와 정보사용자의 입장에서 기술하시오. (25점)

71회 정보관리 어느 회사에서 이미 구축되어 있는 CRM과 SCM 시스템을 통합하려고 한다. 이때 고려해야 할 사항들을 설명하시오. (25점)

68회 정보관리 SCM (10점)

63회 정보관리 SCM (10점)

60회 정보관리 SCM의 필요성과 기대효과를 논하시오. (25점)

SRM

공급망상에서의 데이터들을 활용할 때 공급업체들과 데이터들을 공유함으로써 상호 신뢰를 쌓고 효율적인 구매관리를 할 수 있다. SRM으로 고객의 수요에 대한 빠른 대응을 통해 고객만족도를 높일 수 있게 되며, 전체적인 공정상에서의 적절한 구매조달을 통해 안정적이며 단축된 공정시간을 보장하게 된다.

1 SRM Supplier Relationship Management 의 정의와 목적

SRM(공급자 관계 관리)이란 기업이 수익 창출을 위해 제품 공급업체를 어떻게 관리해야 하는가를 제시해주는 경영 솔루션으로, 협력사의 제품공급 현황은 물론 수요예측 및 재고관리를 효율적으로 처리할 수 있게 해주는 것이다.

가트너Gartner나 메타데이터MetaData 등은 공급자와 관련한 포괄적 비즈니스 및 관계를 SRM이라 정의하고 있다. 가트너는 기업의 수익성 극대화에 영향을 미치는 공급업체와의 관계에 대한 이해와 비즈니스 규칙을 확립해가는 과정이며 방법이라고 정의하고 있으며, 메타데이터는 제조업체가 공급업체와의 관계 및 지출을 최적화하도록 돕는 솔루션의 새로운 카테고리라고 정의하고 있다. 또한 제품 디자인, 원자재 구매, 조달 등 기업의 비즈니스 프로세스상에서 공급자와 기업의 완벽한 협업을 가능하게 하여 소비자가 원하는 제품을 생산할 수 있도록 하는 통합적 e-Procurement 영역이라고 정의되고 있다.

2 SRM의 구성

SRM 시스템을 살펴보면 3개의 실행요소Execution Component와 기준정보인 콘텐츠 관리Contents Management, 구매전략 수립과 분석을 지원하는 지능적 구매 Purchasing Intelligence의 총 5개 영역으로 구성된다.

SRM 솔루션의 구성 개념도

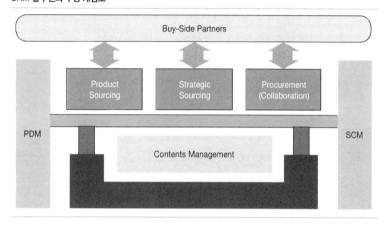

2.1 제품 조달 Product Sourcing

개발 및 설계 단계에 설계/개발부서, 구매부서, 공급업체가 정보공유를 통해 최적의 부품개발과 비용관리를 하는 최전방의 조달을 말하는 것으로, 공급자와의 BOM 및 부품 명세 공유, 구매 관점의 BOM 평가관리, 부품의 생명주기 및 대체품 관리, 비용분석 등이 필요하다. 또한 회사 기밀유출이라는 종래의 탈에서 벗어나 제품 관련 정보를 공급업체와 공유하면서 비용과 생산라인의 최적화를 위해서 정보의 공유가 확실히 이루어져야 한다.

2.2 전략적 조달 Strategic Sourcing

전략에 따라 조달기능을 수행하는 과정으로, 최적의 공급업체를 선정하는 협상과 응찰업체의 비교평가가 핵심을 이룬다. 종래의 입찰 과정을 전자입찰e-Bidding화함으로써 생산과 관련된 전략 수립 후 필요한 자원, 부품 등과 관련된 입찰을 전산화하고, 이와 관련된 견적, 입찰의 진행, 공급업체 평가,

선정, 계약 등과 같은 과정을 진행한다.

2.3 구매 협업화 Procurement Collaboration

기업이 자재나 구매 소요 예상Forecast 정보를 공개하고 이에 따라 공급자가 자신들의 정보와 기업의 요구에 대한 충족을 위해 협업해가는 과정이다. 이를 바탕으로 필요량, 시기 등과 관련된 결정이 이루어지면 시스템을 통해 주문, 납품, 결재 등과 관련된 모든 사항을 처리하게 된다.

2.4 콘텐츠 관리 Contents Management

기업 내부와 외부에서 제공되는 부품과 공급업체 정보의 관리를 통해 부품 정보 조회 및 대체품 선정 등을 지원하게 된다.

2.5 지능적 구매 Purchasing Intelligence

기준정보인 콘텐츠 관리로부터 분석 및 전략 수립을 지원하는 구매분석 관리, 구매전략 관리, 구매성과 모니터링 모듈로 구성된다.

3 SRM의 핵심 기술

SRM 시스템은 먼저 기업내부의 ERP 또는 e-Procurement에서 처리되는 구매데이터와 공급사 관리에 필요한 데이터를 추출하여 DW에 저장한 후 다차원 분석을 통해 공급사를 평가할 수 있는 전략정보를 제공한다.

또한 사외의 공급사 계약정보, 성과분석정보, 거래실적 및 외부신용기관이 제공하는 신용등급, 재무분석 등의 정보를 B2Bi 기반 기술로 통합하여 의사결정지원을 위한 다양한 구매정보를 제공한다.

SRM 시스템에서는 구매분석 정보 및 공급사평가 정보를 통해 공급사의 차별화 관리업무를 구현하며 우수 공급자 비율을 확대하여 공급망 전체의 경쟁력을 향상시켜준다.

4 SRM의 도입 및 운영 전략

4.1 시스템 도입전략

구매환경 변화로 기업 내외부 공급망 최적화 및 구매 효율화가 강조됨에 따라 공급업체와의 협업 강화에 기반을 두는 방향으로 발전하고 있다. 단순한 업무관리에서 벗어나 공급업체와 정보를 교환하고 생산계획, 재고정보 등의 공유 및 효율적인 구매관리뿐만 아니라 공급업체와의 협력 모색, 상호 투명성을 유지함으로써 대고객 서비스 만족도를 높일 수 있는, 공급망 구성원 전체가 만족할 수 있는 시스템으로 변화하고 있다.

이러한 시스템들의 도입 비용과 유지/관리 비용을 고려하여 각 시스템의 변화에 맞추어 기업환경에 알맞도록 최적화하는 것이 시스템 도입에서 가장 큰 관건이라 할 수 있다.

4.2 시스템 운영전략

주요 공급업체와의 관계를 강화하고 공급업체들을 체계적으로 관리함으로써 총공급망 관리상에서 각 구성원들과의 공조를 실현하고 효과적인 구매 프로세스를 구축할 수 있다.

4.2.1 운영목표
구매사와 공급사 간의 구매 프로세스를 상호작용적으로 진행할 수 있어야 하며, 구매활동과 기업 내부 ERP, 총공급망 관리와 시스템 연계가 되어야 한다. 또한 가장 중요한 요소는 구매사와 공급사 간의 정보공유라 할 수 있겠다.

4.2.2 운영전략
- 비용절감: 프로세스상의 에러율 감소와 현장재고 감소를 통한 잉여물품, 불용재고를 감소시키는 데 초점을 두어야 한다. 또한 구매간접비, 물품견적가, 품질유지비 감소에도 집중해야 한다.
- 프로세스 개선: 프로세싱의 시간 단축과 구매 관련 데이터를 이용한 전략

지원 및 구매 프로세스 표준화로 인한 구매활동과 기업수익성의 직접 연계에 초점을 두고 운영해야 한다.

- **자원배분**: 기존 구매부서의 불필요한 인력을 고부가가치 활동에 투입시키고 기업의 소모성 자재MRO의 경우 현업에서 필요 시 온라인 구매를 통해 바로 구매함으로써 업무의 효율성 증대를 도모해야 한다.
- **구매 관리능력 향상**: 제품군별 데이터와 성과측정 자료를 통해 각 제품군별 실제 구매비용에 대한 상세 데이터를 확보하고 구매계약 시 협상력을 증대시켜야 한다. 또한 구매의 불안요소에 대한 대비능력도 배양해야 한다.

참고자료

삼성SDS 기술사회. 2014. 『핵심 정보통신기술 총서』(전면2개정판). 한울.
정희연. 『비즈니스와 IT의 융합』. 이담북스.

F-6

CRM

CRM(고객관계관리)의 개념은 경쟁이 치열해짐에 따라 기업의 경쟁력을 고객으로부터 확보하기 위한 전략으로 이해되거나, 고객으로부터의 수익창출을 목표로 영업자동화, 고객 서비스 지원 등과 같은 기존의 개별 솔루션을 통합하는 기술로 받아들여지고 있다.

1 CRM Customer Relationship Management 의 개념

과거에는 기업이 상품을 만들어 고객에 대한 특별한 정보 분석 없이 상품에 대해 홍보 및 광고를 하는 마케팅이 주류를 이루었다. 그러나 최근에는 이러한 마케팅 활동으로 기업의 수익을 향상시키는 데 한계를 느끼게 됨에 따라, 고객에 대한 이해를 바탕으로 한 마케팅 활동의 필요성이 대두되었다.

이러한 CRM은 고객정보의 활용, 고객충성도 제고, 다양한 채널 사용, 조직 및 프로세스 재구축 등의 네 가지 시각으로 정의될 수 있다. 첫째, 고객에 대한 이해를 바탕으로 고객의 정보를 활용하여 고객과의 관계를 유지·확대·개선하는 고객 관련 제반 프로세스 및 활동을 의미한다. 둘째, CRM은 고객관계관리를 통해 고객만족과 충성도를 제고시킴을 목적으로 한다. 이를 위해 CRM은 과거 데이터베이스 마케팅 기법처럼 단지 조직 내 실무자 중심의 관점이나 접근이 아니라 고객경영 철학, 고객 중심의 사고에서 시작하여 고객 가치를 극대화해야 한다. 셋째, CRM은 다양한 채널을 통한 고객과의 커뮤니케이션으로부터 수집된 정보를 기반으로 고객과의 관계를 유지·발전시키는 과정으로 이해할 수 있다. 넷째, CRM은 고객관계전략을 실행하기 위해 조직 및 프로세스를 고객 중심으로 재편하고 이를 통합적으로 관리하는 것이다.

이를 종합하면 CRM은 고객을 기업 가치의 중심으로 인식하고, 고객에 대한 이해와 지식을 바탕으로 다양한 고객 니즈에 부합하는 차별화된 전략을 수립하고, 이를 실행하기 위한 모든 고객 접점, 프로세스, 조직을 고객 중심으로 재편하고 통합적으로 관리하여 고객과의 지속적이고 우호적인 관계를 유지함으로써 고객의 로열티Loyalty 형성을 통해 수익을 극대화하는 것이다.

2 CRM의 등장배경 및 도입 목적

CRM의 등장배경은 다음과 같이 세 가지로 요약할 수 있다.

첫째, 산업사회의 성숙기 진입, 세계화, 다국적기업의 진출 등으로 인한 경영환경의 변화이다. 이제는 동일한 고객을 두고 많은 기업이 경쟁하고, 언제 새로이 등장할지 모르는 신규 진입자와 언제 상품을 대체해버릴지 모르는 대체상품까지 고려해야만 하는 매우 복잡한 상황이라 할 수 있다.

둘째, 고객 중심으로의 변화이다. 고객의 요구는 더욱 복잡해지고 애매해져, 다양한 방식의 대응을 요구하게 되었다. 기업들의 경영체제가 변화가 된 것은 고객 니즈가 지속적으로 변화하기 때문이다.

셋째, 고객 가치의 변화이다. 실제로 기업에 수익을 가져다주는 고객은 20%의 고객이다. 나머지 80%의 고객은 잠재 수익력이 20% 이하에 불과하다. 고객 중 기업에게 수익을 가져다주는 고객은 일부에 지나지 않으며, 이러한 고객은 지속적으로 투자해야 할 대상이다. 이들 고객을 유지하는 활동으로 신규고객을 획득하기 위해 투자하는 것보다 훨씬 적은 비용으로 높은 효과를 얻을 수 있다. 회사의 고객층을 파악하고 세분화해서 이익을 높이는 방향으로 마케팅 활동이 전개되기 시작한 것이다.

넷째, 인터넷의 등장과 정보기술의 발전이다. 인터넷의 등장으로 기업은 막강한 마케팅 채널을 확보하게 되었다. 기술적 측면에서 시간과 장소에 관계없이 실시간으로 고객 데이터를 확보할 수 있고, 정보기술과 연동되어 고객에게 실시간 대응과 맞춤형 서비스를 제공할 수 있게 되었으며, 기존의 마케팅 채널에 비해 비용이 저렴하다.

선진기업들이 CRM을 도입하는 목적은 무엇일까? 먼저 고객의 충성도 Customer Fidelity 강화에 있고, 개별 고객에게 맞춤 서비스를 제공함에 있으며, 수준 높은 고객 지식을 축적하여 경쟁사들과의 차별화를 꾀함에 있다. 또 수익성이 높은 우량고객을 파악하고 이를 평생고객으로 만들기 위해 노력하며 교차판매Cross-selling, 업셀링Up-selling 등으로 고객당 수익을 극대화하기 위함이다. 마지막으로 고객 서비스의 신속성 향상과 기업의 비용절감에 있다고 하겠다.

3 CRM 시스템의 분류 및 구축전략

3.1 CRM 시스템의 분류

CRM 시스템을 우선 구조적 관점에서 분석해보면, CRM 시스템은 크게 운영적Operational CRM, 분석적Analytical CRM, 활용적Collaborative CRM으로 나눌 수 있다. 운영적 CRM은 분석적 CRM의 바탕이 되고, 분석적 CRM을 통해 가공된 데이터는 활용적 CRM에 반영된다. 운영적 CRM에서는 데이터 원천 Resource에 대한 관리와 마케팅 데이터를 저장하는 영역을 가지고 있으며, 분석적 CRM에서는 이러한 데이터를 바탕으로 의사결정 지원의 역할을 수행한다. 그리고 마지막으로 이러한 의사결정 지원 데이터를 가지고 커뮤니케

구조적 관점의 CRM 분류

이선 채널을 통해 활용적 CRM이 고객과의 접촉을 이루어낸다.

다음은 구조적 관점에 대한 CRM의 분류를 나타낸 것이다.

기능적 관점의 CRM 분류

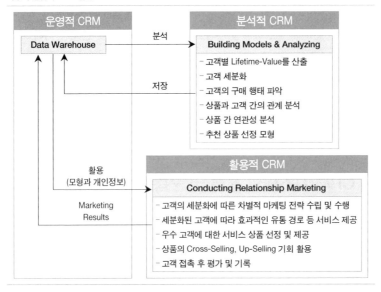

위와 같은 구조적 측면에서의 CRM 시스템 분석을 바탕으로 기능적 측면에서 보면, 운영적 CRM 시스템의 구성을 이루는 데이터웨어하우스에서 분석된 데이터들은 분석적 CRM 시스템에서 모델의 설정과 분석이 이루어진다. 고객별 생애가치를 산출하고, 고객 세분화가 이루어지며, 고객의 구매행태를 파악하고, 상품과 고객 간의 관계 분석 및 상품 간 연관성 분석이 이루어지게 된다. 이렇게 설정된 모델 및 분석 데이터들은 다시 운영적 CRM의 데이터웨어하우스에 저장되어 모형과 개인정보를 활용적 CRM에서 활용하게 된다. 데이터웨어하우스에서 추출된 데이터들은 활용적 CRM의 영역 내에서 고객 세분화에 따른 차별적 마케팅 전략 수립 및 수행을 지원하고, 세분화된 고객에 따라 효과적인 유통경로 등의 서비스를 제공하고, 우수 고객에 대한 서비스 상품을 제공하는 방안이 연구되며, 고객 접촉 후 평가 및 기록 등의 관계마케팅이 형성된다. 이렇게 형성된 관계마케팅의 결과들이 다시 운영적 CRM의 데이터웨어하우스에 축적이 되어 기업의 수익창출이 이루어지는 바탕을 마련한다.

이러한 CRM 시스템 실현의 바탕에는 항상 고객 지식 관리에 대한 인식이 이루어져야 하는데, 통합적 CRM 데이터베이스를 구축하고 이곳에 정보를 등록하거나 모든 종사원이 공유할 수 있는 애플리케이션이 필요하며, 점차 고객의 행동을 예측하고 스코어링Scoring할 수 있는 마이닝 툴Mining Tools을 사용해 고객 지식을 발견해나가야 효과적인 CRM의 수행이 이루어진다. 고객 지식 관리는 데이터웨어하우스를 기반으로 고객정보 수집영역, 고객정보의 활용영역, 고객 지식 발견영역, 그리고 고객 데이터베이스 관리영역이 통합적으로 유연하게 연결되어 운영된다. 또한 CRM 시스템에서 핵심요소가 되는 것이 바로 데이터 마이닝이다. 데이터 마이닝이란, 대용량 데이터베이스로부터 새로운 정보를 추출하는 과정을 의미한다. CRM 시스템에서는 데이터 마이닝을 통해 질의나 보고서가 발견할 수 없었던 정보를 밝혀내고, 의사결정을 지원하고, 그 효과를 예측하고, 목표고객을 찾아주는 역할을 수행하게 한다.

3.2 CRM 시스템의 구축전략

CRM의 토대를 구축하고 이를 바탕으로 CRM을 실행하는 전체 CRM 시스템 구축의 프로세스는 크게 전략수립, 시스템 구축, 실행으로 요약할 수 있다. 이 중 전략수립 단계 및 시스템 구축 단계를 CRM 구축 단계로 볼 수 있다. 한편 시스템 구축 단계에서 데이터 수집/입력 단계를 분리시킬 수도 있으나, 그 중요성을 감안하여 시스템 구축 단계에 포함시켜 시스템 구축 시 고려하는 것도 가능하다. 우선 CRM 시스템 전략수립 단계는 크게 여섯 가지 단계로 나누어볼 수 있다. 즉, CRM 전략은 환경분석, 고객분석, CRM 전략방향 설정, 고객에 대한 오퍼Offer 결정, 개인화 설계, 커뮤니케이션 설계로 이루어진다. CRM 전략에 대한 이 같은 접근은 CRM 시스템 구축전략을 실행계획이 포함된 넓은 의미로 이해할 때 가능하다.

　CRM 시스템의 구축 단계에서 IT 시스템이 CRM 전략을 완벽하게 지원하기 위해서는 CRM 전략이 완전히 수립되고 난 후에 IT 시스템을 차근차근 구축하는 것이 바람직하다. 그러나 경쟁 금융기관에 비해 더 빨리 CRM을 실행하기 위해서는 CRM 시스템의 구축을 앞당겨야만 한다. 이를 위해서는 전략에 대한 개략적인 그림이 그려지면, 전략의 구체화 작업과 함께 CRM 시스템 구축 작업을 병행하는 방법이 활용될 수 있다.

고객 중심의 경영으로 수익성 극대화 추구

전사적 CRM 시스템의 완성

CRM 전략수립 단계	CRM 시스템 구축 단계	CRM 활용 및 발전 단계
- CRM 전략 수립 • 비전 Workshop • 전략과제 및 기회 도출 • 시스템가치평가(SVA) • Architecture & Blueprint • Action Plan - TO-BE Process 설계 • 캠페인 프로세스 • 고객관리 프로세스	- 마케팅 자동화 시스템 - 세일즈 자동화 시스템 - 서비스 자동화 시스템 - Interaction Center 시스템 - EC 시스템 - DW/OLAP/Mining 시스템 - Integration	- 고객행동모델 개발 • 이탈모델, 추가구매모델 • 다양한 고객 세그멘테이션 - 수익관리 시스템 연계 - 리스크관리 시스템 연계 - 성과지표관리 시스템 연계

그리고 데이터의 수집/입력 단계를 고려해보면, CRM 시스템 구축에서 종종 나타나는 문제점 중 하나가 마케팅에 관련된 모든 데이터를 시스템에 축적하겠다는 시도다. 많은 사람들은 다양한 종류의 데이터가 있으면 정확한 CRM 시스템이 될 것으로 생각한다. 물론 데이터는 많을수록 좋지만, CRM 수행에서 필수적인 데이터가 아닌, 가치 없는 데이터는 많아 봐야 별 소용이 없다. 즉, 수집 가능한 모든 데이터를 다 축적할 생각을 하지 말고, 핵심적인 데이터에 초점을 맞추는 노력이 필요하다. 이를 위해서는 우선적으로 데이터로 무엇을 할 것인지를 생각해야 한다.

4 CRM과 e-CRM

비즈니스 애플리케이션의 주된 흐름 중 하나는 기존 솔루션의 기능이 인터넷에서도 비즈니스를 처리할 수 있도록 확장되는 것이다. e-CRM도 이에 해당하는 것으로 웹상에서 CRM을 수행한다고 할 수 있다. 즉 e-CRM은 인터넷상에서 판매와 대고객 마케팅을 중심으로 고객관리를 지원하며, 서비스도 인터넷을 중심으로 이메일을 이용하여 제공하든가 개인별로 서비스를 지원받을 수 있도록 하는 시스템이다. 이는 비즈니스 측면에서 웹의 활용도가 증가하면서 부상한 것으로, 주요 이용대상도 점차 인터넷 비즈니스 기업에서 서비스, 금융 등 오프라인 기업들로 확장되고 있다. 따라서 CRM과 e-CRM의 구분이 점차 불분명해지고 있다.

전통적 CRM과 e-CRM의 차이

구분	전통적 CRM	e-CRM
주요 이용대상	서비스, 금융 등 오프라인 기업	인터넷 비즈니스 기업
고객 접점	콜센터 오프라인 중심	인터넷 중심
판매 관련 요소	전화판매, 판매 자동화	전자상거래
서비스 관련 요소	기술지원, 필드 서비스	온라인 자체 서비스, 이메일 관리
마케팅 관련 요소	온라인 자체 서비스, 이메일 관리	e-Marketing, 개인별 서비스

5 CRM의 성공적 도입을 위한 고려사항

많은 기업들이 CRM을 시대적인 대세로 받아들이고 있고 또한 이를 실행하기 위한 노력을 기울이고 있지만, CRM을 통해 기대만큼 많은 성과를 거두고 있지는 못한 것으로 평가되는 것을 보면, CRM을 통해 성공을 거두기는 매우 어려운 일인 것 같다. CRM이 성공적으로 이뤄지기 위해서는 업종이나 규모에 관계없이 어떤 기업에서든 다음의 다섯 가지 사항에 대한 대책을 마련하고 수행하지 않으면 안 된다.

첫째, 단발적인 직접 우편 캠페인이나 텔레마케팅 캠페인의 전개를 위해서는 데이터웨어하우스와 같은 마케팅 데이터베이스가 반드시 있을 필요는 없지만, 캠페인의 횟수가 많아지고 여러 경로를 통한 고객접촉 정보가 통합적으로 관리되기 위해서는 운영계 데이터베이스와는 별도로 마케팅 목적으로 구축된 데이터베이스가 갖춰져야 한다. 여기에는 접촉정보, 인구통계정보, 구매정보, 반응정보와 같은 정보가 수록되어 있어야 하고, 상당한 규모의 데이터베이스를 효율적으로 분석하기 위해서는 최근 활발히 논의되고 있는 OLAP이나 데이터 마이닝과 같은 분석도구도 적극적으로 도입할 필요가 있다.

둘째, 고객 데이터베이스가 생명력을 유지하기 위해서는 정보의 최신화 작업이 지속적으로 이뤄지지 않으면 안 된다. 지극히 당연하게 들리는 말이지만 실제로는 마케팅 데이터베이스를 구축하는 기업들이 흔히 이 문제를 간과해버린다. 더욱이 우리나라는 미국과는 달리 정보 최신화 서비스를 제공해주는 전문업체가 존재할 수 없는 환경이기 때문에 CRM을 수행하려는 기업 스스로가 이 문제를 해결하지 않으면 안 된다. 고객 정보의 꾸준한 최신화는 매우 어려운 작업에 속하며, 우리나라 기업들의 CRM 성공사례가 적은 것도 상당 부분 이러한 어려움에 기인한다고 할 수 있다. CRM을 수행하는 기업이 스스로 고객정보를 최신화하기 위해서는 고객과의 접점을 늘리고 이러한 접점에서 발생하는 정보를 적극적으로 데이터베이스화하는 수밖에 없다.

셋째, 좋은 집을 짓기 위해서는 집에 들어가 살게 될 구성원들의 취향이 적극 반영된 설계 도면이 마련되어야 하는 것처럼 좋은 마케팅 데이터베이스가 만들어지기 위해서는 마케팅 데이터베이스가 만들어진 후 이것이 어떻게 활용될 수 있을 것인가에 대한 충분한 고려가 있어야 한다. 즉 CRM 전략과 이것의 실행계획이 정교하게 만들어져야 실용성 있는 마케팅 데이터베이스의 구축이 이뤄질 수 있다. 지극히 당연한 논리지만 많은 기업들이 이에 대한 충분한 주의를 기울이지 않는 것이 일반적이다. 본격적인 설계 작업에 들어가기에 앞서 바람직하게는 적어도 1년 전부터 고객 데이터베이스를 어떻게 활용할 것인가에 대한 연구 및 조사 작업을 수행해야 한다. 이러한 사전 작업을 바탕으로 마케팅 데이터베이스가 만들어져야 CRM에 대한 조직의 호응도가 높아질 수 있다.

넷째, 수행 과정에서 마케팅 부서, 전산부서, 영업부서 등과 같은 다른 부서와의 갈등이 고착화되면 효율적인 CRM은 불가능하다. 이러한 현상을 방지하기 위해서는 각 부서의 이해관계를 조율해줄 수 있는 인사를 임명하는 것이 거의 유일한 대안이다. 즉, 최고경영자층에 속하는 인사가 CRM과 관련된 모든 부서를 총괄함으로써 부서 간의 협조에 의한 시너지가 창출될 수 있도록 해야 한다.

다섯째, CRM의 성공적인 수행을 위해서는 전략의 수립, 데이터의 분석, 실행계획의 수립 및 집행 등과 관련된 숙련된 인력이 필요하다. 그런데 우리나라에는 아직 이 분야에 숙련된 인력이 많지 않기 때문에 외부에서 인재를 유치하려는 시도가 결실을 보기 힘들며, 따라서 가능성이 있는 내부 인력을 대상으로 CRM의 수행에 대한 동기와 교육기회를 충분히 부여하는 것이 더 바람직하다.

참고자료

보험개발원 보험연구소.「보험회사 CRM에 관한 연구」.

정보통신정책연구원.「우체국금융의 CRM 시스템 구축 전략」.

정보통신산업연구실. 2001.「정보통신산업동향」(2001.9).

기출문제

98회 관리 고객관계관리(CRM: Customer Relationship Management)의 진화 단계인 CRM 보고 기술(Reporting Technique), CRM 분석 기술(Analysis Technique), CRM 예측 기술(Predicting Technique)에 대해 고객을 중심으로 예를 들어 설명하시오. (25점)

95회 정보관리 A 전자는 세계 전역에 생산기지 및 판매망을 확보하고 있는 글로벌 기업으로서 글로벌 재정위기, 지구 환경 변화 등 세계의 급변하는 경영환경에 대한 민첩성을 향상하고 미래 지향적인 정보시스템을 구축하기 위하여 정보화 전략계획(ISP)을 수립하고자 한다. A 전자의 아래 현황에 따라 다음 질문에 답하시오. (단, 구체적인 기업환경 및 정보시스템의 현황은 가정하여 작성) (25점)

> 〈A 전자 정보시스템 현황〉
> 가. A 전자의 정보화 비전
> 　글로벌 환경 변화에 신속한 대응 확보 가능한 스마트 정보시스템 구축
> 나. 보유시스템
> 　포털시스템, ERP, CRM, 영업관리시스템, 생산자동화시스템

　(1) ISP 수립 절차에 대하여 설명하시오.

　(2) 5-Force, 7S, SWOT 분석을 활용하여 환경분석 결과를 제시하시오.

　(3) A 전자의 정보화 비전에 따른 TO-BE 모델을 도출하시오.

93회 관리 VRM(Vendor Relationship Management)을 CRM(Customer Relationship Management)과 비교하여 설명하시오. (10점)

90회 관리 고객 충성도(Customer Loyalty)를 높여가는 프로세스를 설명하고 고객관계관리(CRM)가 이 프로세스의 어떤 부분에서 어떤 역할을 할 수 있는지를 설명하시오. (25점)

71회 정보관리 어느 회사에서 이미 구축되어 있는 CRM과 SCM 시스템을 통합하려고 한다. 이때 고려해야 할 사항들을 설명하시오. (25점)

66회 조직응용 CRM의 front office와 back office 측면의 적용 분야와 사용되는 기술을 서술하시오. (25점)

65회 정보관리 CRM을 도입하기 위한 추진전략을 수립하고, 도입효과를 측정할 수 있는 방안을 제시하시오. (25점)

63회 정보관리 CRM의 관계도를 그리고, 구성요소인 고객, 고객정보 취합 DW, Data Mining, 고객 서비스에 대하여 각각 설명하시오. (25점)

62회 정보관리 CRM에서 구성도와 프로세스 기존 DB 마케팅과의 차이점 및 운용사례를 전자결재의 유형과 종류, 특징으로 논술하여라. (25점)

62회 조직응용 CRM (10점)

60회 정보관리 CRM의 성공요인과 고객 중심의 Data Warehouse 구축방법을 논하시오. (25점)

57회 정보관리 CRM 구성요소 및 활용방안을 설명하시오. (25점)

F-7

EAI

EAI에 대해 데이비드 린시컴(David Linthicum)은 "다양한 애플리케이션 간에 정보를 자유롭게 공유할 수 있도록 이들을 통합한 것"으로 정의했고, 웨보피디아(Webopedia)에서는 "조직 내에서 연결되어 있는 애플리케이션 혹은 데이터 소스를 통해 데이터와 비즈니스 프로세스를 제약 없이 공유하는 것"이라고 말하고 있다.

1 EAI Enterprise Application Integration 의 개념과 특징

1.1 EAI의 정의

EAI는 비즈니스 프로세스를 중심으로 기업 내 또는 기업 간 이질적인 애플리케이션과 비즈니스 프로세스를 통합하는 애플리케이션으로서, 복잡한 IT Infrastructure에 대해 어댑터 기능을 제공하며, 이를 통해 상호 연동이 가능하도록 통합하는 솔루션 또는 방법론을 의미한다.

EAI 솔루션은 기존 개발된 애플리케이션을 변화시키지 않고 이들 간의 통신을 가능하게 한다는 점에서 미들웨어의 하나로 분류되기도 하지만, 기존의 미들웨어가 Point-to-Point로 애플리케이션을 연결하는 데 사용된 반면, EAI 솔루션은 기업의 비즈니스 프로세스를 중심으로 여러 애플리케이션 간의 네트워크를 통합적으로 관리하는 점에서 미들웨어와는 구분된다고 할 수 있다.

EAI 솔루션
비즈니스 로직(Business Logic)을 중심으로 기업 내 애플리케이션을 통합하는 비즈니스 통합 솔루션이다.

1.2 EAI의 등장배경

과거 시스템을 구축할 때 전사적인 영향을 고려하지 않은 채 독자적으로 시스템 및 애플리케이션을 개발했는데 업무가 다변화되고 고객의 요구가 다양해지면서 다양한 시스템 간의 정보 공유가 필요하게 되었고 이에 따라 애플리케이션 간의 통합의 필요성이 대두되었다. 또한 각종 벤더Vendor사에서 제공되는 ERP, CRM 등 다양한 패키지 제품들과 이기종 애플리케이션 간의 통신문제 해결이 필요해지면서 전사 데이터 통합관리를 위한 공통의 하부 구조가 필요하게 되었다.

2 EAI의 분류

EAI는 인터페이스의 방식에 따라 다음과 같이 분류할 수 있다.

분류	설명	특징
Point-to-Point	가장 기초적인 1:1 통합방법으로 미들웨어를 두지 않고 각 애플리케이션의 서버 간 연동	미들웨어 방식보다 구축 비용이 저렴함
Hub & Spoke	- 애플리케이션 사이에 미들웨어(허브) 서버를 연동하며 데이터 전송을 중앙 집중식으로 관리함 - 허브 내에 여러 개의 큐를 통해 데이터 전달 관리 수행	구조가 단순하고 미들웨어를 사용하여 데이터의 전송이 보장됨
Messaging Bus	애플리케이션 사이에 미들웨어(버스)를 두어 연동하는 방식으로 어댑터가 각 시스템과 버스를 연결하는 구조	뛰어난 확장성으로 대용량 데이터 처리 가능
Hybrid	Hub & Spoke 방식과 Bus 방식의 혼합형으로 통합 대상 시스템을 소그룹으로 분류하고 소그룹 내에서는 Hub & Spoke 방식으로, 소그룹 간 연동은 Bus 방식으로 구현함	유연한 통합 작업 가능

Point-to-Point, Hub & Spoke, Messaging Bus 방식을 그림으로 비교하면 다음과 같다.

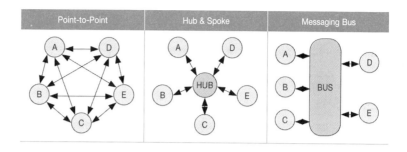

3 EAI의 구조 및 핵심 기능

3.1 EAI의 계층구조

EAI는 프로세스, 변환, 전송 계층 및 개발 도구, 관리 도구로 구성되며 수행 기능은 다음과 같다.

계층	수행 기능
프로세스 계층	- 비즈니스 워크플로에 의한 프로세스의 자동화 - 프로세스의 정의, 감독
변환 계층	- 데이터 변환 및 메시지 변환, 분할, 합병 - 룰 기반의 인텔리전트한 라우팅 - 애플리케이션 통합 관련 정보의 Repository - DBMS, 패키지 소프트웨어 Adaptor 제공
전송 계층	- 신뢰성 있는 메시지의 전달 및 Queuing - 사용자 인증, 메시지 암호화 등 보안 기능 - XML Parsing 및 Translation
개발 도구	- Diagram 등을 이용한 애플리케이션 통합 설계 - 기존 개발된 Legacy 시스템의 통합을 위한 Framework 제공
관리 도구	- 시스템 모니터링, 신뢰성 있는 메시지 전달을 위한 장애 처리(재처리 등) - 메시지 전달을 수행하는 트랜잭션 관리

EAI의 핵심요소 기술
- EAI 플랫폼
- 어댑터
- 메시지 브로커
- 프로세스 관리

3.2 EAI의 핵심요소 기술

애플리케이션 통합의 가장 중요한 요소 기술은 하나의 큰 분산시스템을 구성할 수 있도록 기업 내 애플리케이션과 데이터베이스들 간에 서로 통신할 수 있는 환경을 제공하는 통신 인프라이다. 이러한 애플리케이션과 애플리케이션 간 통신은 일반적으로 EAI 플랫폼이라 불리는 메시징 기반의 미들웨어MOM에 의해 수행된다. EAI 플랫폼은 이기종 환경하의 다양한 애플리케이션들과 데이터베이스들 간에 메시지와 데이터를 주고받으며 트랜잭션을 수행할 수 있는 방법을 제공한다.

EAI 플랫폼을 통해 애플리케이션들이 통신하기 위해서는, 통신하고자 하는 각 애플리케이션들이 EAI 플랫폼에서 제공되는 API를 이용하여 인터페이스 되어야 한다. 하지만 기업 내 존재하는 수많은 애플리케이션들을 API를 이용하여 연동하기는 쉽지 않기 때문에 기존 애플리케이션의 수정 없이 바로 EAI 플랫폼에 인터페이스가 가능하도록 하는 어댑터를 이용하게 된다. 이러한 어댑터는 기업 내 애플리케이션 통합에 소요되는 기간을 단축하는 중요한 요소 기술로 EAI 제품은 기업 내에서 사용하고 있는 다양한 패키지 애플리케이션들에 대한 상용 어댑터를 제공해야 하며, Legacy 애플리케이션들에 대해서도 EAI 플랫폼에 접속할 수 있는 어댑터를 개발할 수 있는 SDK를 제공해야 한다.

기업 내 모든 애플리케이션들과 정보 소스는 서로 다른 데이터 모델을 이용하므로 이들 상호 간에 원활한 정보 교환을 위해서는 전송되는 메시지 간 스키마의 변환이 필요하다. 이러한 데이터 변환 기능인 메시지 브로커 기능은 하나의 애플리케이션에서 사용하는 데이터 모델 또는 스키마를 다른 애플리케이션에서 사용 가능한 데이터 모델 또는 스키마로 데이터의 형식을 변환하는 기능을 담당한다.

비즈니스 프로세스 관리 기능은 프로세스를 중심으로 기업 내 업무를 통합하고 사람과 프로세스와 자원을 관리하며, 변화관리 및 성과관리를 수행하는 기능이다. 이러한 비즈니스 프로세스 관리는 애플리케이션 간 비즈니스 프로세스의 업무 흐름을 자동화하는 프로세스 자동화 기능과 일련의 단위 업무를 시스템 사용자에게 할당하고 할당된 단위 업무의 흐름을 관리하는 워크플로 기능으로 나뉠 수 있다.

4 EAI의 통합 단계 및 웹서비스 통합 방식과의 비교

4.1 EAI의 통합 단계

EAI는 단순 Platform Integration 단계부터 Data, Application, Process, Collaboration 통합의 단계로 구분할 수 있다.

단계	내용
Platform Integration	원활한 전사 통합을 위한 표준 통신 미들웨어 구축
Data Integration	- 데이터 형식 변환을 위한 메시지 프로토콜 - 데이터 기반 메시지 흐름에 대한 관리 - 동기 방식 및 비동기 방식 통신 지원
Application Integration	- Legacy 시스템 연동을 위한 애플리케이션 어댑터 - 애플리케이션에 대한 커넥션 관리 - Rule에 기초한 복수 애플리케이션 및 데이터 통합 - 애플리케이션 간 트랜잭션 및 연관 데이터 통합
Process Integration	- 복수의 애플리케이션에 걸친 다단계 업무 프로세스에 대한 중앙집중적인 프로세스 제어 및 관리 - 워크플로 및 연관 애플리케이션 간 트랜잭션 제어
Collaboration Integration	- 내부 및 외부 Business Unit 간의 통합 - 전사 애플리케이션에 대한 웹 기반의 비즈니스 통합

4.2 EAI와 웹서비스 통합의 비교

구분	EAI	웹서비스(ESB)
적용 방식	잘 정의된 아키텍처에 의한 자동 변환 Mapping	플랫폼 개발 언어에 관계없이 애플리케이션을 연동하는 기술에 기반을 둔 서비스
구현 방법	On-Line 방식, 중앙집중형 통합	표준 전송 기술 사용(SOAP)
표준	EAI 제품 Vendor의 독자적 기술 (MQ Series, MQI, MQWorkflow)	국제표준 (SOAP, UDDI, WSDL)
대상	주로 내외부 애플리케이션	주로 B2B 시스템 간 연계
연결 형태	API 또는 환경설정을 통해 연결 대상을 미리 정의함	연결 대상이 미리 정의되어 있지 않고 필요 시점에 연결 가능함

서비스 지향 아키텍처SOA: Service Oriented Architecture는 기존 애플리케이션의 서비스 컴포넌트를 재사용함으로써 일종의 복합 애플리케이션Composite Application을 구현하는 방향으로 추진되었으며, 재사용 서비스와 업무 프로세스 관리BPM: Business Process Management 기술을 접목할 경우 업무 프로세스의 개선

효과도 얻을 수 있다.

　서비스 지향 아키텍처에서는 시스템 통합을 위해 ESB Enterprise Service Bus를 사용하며 시스템의 연동이라는 목적은 EAI와 동일하지만 웹서비스와 같은 표준기술을 사용하는 부분에서 차이가 존재한다.

　표준기술 사용의 장점은 서로 다른 벤더 제품의 ESB를 사용하고 있는 기업이라도 ESB의 연동을 통해 다른 기업의 IT 자원을 재사용할 수 있어 기업간 프로세스 통합에 큰 도움이 될 수 있다는 것이다.

5 EAI 기술 동향

5.1 EAI에서 ESB로 전환

IT 서비스에 대한 개념이 ESB를 통해 각종 이벤트 및 기업 내외부의 Layer들을 하나로 통합해 사용하는 능동적인 에이전트로 발전 중이며 연동개념의 EAI가 ESB 서비스 개념으로 융합되어 기술개발이 이루어지고 있다. 최근 시장에서도 EAI보다 ESB 솔루션으로 시스템을 구축하는 경우가 크게 증가하고 있다.

5.2 클라우드 기반 플랫폼으로 진화

기업의 연계통합 솔루션EAI, ESB, MCI, FEP은 단일한 클라우드 플랫폼 환경에서 통합 및 표준화하여 특정 Rule에 따른 비즈니스 로직으로 처리 제어할 수 있는 기술과 소규모의 서버에서 실행되던 프로세스 엔진을 클라우드 환경에 맞게 비동기적으로 대용량 병렬처리하고 신속하게 업무 흐름을 변경 가능한 프로세스 엔진기술로 발전 중이다.

참고자료

삼성SDS 기술사회. 2014. 『핵심 정보통신기술 총서』(전면2개정판). 한울.
정보통신기술진흥센터. 『2017년도 글로벌 상용SW 백서』.

기출문제

108회 관리 EAI(Enterprise Application Integration)의 구축 유형과 유사 기술을 비교 설명하고, EAI 구축 프로젝트의 특성을 4가지 이상 제시하시오.(25점)

95회 응용 EAI(Enterprise Application Integration)와 Web 서비스 통합에 관한 다음 사항을 설명하시오. (25점)

　　가. EAI의 네 가지 통합단계

　　나. 시스템 통합 방식(EAI 방식)과 웹서비스 통합 방식의 비교

78회 응용 EAI의 출현 배경, 기본 요소 및 기능과 통합 방식에 대해서 설명하시오. (25점)

77회 관리 EAI(Enterprise Application Integration)에 대해서 설명하시오. (10점)

72회 관리 기업 애플리케이션 통합(EAI: Enterprise Application Integration)의 등장배경, 개념, 통합 레벨의 유형 및 성공전략을 설명하시오. (25점)

MDM

기업의 경영 전략과 주요 비즈니스를 수행하기 위한 시스템과 인프라는 비즈니스 규칙과 업무속성을 기반으로 구축되고 운영되게 되는데, 이때 중심이 되는 규칙은 전사적인 기준정보가 바탕이 된다. 이러한 기준정보(마스터 데이터)를 관리하고 개별 업무 시스템에 연계하는 솔루션 및 관리 수단을 Master Data Management라고 하며 중앙 관리 시스템과 업무 시스템과의 연계 방식에 따라 다양한 유형이 존재한다.

1 MDM Master Data Management 의 개념과 필요성

앞서 엔터프라이즈 IT 트렌드에서 Single Point of View 관점의 통합 트렌드를 소개할 때, 오늘날 엔터프라이즈 환경에서 기업이 고민하고 있는 정보의 일관성 문제를 이야기한 바 있다. 기업의 업무시스템에서 이런 정보의 불일치는 기업 서비스의 신뢰도를 저하시키고 동일 정보를 사용하는 이해관계자의 커뮤니케이션이 어려워지게 한다. 또한 시스템별로 중요 데이터를 독자적으로 관리함으로 인해 부수적인 인터페이스 비용과 부하를 증가시켜 전체적인 시스템의 성능저하로 연결된다.

 MDM은 기업의 이런 문제를 해결하기 위해 전사적으로 분산되어 있는 시스템별 기준정보를 단일 데이터로 통합하여 관리하는 시스템 또는 체계이다. 전사에서 사용되는 분산된 기준정보(또는 마스터 데이터)를 하나의 저장소에서 일관성 있게 통합 관리하고 활용하는 체계를 수립함으로써 서비스와 정보의 정합성을 보장하고, 기업 내 정보의 투명성과 정확성을 제고시키며, 전체 기업 기능의 신뢰도를 향상시키는 효과가 있다.

MDM의 개념에서 기준정보를 별도로 추출하는 것은 동적인 기업의 업무 시스템으로부터 변하지 않는 정적인 정보를 분리해내어 관리한다는 의미이다. 이런 기준정보는 전사적인 관점에서 합의 및 정의하고 체계적인 거버넌스를 확립하여 관리해야 하는 중요한 정보들로서, 이들의 관리는 기업 내 엔터프라이즈 IT 전체의 성능을 결정할 정도이다.

2 기준정보 관리 시 유의점

앞에서 언급한 바와 같이 기준정보란 기업의 경영전략부터 주요 비즈니스 모델, 상세 업무 단위까지 이르는 전사적인 모든 사항을 포함하는 마스터 데이터를 의미한다. 따라서 기준정보에 대한 Master Data Management의 구축에 따른 영향은 전사적인 범위라고 할 수 있다. 기준정보 관리 시 유의해야 할 사항은 Master Data Management를 하나의 프로젝트 수준으로 바라볼 것이 아니라 전사적인 혁신 또는 비즈니스 변화라는 관점에서 접근하여야 하는 것이다. Master Data Management는 눈에 보이는 가시적인 변화를 가져오지는 않지만 올바르지 않은 시스템 구축 시 전반적인 업무에 지대한 영향을 줄 뿐만 아니라 사후 변경 시 영향분석에 대한 과도한 공수와 비용이 투입될 수 있으므로 사전 단계부터 철저한 분석이 요구된다.

또한 전사적 자원 관리Enterprise Resource Planning 과 같은 차세대 시스템 구축 시 Master Data Management를 병행하여 구축하는 경향이 많기 때문에 이는 차세대 시스템에 준하는 변화 과정에 하나의 활동으로 포함되어 '변화 관리'가 상당히 중요할 수 있는 시스템이다. 특히 전산시스템을 담당하는 운영 관리자뿐만 아니라 정보전략, 고객 업무 담당자, 프로젝트 관리자 등 다양한 이해관계자들의 지식과 의견을 기반으로 전사적인 기준정보 시스템을 구축하면서 해당 Master Data Management의 중요성을 공유하는 과정이 반드시 필요하다.

3 기준정보와 트랜잭션 정보

기준정보의 대표적인 예는 제품과 고객이다. 제품 정보와 고객 정보는 거의 모든 엔터프라이즈 IT 시스템에서 기준정보의 성격을 가지고 있다고 해도 과언이 아니다. 제품 정보와 고객 정보는 변동성이 그리 높지 않은 정적 데이터에 속하면서 기업 내 다양한 시스템에서 공통적으로 활용된다. 그리고 이 정보가 잘못되었을 때 기업 서비스에 치명적인 영향을 초래하는 중요한 정보라는 사실에서도 기준정보의 특징을 잘 나타내고 있다.

기준정보 데이터와 대비되는 개념으로 트랜잭션 데이터를 들 수 있다. 기준정보가 정적인 데이터인 반면 트랜잭션 데이터는 동적인 데이터로 시간에 따라 계속 변화하고 연속적으로 생성되는 데이터를 의미한다. 예를 들면 제품 생산정보, 제품 판매정보와 같은 것이 그것인데, 이런 정보들은 시간의 경과에 따라 연속적으로 양산되며 발생되는 날짜와 조건에 따라서 그 속성값이 계속 달라진다. 또한 이런 데이터들은 사용되는 빈도가 기준정보에 비해 현저히 적으며 사용될 때 집계 등의 형태로 재가공되는 경우가 많다.

구분	기준정보 데이터	트랜잭션 데이터
내용	- 중앙 시스템에 저장 - 전체 시스템에서 참조 - 정적이며 변경이 적음	- 각 개별 시스템에 저장 - 실시간으로 변경되는 데이터
예제	제품목록, 고객마스터, 제품목록, 고객마스터, 코드마스터	판매이력, 재고목록, 입출입기록, 물류추적

MDM에서 관심을 가지는 데이터는 앞서 예로 든 고객 정보나 상품 정보와 같은 기준정보 데이터이다. 고객 정보나 상품 정보 외에 다른 기준정보로는 협력사 정보, 회계 계정, 생산장비 정보 등이 있을 수 있으나 이런 정보들은 기업의 업무에 따라서 매우 가변적일 수 있다. 예를 들어 마케팅 활동을 활발하게 하는 기업이 마케팅 활동의 체계적 수행을 위해(마치 제품 포토폴리오를 관리하듯) 전사 마케팅을 몇 개의 그룹으로 나누고 그룹별 정책을 거버넌스를 통해 관리하며 이에 대한 주기적인 성과관리를 수행하고 있다고 가정해보면, 이 기업에서는 마케팅 기준정보의 관리가 필요하다고 말할 수 있다. 반면에 마케팅이 불규칙적이고 단발적으로 발생하며 이에 대한 조건도 그때그때 시장 상황에 따라 달라지는 기업에서는 마케팅 정보는 단순

트랜잭션 정보일 수 있다.

4 MDM의 유형

MDM에서 하나의 저장소에 기준정보를 관리한다는 것은 반드시 물리적으로 하나의 중앙집중화된 데이터베이스에 기준정보를 모두 모아둔다는 의미는 아니다. 정보 저장의 구조는 기업 상황에 따라 여러 가지 방식으로 구현될 수 있다. 가트너에서는 이런 구조를 크게 네 가지 유형으로 구분하고 있는데, Consolidation Style, Registry Style, Coexistence Style, Centralized Style이 그것이며, 업계에서 비교적 널리 통용된다.

먼저 Consolidation Style은 전통적인 DW의 방식과 유사한 방식으로 서브시스템의 기준정보를 추출·정제·변환하여 통합 허브 저장소에 저장하는 것이다. 허브에 수집된 데이터를 바탕으로 통합 데이터 처리는 가능할 것이

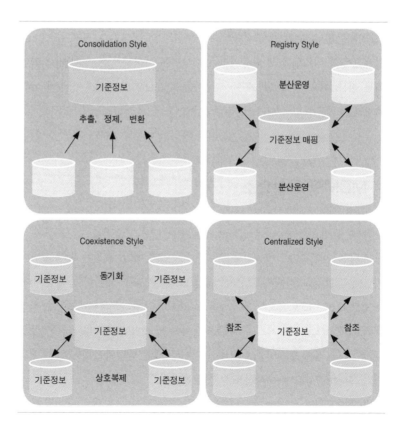

다. 하지만 비동기 방식이고 실시간 처리되지 않으므로 정보의 일관성을 보장하기에는 다소 부족하다.

Registry Style은 중앙 데이터 허브에 상호 참조용 ID값만을 저장하고 기준정보의 운영은 분산 처리하는 방식이다. 논리적인 데이터 통합이라고 할 수 있으며 물리적인 통합 없이도 최신 정보로 일관성 있는 접근을 구현할 수 있다. 트랜잭션이 분산되기 때문에 중앙 데이터 허브 저장소에 부하가 집중되는 것을 막을 수 있으며 통합을 위한 비용이 최소화된다는 장점이 있다.

Coexistence Style은 Registry Style과 마찬가지로 분산 운영되지만 실제 정보가 복제된다는 점에서 차이가 있다. 각 서브시스템은 로컬의 기준정보를 참고하게 되므로 성능의 향상을 도모할 수 있지만 정보 동기화를 위한 별도 프로세스를 운영해야 하는 부담이 있다.

Centralized Style은 데이터 저장뿐 아니라 트랜잭션 처리까지 모두 중앙 집중 데이터 허브로 통합하는 방식이다. 데이터 중복이 없기 때문에 정합성 문제를 원천 차단하는 가장 강력한 방식이라 할 수 있지만 중앙 데이터 허브에 대한 병목현상과 SPOF_{Single Point of Failure} 문제가 발생할 수 있다.

이와 같이 MDM의 각 구성방식은 모두 장점과 단점을 가지고 있으며 기업의 환경과 시스템의 특징에 따라 요구사항이 상이하므로, 실제 대형 기업에서 전사 MDM을 구축하게 될 경우에는 각 서브시스템별로 상이한 아키텍처를 적용한 복합 형태가 될 가능성이 높다.

SPOF(Single Point of Failure, 단일고장점)
시스템 구성요소 중 한 요소에서 장애가 발생할 경우 전체 시스템이 중단되는 경우를 말한다. 일반적으로 SPOF의 위험은 복제와 병행운영 등의 방법으로 헤지(hedge)된다.

5 MDM의 구성요소

MDM의 구성요소 중 Master Data Stewardship은 기준정보를 관리하기 위한 사용자 인터페이스, 권한 및 프로세스 관리와 제어, 충돌이 발생하는 데이터에 대한 모니터링과 오류제거활동 등의 기능을 제공하는 부분이다. Master Data Stewardship에서는 무엇보다 기업에 강력한 기준정보 관리 정책을 기반으로 프로세스와 역할을 통제하는 것이 중요하다. 기준정보의 거버넌스는 정보 도메인별로 오너십 부서와 책임 담당자를 할당하고 정기적인 모니터링과 보고를 수행하도록 해야 한다.

비즈니스 서비스 Provisioning Layer는 기준정보가 실제로 활용되는 레

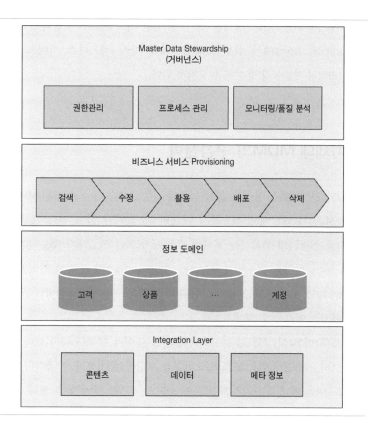

이어이다. 기준정보의 활용은 외부 엔터프라이즈 시스템과의 상호작용을 통해 처리되며, 서비스 방식은 기업의 환경과 아키텍처 구성에 따라서 달라진다. Provisioning Layer의 기술적 구조는 Integration Layer의 구조와 밀접하게 연관되어 있다.

정보 도메인은 실제 정보가 저장되는 부분이며, 도메인 주제별로 기준정보를 관리하기 위한 정보관리 구조와 코드체계 등이 필요하다. 고객과 상품은 대부분의 기업에서 기준정보로 사용되므로 솔루션에서는 데이터 구조와 코드체계, 관리방식 등 기본적인 데이터 운영체계가 사전 제작Ready Made된 형태로 제공되며, 데이터 관리체계는 벤더에 따라서 강점을 가지는 도메인 영역이 있다. 물론 고객과 상품뿐 아니라 그 외의 도메인에 대해서도 기초적인 체계를 제공할 것이며, 기업별로 추가 및 수정 적용이 가능하도록 사용자 정의 기능들을 제공한다.

Integration Layer는 서브시스템 간 정보의 통합방식을 정의하게 된다. 앞서 언급된 MDM 아키텍처 유형에 따라 상이한 설정을 보이게 되며, 대부분의 솔루션들은 이들 방식을 모두 지원할 수 있도록 구현되어 있다. Integration Layer에서 설정된 통합방식에 따라 비즈니스 서비스 Provisioning의 기능동작 방식이 결정되게 된다.

6 차세대 MDM의 구성전략

MDM과 차세대라는 용어는 함께 언급될 가능성이 높다. 왜냐하면 MDM의 적용 시 전사 레벨에서 적용하지 않으면 큰 효과가 없고 전사 레벨에서 MDM을 적용하기 위해서는 차세대 수준의 변혁이 필요하기 때문이다. 물론 Registry 방식을 응용하여 기존 시스템 Legacy System의 큰 변화 없이 MDM을 적용하는 것이 불가능한 것은 아니지만, 더욱 근본적인 MDM의 효과를 기대하기는 어려울 수 있다.

차세대 MDM의 구축 시 가장 우선순위를 높여야 할 것은 무엇보다도 기준정보의 거버넌스이다. 프로젝트 비용을 투입하여 MDM을 구축한다고 하더라도 이를 제대로 관리하지 않으면 소기의 효과를 달성할 수 없다. 이에 기준정보를 관리할 수 있는 거버넌스 체계의 구성을 우선 고려하고, 이를 달성하기 위해 MDM을 구축하는 것이 매우 중요하다. 그리고 기준정보의 거버넌스를 구축할 때에는 예외 없는 원칙을 적용해야 그 정합성을 보장할 수 있고 MDM의 가치를 실현할 수 있다.

차세대 MDM의 거버넌스 체계에서 가장 중요한 것은 역할과 책임 Role and Responsibility일 것이다. 역할과 책임은 부서 레벨과 실제 책임자 레벨까지 적용되어야 한다. 역할과 책임이 정해지고 나면 이를 운영하기 위한 프로세스를 정의하고 이 프로세스까지 시스템화할 수 있도록 한다. 시스템화된 프로세스는 우회경로를 차단하여 기준정보의 신뢰도를 향상시키는 데 크게 기여할 것이다. 해당 프로세스의 구축 시에는 오류 데이터를 체크하고 이에 대한 책임을 물을 수 있는 체계까지 준비되어야 할 것이다. 아울러 기준정보의 표준체계를 잡는 것 또한 매우 중요하다. 내부 표준의 수립 시 국제표준과 같은 외부 표준과 연계된다면 더 효율적일 것이다. 또한 속성을 분류하고 코드체계를 잡는 등의 활동은 이후 기준정보를 활용할 때 프로세스 복잡도를 좌우하게 된다.

7 클라우드 환경에서의 MDM 전략

과거 Server - Client 아키텍처가 당연시되던 시대와 달리 현재는 SaaS, PaaS, IaaS 등의 클라우드 환경의 시스템과 애플리케이션 구축 및 활용이 현저하게 증가하였다. 이러한 클라우드 환경에서는 전통적인 기준정보 관리와는 상이한 전략이 요구되는데, 이는 클라우드 환경에서 기준정보를 참조하는 애플리케이션 시스템들의 물리적인 위치가 투명하게 관리된다는 특징 때문이다. 시스템이 Scale-Out, Scale-Up 방면으로 실시간 변동하며 업무시스템은 어느 위치에서나 접근 또는 해제가 주기적으로 발생한다는 특징으로 인해 기준정보 시스템MDM에서 바라보는 Agent에 대한 접근 투명성을 제공해야 한다. 또한 MDM Agent의 상태를 주기적으로 확인하고 기준정보가 중앙집중이 아닌 분산형인 경우에는 Agent에 대한 배포에 유의해야 한다.

참고자료
엔코아. 「EIM을 위한 통합 환경의 구현」. ≪엔코아 리포트≫.
Gartner MDM report.
IBM(www.ibm.com).

기출문제
90회 응용 기업이 보유하는 데이터 유형을 설명하고, 마스터 데이터(Master Data) 관리의 중요성 및 업무 프로세스 능력 향상을 위한 최상의 마스터 데이터 정보관리 체계를 설명하시오. (25점)
83회 응용 MDM(Master Data Management) (10점)

F-9

CEP

휴대폰으로 실시간 위치추적을 하고 특정 장소에 이르렀을 때 경고를 내보내는 시스템을 생각해보자. 시시각각으로 변화하는 위치정보가 쉴 새 없이 쏟아지는 상황에서 이 정보를 어떻게 필터링하고 처리할 수 있을까?

1 CEP Complex Event Processing 의 개념

다양하고 복잡한 이벤트 소스에서 발생한 정보로부터 의미 있는 데이터를 실시간으로 추출하여 대응되는 액션을 수행하는 시스템을 CEP Complex Event Processing라고 한다. CEP의 정의에서 이를 구별하는 키워드는 복잡한 이벤트와 실시간이다. 예를 들어 센서망의 데이터와 같이 대량으로 발생하는 이벤트를 처리할 때 발생하는 문제들을 해결하기 위한 솔루션이며, 입력되는 이벤트가 대량의 연속적인 데이터이기 때문에 실시간 처리를 통해 유의미한 데이터만 추출하는 과정이 매우 중요하다.

CEP는 이벤트를 기반으로 처리되는 시스템으로서 쿼리를 기반으로 처리되는 기존 시스템과 비교될 수 있다. 쿼리 기반 시스템은 초당 수백 개의 이벤트가 발생하는 반면 이벤트 기반 시스템에서는 초당 수만 개의 이벤트가 발생하여 기존 방식으로 처리하기에는 한계가 있다. 이런 대량의 이벤트를 처리할 때 이를 실시간으로 처리하지 않으면 이후에는 그 용량을 감당할 수 없게 된다. CEP는 이런 입력 이벤트를 발생 시점에 즉시 처리하여 실시간 구현하는데, CEP의 실시간 구현은 이런 기술적 효과뿐 아니라 업무적으로도 더 빠른 판단을 내릴 수 있도록 지원함으로써 비즈니스적으로도 높은 가치를 가진다.

구분	쿼리 기반 애플리케이션	이벤트 기반 애플리케이션
개념		
사용자 인터페이스	컴퓨터에 질의	대시보드를 통해 사용자에게 알림
지연성	초, 시간, 일, 주, 월	1,000분의 1초 이하
분석	쿼리 실행, 리포트 실행	결과에 대한 자동 모니터 또는 자동적 반응
이벤트 양	초당 수백의 이벤트	초당 수만의 이벤트
Integration	중앙집중	연합
쿼리 패턴	Ad-hoc	시간 주기 지향 스탠딩 쿼리

2 CEP의 구성 및 CQL Continuous Query Language

2.1 CEP의 구성

전형적인 CEP 시스템은 Adapter, Channel, Processor로 구성되며 특징은 다음과 같다.

컴포넌트	특징
Adapter	- CEP 외부에서 발생하는 다양한 데이터를 수집하거나 CEP상의 데이터를 외부의 시스템과 연결하는 역할 수행 - JMS, HTTP Pub-sub과 같은 표준 Adapter가 제공되며 POJO 기반의 Costomer Adapter를 제작하여 손쉽게 EPN상에서 사용
Channel	CEP상의 이벤트 흐름을 연결하는 통로로서 이벤트를 보내는 컴포넌트와 수신하는 컴포넌트를 연결
Processor	- Channel을 통해 전달된 이벤트를 정해진 룰에 따라 처리하는 역할 - CQL(ContinuousQueryLanguage)이 룰을 정의하는 데 사용

2.2 CQL Continuous Query Language

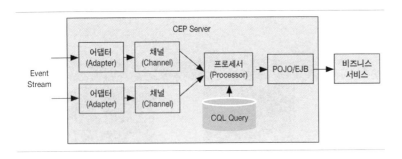

CEP에서 가장 중요한 기술적 개념은 이벤트들을 스트림으로 처리하는 기술이다. 쿼리 기반 시스템은 DBMS를 사용하여 정적으로 저장된 데이터를 질의를 통해 활용하지만, 이벤트 기반 시스템은 사전 등록된 쿼리를 입력 정보에 반복적으로 적용하여 정보를 필터링한다. 이런 의미에서 사전 등록된 쿼리를 연속 쿼리Continuous Query라고 하고 이에 대응되는 데이터베이스를 DSMSData Streaming Management System 또는 스트리밍 DBMSStreaming DBMS라고 부른다.

	One Time Queries	Continuous Queries
Persistent	전체 데이터 요소가 저장됨	쿼리가 사전에 등록됨
Execute	저장된 데이터에 대해 단 한 번 실행됨	수행 시간 동안 반복해서 실행됨
System	DBMS	DSMS

CQLContinuous Query Language은 이런 연속 쿼리를 수행할 수 있도록 하는 대용량 스트리밍 프로세싱 언어이다. CQL에는 SQL에서 스트림 질의 기능, 지속적으로 입력되는 데이터에 대한 시간 기반, 입력 열 수 등의 윈도 단위 처리, 스트림의 패턴을 분석하는 패턴 관련 구문이 추가되었다.

CQL의 형식은 SQL과 유사한데 다음의 사례와 같이 From 절 이후에 DBMS가 아닌 스트림이 사용되고 있으며 [now]와 같은 시간 구문이 사용되는 등 일부 기능이 확장된 것을 확인할 수 있다.

SELECT orderID, orderAmount FROM InputChannel [now] WHERE name = '홍길동'

3 CEP의 활용분야 및 실시간 분석 동향

MOM(Message Oriented Middleware)

분산 시스템 간 메시지를 주고받는 기능을 지원하는 소프트웨어나 하드웨어 인프라. C/S 구조의 비동기 호출 사이에 위치함.

CEP의 활용은 다양한 이벤트가 발생하는 시스템 환경에서 큰 효과를 기대할 수 있다. CEP의 입력 대상이 되는 스트리밍 정보에는 EAI, MOM Message Oriented Middleware, SOA, RFID, GPS 등 시스템을 통해 실시간으로 인터페이스되는 정보들뿐만 아니라 BRE, BAM 등 활용에 따라 발생되는 비즈니스 정보들도 포함될 수 있다.

CEP를 활용할 수 있는 업무환경의 사례로는 마찬가지로 대량의 지속적인 스트리밍 데이터가 연속적으로 발생하는 경우를 들 수 있다.

활용분야	예
센싱데이타의 실시간처리	제조공정 중에 발생하는 다양한 센싱데이터의 실시간 모니터링 건물 내 설치된 센서들에서 발생하는 정보로 효율적 에너지관리
로그분석	시스템상에서 발생하는 다양하고 방대한 양의 로그를 실시간 분석
물류시스템	RFID와 GPS의 정보에 기반한 실시간 물류 체계 감시 및 관리
보안업무	센싱데이터 및 ID 사용이력 등을 실시간 모니터링
SNS활용	다양한 SNS상에 발생되는 방대한 정보를 실시간 모니터링
스마트폰	위치정보를 활용한 마케팅 및 다양한 프로모션 활동
금융분야	급격하게 변하는 금융정보를 실시간으로 처리하여 프로그램적으로 매매하는 솔루션

또한 기존 하둡 맵리듀스 등 배치 기반 처리방식의 시스템은 실시간 조회/처리에 적합하지 않은 모델이다. 이러한 단점을 극복하기 위해 다음과 같은 기술들이 연구되고 있다.

- 실시간 분산 쿼리: 클러스터를 구성하는 노드별 분산 병렬 처리하여 응답시간 최소화, Cloudera의 Impala, Facebook의 Presto 등이 해당 기술을 사용한다.
- 데이터 스트림 처리: 끊임없이 들어오는 데이터를 입력 시점에서 분석해 원하는 결과를 뷰로 생성하는 방식으로 CEP라고도 부르며, Twitter의

Storm과 Apache의 Spark가 해당 기술을 사용한다.

참고자료

삼성SDS 기술사회. 2014. 『핵심 정보통신기술 총서』(전면2개정판). 한울.
정보통신기술진흥센터. 『2017년도 글로벌 상용SW 백서』.

기출문제

102회 응용 CEP(Complex Event Processing) (10점)

F-10

MES

MES는 제품 주문에서 출고 단계까지의 생산최적화를 위한 시스템으로서, 제조자원계획(MRP II: Manufacturing Resource Planning)이나 전사적 자원관리시스템(ERP: Enterprise Resource Planning)과 달리 생산계획을 제조현장에 지시하고 자재투입 상황을 통제하여 실적을 집계하며, 설비 및 품질 현황정보를 수집하여 적절한 조치를 취하는 등의 통합현장관리 기능을 수행할 수 있다.

1 MES Manufacturing Execution Systems 의 개념

MES(제조 실행 시스템)의 정의는 그 하위 개념의 영역이 너무 광범위하거나, 반대로 어느 특정 분야에 국한되어 이루어지는 경우가 많아 개별적인 경우들을 모두 담을 수 있는 적절한 정의를 찾기가 어렵다. 근래에 시도된 MES의 정의를 살펴보면 1990년대 초에 AMR Advanced Manufacturing Research 에서 "MES는 프로세스 그 자체의 직접적인 산업 통제 및 사무실의 기획 시스템들을 연계하는 공장 Floor에 위치한 정보시스템"으로 정의했으며, MESA Manufacturing Enterprise Solution Association 에서는 "MES는 주문부터 최종 재화에 이르기까지 생산활동을 최적화할 수 있는 정보를 전달하는 시스템"으로 정의했다. 또한 APICS The Association for Operations Management 에서는 "MES는 제조장비의 직접적 통제 및 관리적 통제를 위해, 제품 생명주기와 프로세스 통제 컴퓨터를 포함하여, Shop Floor 관리에 관련된 프로그램 및 시스템"으로 정의했다. 그리고 Gartner's IT Glossary에서 내린 정의에 따르면 MES란 "업무 오더를 실행하기 위해 온라인 도구를 제공하는, 제조환경에서 생산방법 및 절차를 갖춘 전산시스템"이다.

이와 같은 기관들의 정의를 토대로 MES의 정의를 다음과 같이 내릴 수 있다. 'MES는 계획되거나 주문받은 제품을 최종제품이 될 때까지 생산활동을 최적으로 수행하도록 정보를 제공하며, 정확한 실시간 데이터로 공장활동을 지시하고 룰을 제시할 뿐만 아니라, 실시간으로 활동 결과를 보고하여 의사결정에 도움을 주는 시스템을 말한다.'

2 MES의 모델 및 주요 기능

2.1 MES의 모델

MES를 설명하기 위해 제조현장과 전사 시스템을 연결하는 통합모델을 다양한 기관에서 제시하고 있다. 각각의 기관에서 제시한 모델을 분석하여 특징만 소개하면, NIST National Institute of Standards and Technology 에서 제시한 모델은 각 영역별 단위기능 위주로 구성되었으나 SFC Shop Floor Control (공장현장관리) 부분이 자세하게 정의되어 있지 않았으며, ARC Advisory Group에서 제시한 모델은 MES와 다른 정보시스템의 통합을 통한 Collaboration으로 제조관리를 정리한 모델인데 아직은 개념적 모델에 불과하다. ISA의 모델은 정보영역별 데이터 흐름 위주의 수평 구조와 정보의 레벨별 수직 구조를 정의하고 있으며, MESA Manufacturing Enterprise Solution Association 에서 제시한 모델은 MES의 주요 기능이 잘 정리되어 있고 상업적으로도 널리 사용되는 모델이다.

MES의 여러 모델 중 MESA와 ISA에서 제시하는 통합모델 Enterprise Control Integration Model 인 ANSI/ISA-95(2000) 모델이 가장 널리 인용되고 있으며, ISA-95 모델은 2002년에 IEC/ISO 62264로 국제표준이 되었다. ISA-95 통합모델은 비즈니스, 제조운영관리, 생산제어 등을 수직 계층적 Control Hierarchy 으로 구분하여 레벨 0에서 레벨 4까지 다루고 있다. 레벨 0의 실제 프로세스 계층에서부터 레벨 4의 전사 Enterprise 계층까지 단계적으로 정의했으며, 레벨 0은 설비와 장비의 운영으로 공정이 진행되는 최하위 계층으로 정의하고, 레벨 1은 센서나 기기가 구동하여 공정을 직접적으로 감지하거나 조정하는 계층으로, 레벨 2는 레벨 1에서 정의한 구동제어를 감독하고 관리하는

Supervisory Control 계층으로 정의했다. 레벨 3은 생산에 관련된 운전관리나 작업계획과 분배 및 자세한 제품정보를 제공하며 분 또는 시간 단위의 스케줄을 관리하는 계층으로, 레벨 4는 주간·월간 생산계획과 같이 공장별 생산계획이나 영업목표를 관리하는 계층으로 정의했다.

레벨 1, 2에 해당하는 PLC, DCS 등 공정 라인과 설비 제어 부분을 생산 제어로 통칭하고, 레벨 3에 해당하는 생산관리 계층을 제조운영관리MOM: Manufacturing Operations Management로 정의하고 있으며, 레벨 1에서 레벨 3까지를 광의의 MES 영역으로, 또는 레벨 3만을 협의의 MES로 설명하고 있다. 또한 제조환경을 객체모델Object Model과 활동모델Activity Model로 구성하고, 각 계층의 인터페이스를 표준화했다.

ANSI/ISA-95 Part 소개

레벨	US Standard	Part Number and Title	Status
레벨 4와 레벨 3 간 Integration	ANSI/ISA 95.00.01	Enterprise – Control System Integration Part 1: Models and Terminology	
	ANSI/ISA 95.00.02	Enterprise – Control System Integration Part 2: Object Attributes	
	ISA 95.00.05	Part 5: Business to Manufacturing Transaction	Draft
레벨 3	ANSI/ISA 95.00.03	Part 3: Activity Models of MOM	
	ISA 95.00.04	Part 4: Object Models & Attributes of MOM	Draft
	ISA 95.00.06	Part 6: MOM Transactions	Proposed

자료: ISA(www.isa.org), ISA-95.com(www.ISA-95.com).

ISA-95 모델에서는 설비의 운영이나 센서의 구동 등 공정 라인 제어에 관련된 레벨 0, 1, 2 부분보다는 협의의 MES 모델에 중점을 두어 레벨 3과 레벨 4의 관계를 주로 다루고 있으며, 레벨 0, 1, 2의 경우 ISA-88에서 Batch Process 산업에 대해 표준화시켰다.

2.2 MES의 주요 기능

MESA의 MES 11가지 기능 구조도를 더 쉽게 이해하기 위해 ISA-95의 수직 계층 구조에 맞추어 레벨별로 구분하여 작성하면 다음과 같다.

세부 내용을 살펴보면 공정진행 정보 모니터링 및 Control, 설비제어 및 모니터링, 품질정보 Tracking 및 Control, 실적정보 집계, 자재투입 관리,

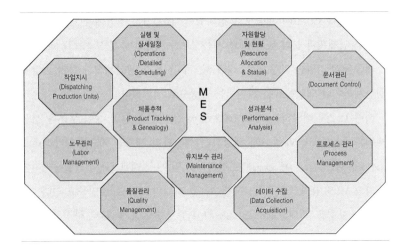

노무관리 등 제조현장에서 발생할 수 있는 모든 정보를 통합 관리하는 것으로 되어 있다. MES는 동적인 실행 위주의 시스템으로서, 정확한 현장정보를 활용하여 제조현장에서 발생하는 다양한 이벤트에 대해 지시하고 통제하는 기능을 수행한다.

또한 MES는 생산지시 시점에서 완제품이 생산·입고되는 시점까지의 생산활동을 관리하며, 기업 및 공급망 전반의 영역과 양방향 정보교환을 통해 생산활동에 대한 중요 정보를 제공하는 기능을 수행한다. 이를 통해 제품의 품질 향상 및 생산성 향상에 직접적인 영향을 미치는 핵심 시스템으로 자리 잡아가고 있다.

3 MES의 구축방안

지금까지 구축된 다양한 MES 구축방법을 분류해볼 때, 크게 나누어 전문 벤더에서 패키지로 제작되어 판매되는 솔루션을 도입하는 방법과 자체 개발을 통한 개발방법이 존재한다. 각각의 구축방안에 대한 장단점을 알아보자.

3.1 솔루션 도입을 통한 MES 구축

ERP와 달리 MES 시스템은 기업의 생산설비 시스템과 직접적으로 연관되어 있는 매우 복잡한 애플리케이션이다. 생산설비 시스템을 구성하고 운영하는 부분은 기업 고유의 노하우가 반영되어 있는 특화된 형태를 지니므로, 이를 지원하는 MES 시스템 또한 운영자의 까다로운 요구사항을 잘 반영할 수 있어야 한다. 그러나 현실에서는 업종별·기술구조별로 다양한 MES 솔루션이 혼재해 있으며 이를 도입하려는 기업은 자신의 기업환경에 맞는 솔루션 선택에 많은 어려움을 겪게 된다. MES를 도입하는 대부분의 기업은 MES 솔루션 선택에 대한 경험이 없으며, 도입 시 고려해야 할 사전 점검활동에 대한 지식도 부족하다. MES 프로젝트를 수행Implement하는 기업(SI 업체) 또한 고객사의 레거시 MES 애플리케이션에 대한 자세한 현황을 모르기

MES 솔루션 선택 시 고려사항

구분	고려사항	설명
구현 전략	개발 지원 체계	기업 규모에 맞는 개발 지원 체계 제공
	MES 구축 경험	동종 또는 유사 업종에 대한 구축 경험
	개발방법론	체계화되고 입증된 개발방법론 보유
	예상 추가 개발 인원	추가 개발분에 대한 소요 인력
	License 비용	도입 License 비용
	Globalization 지원	다국어 및 Multi Site에 대한 통합 개발 및 적용 체계 제공
기능	제공 MES 모듈	패키지로 이미 구현되어 제공되는 모듈의 범위 및 완성도
	Batch Job 처리	Batch Job 구성 및 처리 능력
	Workflow 지원	Workflow 기능 지원 범위 및 개발 편의성
	Fail-Over 지원	Fail-Over 기능 제공 및 성능
	확장성	공장의 증설이나 추가 모듈 도입에 대한 시스템의 적응성 (Adaptability)
	안정성	구현 기능의 안정적 서비스 및 오류나 이상 상황에 대한 대처 능력
인터페이스	ERP I/F 지원	ERP 패키지와의 I/F 편의성
	설비 I/F 지원	안정적이고 유연한 설비 I/F 기능 지원
	레거시 애플리케이션 I/F 지원	통합 레거시 애플리케이션 I/F 기능 지원
성능	초당 Transaction 처리량	운영 시 MES 애플리케이션에 가해질 부하에 대한 Transaction 처리량
	평균 Response Time	요청(Request)의 평균 응답시간
	CPU/Memory 차지 비율	운영 시 소요되는 CPU/Memory 점유율
	I/O Traffic 양	운영 시 소요되는 I/O Traffic 처리량
유지보수	추가 개발 및 Upgrade 용이성	추가 개발 및 Upgrade에 대한 기술적 편의성 제공 수준
	Maintenance 비용	연간 Maintenance 소요 비용
	평균 유지보수 인원	안정적인 운영이 보장되는 연간 유지보수 소요 인원

때문에 수행하려는 프로젝트의 특성에 맞는 솔루션 선택에 어려움을 겪는다. 적절하지 못한 솔루션의 선택은 예상치 못했던 기술적 어려움 및 추가 개발비용과 기간을 필요로 하게 되며, 이는 솔루션 도입 기업이나 프로젝트 수행 업체 모두에게 큰 부담으로 작용한다.

솔루션 선택의 위험을 최소화하기 위해서는 구현 일정에 얽매여 성급하게 프로젝트를 추진할 것이 아니라 도입 솔루션에 대한 충분한 사전 점검활동을 필요로 한다. 즉 MES를 도입하는 기업은 레거시 애플리케이션의 현황 (Application Architecture, I/F 형태, 설비 Spec. 등)에 대한 심도 있는 분석과 신규 요구사항에 대한 명세화 작업이 필요하며, 이를 위해서는 담당 현업의 적극적인 협조가 필수적이다. 성공적인 MES 프로젝트 뒤에는 항상 담당 현업의 적극적인 참여가 있었다. MES 수행Implement 업체는 프로젝트의 여건 (기간, 비용, 인원 등)과 수행 경험 및 고객의 요구사항을 잘 매핑하여 최적의 MES 솔루션이 도출될 수 있도록 지원해야 한다.

3.2 자체 개발을 통한 MES 구축

구축하려는 MES가 패키지 MES 솔루션에서 제공하는 기능과 많은 차이(기능 매핑률이 낮음)가 있거나, 기술적 구조나 요구사항을 분석해봤을 때 직접 개발하는 것이 유리할 경우 자체 개발 프로젝트 형식으로 MES를 구축할 수 있다. 이 경우에도 개발 생산성이나 시스템 안전성, 확장성 및 유지보수성은 핵심 고려사항이다. 안정성이나 개발 생산성 측면을 고려했을 때, 기술적 난이도가 높고 각 부분별 전문 솔루션이 존재하는 경우(예: 설비관리, LIMS, EAI)는 해당 솔루션들을 선별 도입하고, 그 외의 기술적 난이도가 비교적 낮으며 업무에 특화된 부분이나 각 시스템 간의 연계 부분은 직접 개발하는 형태가 좋다. 이를 통해 구현에 대한 기술적 위험을 낮추는 동시에 자체 개발 고유의 장점을 살리는 것이 더욱 효율적이다. 아무리 자체 개발 MES 프로젝트라 할지라도 전체 시스템 모두를 직접 개발하는 경우는 매우 드물다. 전체 개발 기간이나 비용 및 품질 측면에서 감당해야 할 부담이 너무 크기 때문이다. 유지보수성이나 확장성 측면을 고려했을 때는 SOA Service Oriented Architecture 를 기반으로 MES를 구축하는 것이 효과적이다. 즉 MES를 구성하는 각 기능Function들은 해당 기능을 서비스 형태로 제공하고, 상호 간의 연관 관계는 느슨한 연결구조Loosely Coupled를 가지게 하여 애플리케이션의 변경이나 확장에 유연하게 대응할 수 있게 한다. SOA 기반의 MES는 각각의 애플리케이션 기능들이 상호 간의 독립성을 유지하면서 전체적인 통합성을 이루게 한다. 통합을 위해 각 애플리케이션들을 무리하게 변경하지 않기 때문에 그만큼 유지보수의 어려움이 줄어들고, 필요 시 모듈의 추가나 확장 및 다른 제품으로 교체한다 할지라도 기존의 방식에 비해서 훨씬 용이하게 작업을 수행할 수 있다. SOA를 기반으로 한 시스템 구축은 현재 패키지 솔루션이나 자체 개발에 상관없이 가장 많이 사용되는 아키텍처이다. SOA는 여러 시스템에서 애플리케이션의 기능을 재사용할 수 있도록 해줌으로써 애플리케이션의 개발과 통합 작업을 간소화시켜준다. 또한 기존 컴포넌트 기반의 아키텍처와 달리 표준 기반의 웹 서비스에 의존하기 때문에 기반기술로 그 어떤 것도 필요하지 않다는 장점이 있다. 이상의 고려사항들을 종합해보면 자체 개발을 통한 MES를 구축 시 전체 기본 아키텍처는 SOA를 기반으로 하고, 각 부분별 모듈 구현에서는 검증된 전문 솔루션을 도입하는 것이 유리하면 도입을 적극 고려하고, 그렇지 않은 부분의 경우 직접 개발을 통해 전체 시스템을 통합하는 것이 더욱 합리적이다.

3.3 MES 구축방안 비교

목표로 하는 MES의 필요 기능과 MES 솔루션에서 제공하는 기능들이 많은 부분에서 적용 가능하다면 자체 개발보다 MES 솔루션 도입을 통한 구축이 더욱 용이하다. 그러나 솔루션 적용 시에 발생할 수 있는 위험요소도 적지 않다. 각 위험요소별로 살펴보면 다음과 같다.

- 비즈니스 위험: 솔루션 업체의 도산, M&A 및 기술적 혹은 비즈니스적인 서비스 지연 및 중단
- 구매 위험: 요구사항 이상의 혹은 부족한 범위의 솔루션 구매
- 프로젝트 위험: 예상 범위를 벗어나 과도하게 발생하는 솔루션의 커스터마이징과 시스템과의 통합작업에 의한 비용 및 구축기간의 증가
- 유지보수 위험: 예상 외로 빈번하게 발생하는 필수적인 업그레이드/교체, 과도한 커스터마이징이나 패키지 수정Modification으로 인한 업그레이드/패치의 기술적 어려움 증가

구분	자체 개발	솔루션 적용
통합성	- 이기종 시스템 및 장비 간 통신 솔루션 개발 필요 - ERP와의 인터페이스 개발 필요	- 다양한 사용자 인터페이스 지원 가능 - ERP를 포함한 다양한 외부 시스템의 인터페이스 지원
유연성	하드웨어 변경, 추가 프로세스 적용 시 심도 있는 영향도 분석 필요	다양한 제조공정 프로세스를 Configurable하게 적용 가능
확장성	새로운 IT 기술이나 MES 프로세스 적용 시 In-House 개발 코드 수정작업 필요	새로운 IT 기술이나 MES 프로세스 적용 시 패키지의 Upgrade를 통해 반영
구축 및 유지보수 용이성	- 제품군별·공정별 특성 프로세스 반영에 따른 요구사항 분석/적용을 위한 긴 구축기간 필요 - 신규 제품군, 공정의 추가/삭제의 용이성이 개발 품질에 의존적 - 전문 유지보수 인력 보유 필요	- 패키지화된 솔루션의 커스터마이징을 통한 구축기간의 단축 - 선진공법 참조모델이 함축된 시스템 Flow를 지원 - 비교적 유지보수가 용이

결국 솔루션 기반을 통한 MES 구축이든, 자체 개발을 통한 MES 구축이든 정답은 존재하지 않으며, 각 기업체의 비즈니스 특성과 생산시스템의 환경에 따라서 적절한 구축방안 결정과 실행, 그리고 안정적인 유지보수가 중요하다. MES 구축 시 진단과 전략수립 단계에서부터 경험과 수행능력이 있는 파트너와의 협업이 필수적이다.

4 MES의 성공적 도입을 위한 고려사항

MES 구축은 업종과 기업의 특성에 따라 다양한 형태를 지닐 수밖에 없다. 시장을 주도하는 기업이 없는 '무한 경쟁'의 상황이라는 배경적 원인 외에도, 제조현장과 공정의 특성을 따라갈 수밖에 없는 MES의 태생적 원인이 함께 나타난 결과이다. 지극히 당연하고 직관적이지만, MES 프로젝트의 경우 'Case by Case'에 따른 특성이 강하여 'MES'라는 하나의 이름으로 묶을 수 있는 부분은 많지 않을 것이다. 다시 말해서 MES의 구축방법론은 개개의 상황에 맞추어 개별적으로 대처할 여지를 남겨두는 유연성을 갖추어야 한다.

MES 솔루션이 가지고 있는 다양한 제조영역의 범주Coverage를 생각할 때, 각 기업이 가지고 있는 비즈니스 상황에 적합한 솔루션과 기술을 접목하는 것이 손쉬운 노력이라고 판단할 수는 없는 문제라고 여겨진다.

기업은 MES 구축이 갖는 다음과 같은 의미를 염두에 두어야 한다.

- MES 프로젝트는 비즈니스 리엔지니어링의 과정을 선행하여, 최종적으로 IT 시스템으로 완성되는 것이다.
- 제조운영의 새로운 전형Paradigm을 구현하는 과정이다.
- 조직 전반의 다각적인 노력이 요구된다.
- 정보에 대한 투명성과 접근의 용이성이 큰 차이를 만든다.
- 전사적인 지식과 노하우의 결집이 단위 사업장에서의 위험 최소화에 기여한다.

각 기업은 MES 구축에 대해 ISA-95 모델과 같은 개념을 공통으로 이해하도록 하고, 기업의 상황에 맞는 프로젝트가 될 수 있도록 역량의 확보나 전문가의 참여가 뒷받침되도록 추진해야 한다.

 기출문제

90회 조직응용 어떤 회사에서 ERP, SCM, MES 등 솔루션 도입 프로젝트를 계획하고 있을 때, 솔루션 선정을 위한 도입 추진 절차를 설명하시오. (25점)

F-11

PLM

기업은 고객의 니즈(Needs: 요구)를 만족시키는 제품을 시간에 맞추어 시장에 투입해야 수익을 얻을 수 있다. 이를 위해서 제품의 사양 데이터를 설계나 생산 등 모든 업무에 이용함으로써 고객 니즈를 만족시킨 제품을 시기적절하게 시장에 투입할 수 있는데, 이를 관리하고자 하는 것이 PLM이다.

1 PLM Product Lifecycle Management 의 개념 이해와 중요성

PLM(제품 생명주기 관리)은 부문이나 입장에 따라 의미가 달라진다. 경영의 시점인 '기업전략', 설계에서 제조-관리-폐기에 이르기까지의 현장 시점인 '업무', 시스템 부문의 IT로부터 보는 시점인 '시스템' 등 세 가지 시점에서 종합적으로 보는 것이 중요하다. 예전 제조업계에서 전략의 주류는 업무 프로세스의 효율화를 목적으로 하는 프로세스 이노베이션Process Innovation이었다. 그러나 경제성장이 둔화되면서 '돈을 벌 수 있는 제품이나 서비스의 창출'을 위해 제품의 고품질화(Q = Quality), 코스트 경쟁력(C = Cost), 단납기 개발(D = Delivery)을 목적으로 제품의 구조를 관리하는 제품 이노베이션 Product Innovation으로 중점이 이동되었다. 그리하여 제품의 전 생명주기(설계/개발 → 제조 → 유지관리 → 폐기)에 걸친 관리를 목적으로 PLM이 중요하게 부각되었다.

PLM에서 제품 QCD나 구성을 관리하기 위해서는 제품의 마스터 정보인 부품표BOM: Bill Of Material 의 재구축 또는 신규 도입이 필요하다. 부품의 구성이나 부품 자체의 상세한 검토에 의해 제품의 QCD가 만들어진다. 무엇을 만들든지 팔리던 시대에 BOM은 MRP Material Requirement Planning (자재소요량계획)나 구매관리를 목적으로 했었다. 제품을 만들기 위한 부품 수량 등의 조정, 즉 제조 BOM M-BOM 이 주요 BOM이었던 것이다. 그러나 PLM을 목적으로 제품의 사양정보를 관리하려 한다면 과거의 BOM 시스템으로는 정보 부족이 발생하고, 더 나아가 제품의 QCD에 대한 검토/시뮬레이션이 불가능해진다. 그래서 PLM 실현을 목표로 한 새로운 개념의 BOM을 구축할 필요가 대두하게 된 것이다.

BOM과 더불어 중요한 것은 사양 관리라 할 수 있다. 사양 Specification 이라고 하는 것은 고객이 필요한 제품을 만들기 위해 프로젝트를 시행할 때 설계 및 시공에서 사용되는 재료의 종류, 품질, 치수 등을 자세하게 표현하고 제조 시의 사용공법과 완성 후의 요구사항, 일반총칙사항을 표시하는 것을 뜻한다. '사양을 판다'라는 개념을 이해하고 제품을 만드는 데 소요되는 전체 원가와 고객의 VOC Voice Of Customer 를 고려하여 적기에 시장에 출시해야 한다.

이렇게 팔리는 제품을 적절한 시기에 시장에 투입하기 위해서는 설계/개발로부터 제조에 이르기까지의 토털 리드타임 Total Lead Time 을 단축시킬 필요가 있는데, 이를 가능하게 하는 것이 PLM인 것이다.

2 PLM과 SCM, CRM의 차이점

PLM은 제조업의 시스템으로서 어떠한 위치에 있는 것일까? PLM을 중심으로 SCM, CRM, PDM의 관계를 생각해볼 필요가 있다.

SCM의 목표는 '제품을 확실하게 전달하는 것'이라고 할 수 있다. 즉 빠르지도 않고 늦지도 않게 고객이 원하는 때에 적절하게 물건을 납입시키는 것이다. 수급의 조정과 효율화가 주된 목적이며 저비용 운용이 목적이다. 한편 CRM의 목표는 '반복 발주를 받는 것'이라고 할 수 있다. 즉 반복률 Repeat Rate 을 높이는 것을 목표로 고객과 시장 변화를 관리하는 것이 목적이다. 시장의 분위기를 제품화하여 잘 팔리는 제품을 만들어 적시에 확실하게 전달하고, 더 나아가서는 반복 발주를 받아 다시 시장의 분위기를 제품으로 실현한다. 이것을 반복하여 회전수가 높아지면 현금흐름이 증대된다. 이 사이클 중에서 중요한 '시장의 분위기를 상품으로'라는 것은 어떠한 시스템일까? PLM이 대두되기 전까지는 PDM Product Data Management 이라고 하는 시스템이 그 역할을 담당할 것으로 생각했다. 그러나 실제로는 기존의 PDM만으로는 불충분하다. 기존의 PDM은 성과물을 관리하는 것으로서 설계개발자를 위한 지원 툴에 불과할 뿐 제품의 전 생명주기를 관리하는 영역에까지는 미치지 못하고 있다. 팔리는 제품사양을 관리하기 위해서는 고객의 요구사양, 원가, 납기가 일체화된 정보의 관리가 필요한 것이다. 여기서 성과물 관리와 제품구성 관리에는 커다란 차이가 있다는 것을 인식할 필요가 있다. PDM은 역사적 배경에서 CAD 등 상류에서의 설계나 제품의 엔지니어링 정보를 관리하는 것에 중점을 둔 것으로 설계개발자를 지원하기 위한 툴로서 구축되어왔다. 따라서 제품의 생명주기 전체를 관리할 새로운 개념이 필요해졌고, 그 해결방안으로 PLM이 주목을 받게 된 것이다.

제품 생명주기 전체의 관점에서 PLM과 SCM, CRM의 영역을 비교해보면 다음과 같다.

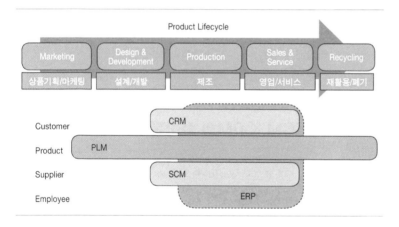

CAD
(Computer Aided Design)
컴퓨터를 이용하여 설계를 하는 것. 건축이나 기계, 전기 등의 분야에서 설계를 할 때 제도 용지와 제도 용구를 이용하여 사람이 직접 손으로 하던 작업을 컴퓨터 프로그램을 이용하여 빠르고 쉽고 정확하게 하는 것을 말한다. 컴퓨터를 이용한 생산(CAM)과 함께 자동화 시스템에 사용되기도 한다.

2.1 SCM Supply Chain Management 과의 관계

전통적으로 제조사는 ERP나 스케줄러 패키지를 중심으로 한 SCM의 도입이 성황을 이루었다. 목적은 조직 간의 데이터를 연대시켜 공급망 Supply Chain 상에서의 정보교환을 원활하게 하는 것이었다. 그러나 SCM은 재고로서의 제품의 부품 수량은 관리할 수 있어도 제품의 스펙 정보, 마스터 정보는 관리할 수 없다. 제품의 생명주기가 짧아지면 제품이 점점 변화하여 제품구성이나 부품이 변화하기 때문에 마스터 정보가 다변하여 SCM상의 정보와 실제 물건이 일치하지 않는 문제가 많이 발생하게 된다.

SCM이 트랜잭션 데이터Transaction Data(처리정보)를 취급하는 시스템이라고 한다면 그 상류의 마스터 정보를 관리하는 PLM을 정비할 필요성이 높아진다. 그 때문에 ERP 구축 이후 2~3년간 급속하게 PLM이 보급되게 되었다는 배경이 있다. 이와 같이 하류 영역Down Stream의 SCM에서 시작된 마스터 정보의 정비가 진행되면서 PLM이 주목받게 되었다.

2.2 CRM Customer Relationship Management 과의 관계

CRM은 고객정보를 관리하는 SFA Sales Force Automation 와 연동되어서 영업의 프로세스를 관리하는 기능을 가지고 있다. 그러나 CRM도 완성품을 어디에 얼마나 팔았는가, 과거에 어느 제품이 고객에게 팔렸는가 등 판매량과 고객 정보와의 연대를 중심으로 하고 있는 것으로, 개별 고객과의 관계에서 어떠한 제품사양(스펙)을 만들면 좋은가라고 하는 제품 그 자체의 정보관리는 되지 않는다. 지금 영업에서 중요한 것은 고객이 어떤 제품사양을 원하고 있는가와 애매하고 잠재적인 고객의 요구사양에 대해서 자사의 기본 사양을 제시하면서 고객 요구를 현실화해가는 것이다. 이 현실화에 실패하면 뒤에 가서 다수의 사양 변경이 발생하고 원가의 증가, 납기 지연이 발생하게 된다. 기본적으로 CRM은 세일즈맨이나 고객의 기본 정보를 취급하는 것으로 제품의 사양 정보를 취급하는 것은 아니다. 따라서 PLM과 CRM을 연대시켜 사양 선택Configuration 에 의해 제품의 스펙을 점차적으로 확정해나감으로써 고객이 원하는 스펙을 만들어내고 관리하는 것이 중요하다.

이와 같이 PLM은 SCM의 트랜잭션 데이터에 대해 마스터 데이터라고 하는 위상을 가지면서 CRM과는 고객 요구를 사양으로 반영시킬 수 있도록 함으로써 전체 제품 생명주기를 관리하는 핵심적인 역할을 하는 것이다.

3 PLM의 구성요소

고객이 제품을 살 때의 제품 스펙은 시간과 함께 동적으로 변화해간다는 점에 주의해야 한다. 한 번 그 제품이 팔렸다고 하더라도 고객의 니즈는 생명주기의 단기화, 또는 제품의 다양화와 함께 변화해간다. 한 번 만들어낸 제품 스펙도 계속해서 변경하고 신제품을 투입하지 않는 한 항상 팔린다고는 확신할 수 없다. 이 스펙을 바르게 관리·활용하는 것이 PLM이라고 해도 과언이 아니다. 따라서 기업에 PLM을 효과적으로 적용하기 위해서는 솔루션 영역 측면에서의 이해가 필요하다.

3.1 사양 확정 지원 Configuration

제품의 사양은 베이스와 옵션의 조합으로 확정한다. 조합의 제약조건을 가미하면서 제품사양을 BOM으로 전개한다. 고객의 니즈에 맞는 제품구성을 빨리 정확하게 제안하고, 수주의 확률을 높인다. 또 부품과 유닛의 변동 Variation 을 억제하고 판매 단계에서 표준화·모듈화를 유지하는 구조를 책임진다.

3.2 견적수주 관리

확정된 제품사양으로부터 견적을 작성하고, 고객별 사양을 관리한다. 단계적으로 확정된 고객사양의 관리나 견적, 수주정보 등의 고객별 정보를 통합 관리한다.

3.3 성과물 관리와 설계이력 관리

과거 개별적으로 보관되어 산재되어 있는 기술문서나 설계 시뮬레이션 정보, 버전 리비전 정보 등 제품 생명주기 전반에 걸친 제품정보를 통합 관리한다. 관련된 제품정보의 검색이 가능하게 되어 설계의 재활용화를 촉진한다. 또한 설계 공수의 삭감이나 신규 설계, 신규 부품의 적용을 억제하고 원가절감과 품질안정을 관리한다.

3.4 부품 공급관리·원가기획 Cost Simulation

설계개발자가 추천 부품의 참조나 구성·부위의 변경 비교, 대체유사품 검색 등을 하면서 부품원가 계산이나 코스트 시뮬레이션을 한다. 구상 단계에서 최적 부품조달을 검토할 수 있어 목표원가의 달성률이 향상됨과 동시에 조직 전반에 걸친 원가관리를 강화한다.

3.5 협업 Collaboration 개발관리

조직의 벽을 넘어 사내 외의 개발 프로젝트에 관계된 리소스와 성과물을 망라한 협업환경을 제공한다. 사내 외의 프로젝트 멤버가 부품·유닛의 사양이나 가격정보를 교환하면서 QCD 향상을 위한 비교검토가 가능하고, 지속적인 원가절감이나 부품 표준화를 촉진시킨다.

3.6 설계변경·사양변경

설계변경·사양변경의 정보와 변경통제(ECR·ECO 관리, 도면변경 등)를 BOM 상에서 관리한다. 변경처리의 통합관리가 가능해질 뿐만 아니라 부정합 발생 시의 영향도 분석이 빠른 시간 내에 가능해져 신속한 대응을 할 수 있다.

3.7 공정설계관리 E-BOM·M-BOM

설계 단위의 제품구성E-BOM 정보를 제조공정 단위의 구성M-BOM으로 변경 전개한다. 제조 준비의 단계에서 BOM을 편집하여 복수 공장에 전개하는 라인에 대해서 BOM의 배급이 가능하다. 제품정보에 대한 설계·제조 간의 네트워크를 통해 신제품의 조기 스타트업, 조기 스위칭이 가능해진다.

3.8 프로젝트 관리

제품의 개발·기획으로부터 설계, 제조, 납품, 보수에 이르는 생명주기 전체에서의 수익과 리소스 상황을 일목요연하게 하여 제품 프로젝트의 진척을

ECR(Engineering Change Request, 기술변경 요청)
개발(또는 기술)적인 변경을 요청하는 문서로 개발 및 연구부서가 아닌 관련부서 대부분 발행한다. 개발부서에 ECR이 접수되면 개발부서 내 변경 관련 사항을 검토하여 변경된 사항을 관련부서에 검토 의뢰를 하게 된다.

ECO(Engineering Change Order, 기술변경 명령)
개발(또는 기술) 등에 관한 변경사항 발생 시 적용되는 변경 관련 명령 문서로서 반드시 기술 관련은 아니어도 유·무형의 제품에 변경사항이 있을 시 관련 부서의 협의 승인 후 발행하는 것이다. 문서 발행 시 문서 내에 변경시점 및 변경사항들이 적혀 있고 관련부서는 ECO 문서의 내용에 따라 업무를 변경해야 한다. ECO의 예는 다음과 같다.
- 품질경영: A/S 고객지원 변경, 협력업체 및 OEM 업체 ECN 발행
- 출하검사(OQC): 제품 검사 기준 변경
- 수입검사(IQC): 부품 검사 기준 변경
- 영업/마케팅: ECO 수신 후 관련 매뉴얼 변경 및 제품 판매 영향
- 구매: ECO 수신 후 부품 및 구매 업체 변경

통합 관리한다. 제품 프로젝트에 관한 원가, 진도, 리소스 배분을 최적화함으로써 조직 전반의 프로젝트 관리를 강화하는 데 일조한다.

3.9 서비스 유지관리

출하 후 제품의 유지관리 대응 및 불량 대응을 포함한 최신의 제품 사용 상황을 관리함과 동시에 보수용 부품·유닛 정보를 관리한다. 유지관리의 향상에 의해 서비스가 강화되고, 불량 정보를 다른 제품에 피드백함으로써 품질의 지속적인 개선을 유도하고 불량 재발 방지에 일조한다.

4 PLM의 성공적 도입을 위한 고려사항

PLM 프로젝트를 시작하여 구축한 새로운 업무의 방법·체계 및 시스템은 사원들의 충분한 이해를 바탕으로 활용될 때 비로소 경영효과를 낸다. 그러나 새로운 업무의 방법·체계 및 시스템을 도입할 때 현장의 사원은 협업과의 갭GAP을 느끼고 강하게 저항한다. 예를 들면 프로젝트를 개시할 때의 목표는 '경영에 활용하기 위한 시스템 구축'이었을 테지만, 시스템화 프로젝트를 담당한 주관 부문(IT 부서)과 사원들 간에 새로운 시스템에 대한 합의가 이루어지지 않았기 때문에 중간에 시스템 구축을 완료하는 것이 목적이 되어버리는 경우도 있다. 이래서는 혁신이 아니라 한정된 부문에서의 개선에 그쳐버리기 쉽다.

PLM 프로젝트를 제한된 예산과 기간 안에 확실하게 진행될 수 있도록 하기 위해서는 프로그램 관리가 중요하다. 혁신을 위한 새로운 비즈니스 모델을 실현하기 위해서는 기존의 규칙을 철저하게 변경해야 하는 경우가 많다. 다른 프로젝트나 부서와의 조정도 빈번하게 발생하기 때문에 경영진을 중심으로 한 프로젝트 조율과 유지관리도 빼놓을 수 없다.

프로젝트 요소요소에서 운영위원회Steering Committee(기업 경영진에 의한 의사결정 회의체)를 개최하여 위험을 확실하게 회피하기 위한 대책을 강구하는 것도 프로그램 관리의 중요한 역할이다.

또 프로젝트 초기 단계에 전체 구상Big Picture을 통해 신시스템의 정착을 목표로 하는 변화관리Change Management를 실시하면 효과적이다. 프로젝트 성공을 방해하는 요소를 조정하는 수법이 변화관리이다. 변화관리를 실시하지 않으면 현장과의 커뮤니케이션이 원활하게 진행되지 않고, 결과적으로 IT 도입을 추진한 스태프에게 불만이 집중되어버린다. 우선은 전체 구상으로 확신하게 시나리오를 작성하고, 혁신의 영향을 받는 조직과 업무를 명확하게 하며 이해관계자의 상관관계를 파악한다. 그리고 프로젝트를 실시함에 따른 투자 대비 효과와 추진계획을 책정하고 관계 부서에게 혁신에 대한 공감대를 형성해야 한다. 이렇게 여러 조직과 이해관계자를 조정하면서 정착시켜갈 필요가 있다.

참고자료
기술사랑연구회. 2007. 『Basic 중학생을 위한 기술·가정 용어사전』. (주)신원문화사.
네이버 지식백과(http://terms.naver.com).
한국표준협회컨설팅. 「실천! PLM 전략」.

기출문제
95회 조직응용 PLM(Product Lifecycle Management) (10점)

Enterprise IT

G

IT 서비스

—

G-1

ITSM/ITIL

———

ITSM(IT Service Management)은 IT 시스템 사용자가 만족할 수 있는 서비스를 제공하고 지속적인 관리를 통해 서비스의 품질을 유지·증진시키기 위한 일련의 활동이며, 주로 ITIL(IT Infrastructure Library)이 기준이 된다.

1 ITSM과 ITIL의 개요

ITSM IT Service Management 은 IT 시스템 사용자가 만족할 수 있는 서비스를 제공하고 지속적인 관리를 통해 서비스의 품질을 유지·증진시키기 위한 일련의 활동이다. 이러한 활동을 위해서는 어떠한 기준이 필요한데, 이 역할을 해주는 대표적인 것이 ITIL이다. ITIL IT Infrastructure Library 은 ITSM을 제공하기 위한 모든 과정 및 프로세스의 모음집이다.

컴퓨터가 만들어지고 정보시스템이 구축되면서 동시에 이를 운영하고 관리하기 위한 프로세스와 기준의 필요성도 생겨났다. 컴퓨터는 단일 메인프레임에서 시작하여 다중 환경, 네트워크, 인터넷 환경으로 발전해갔고, 정보시스템도 특정한 업무에서 조직의 다양한 업무를 처리하는 핵심역량으로 발전했다. 또한 정보시스템의 데이터는 일시적인 처리를 위한 것에서 출발하여 조직의 중요 정보를 저장하고 관리하는 중심 저장소가 되었으며, 현재는 아예 이러한 저장과 관리 기능은 정보를 처리하는 시스템과는 물리적으로 분리되어 유지되고 있다. 사용자 측면에서도 특정한 전문사용자와 관리자만이 접근할 수 있던 컴퓨터는 네트워크화되면서 점차로 다수의 사용자가 접근할 수 있게 되었다. 사용자와 접속경로가 증가하는 와중에 정보시스템이 가진 데이터의 중요성이 커지면서 보안이 중요한 문제로 대두되었다. 또한 정보시스템의 데이터가 손상·훼손될 경우 조직의 업무처리가 불가능해질 정도가 되면서 정보시스템과 데이터를 보호하기 위한 대책과 백업과 복구전략이 필요해졌다.

그리고 정보시스템을 획득하고 운영하고 유지하는 비용관리 역시 문제가 되었다. 컴퓨터 역사 초기에는 컴퓨터도, 정보시스템도 매우 고가였으나 처리하는 업무나 데이터의 중요성 또한 매우 컸으며 조직 전체의 업무 중에서는 비교적 적은 부분만을 담당했다. 현재는 조직의 대부분의 업무가 정보시스템을 통해서 이루어지고 있으므로 정보시스템의 운영과 서비스에 들어가는 비용이 전체 비용에서 무시할 수 없는 수준이 되어가고 있으며, 때로는 정보시스템의 구축의 실패, 운영 비용 대비 효과의 저조 등이 문제가 될 수도 있다. 따라서 정보시스템의 운영 효율을 개선하고 서비스의 품질을 향상시키는 활동과 시스템, 즉 ITSM이 필요하게 되었다.

정보시스템의 발전과 함께 이러한 ITSM도 발전해왔다. 오늘날 조직이 필요한 정보시스템과 이를 구성하는 HW, SW 및 네트워크와 기타 장비들, 조직 및 인력은 매우 복잡한 데다 조직마다 나름의 특징이 있다. 따라서 ITSM은 조직마다 개별적인 시스템과 방법, 프로세스로 발전해왔다. 그러나 이런 방식으로는 관리와 범용성에 한계가 있으므로 표준화의 필요성이 제기되었다.

ITSM을 위한 모델로는 ITIL, eSCM eSourcing Capability Model, CMMI for Services, COBIT, FITS, MOF Microsoft Operation Framework 등이 있으나 가장 널리 쓰이는 것은 ITIL이다.

ITIL은 1989년 당시 영국 정부의 CCTA Central Computer and Telecommunications Agency (2001년에 OGC에 합쳐짐)에서 펴낸 IT Service Management의 Best Practice 모음집이다. 2000년도에 ITIL v2가 나왔는데 IT 서비스 프로세스들을 Service Delivery와 Service Support의 두 가지 카테고리로 묶었다. 2007년도에는 ITIL v3가 나왔다. ITIL v2는 프로세스 중심으로 정보시스템이 실제로는 구축, 운영, 유지보수, 파기의 주기에 따라 계속 변경된다는 점을 충실히 반영하지 못했다. ITIL v3는 서비스 생명주기를 관리할 수 있도록 구성되었다.

2 ITIL v3의 구성

ITIL v2와 v3는 구성이 다른데, v3의 경우는 IT Service 전략Strategy, IT Service 설계Design, IT Service 전환Transition, IT Service 운영Operation, IT Service 개선Continual Service Improvement 의 다섯 가지 핵심영역으로 구성된다.

The Expanded ITIL 2011 Processes Model

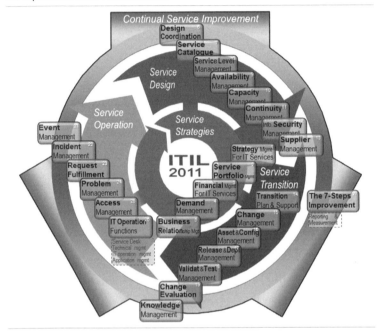

자료: I-TIL Consulting.

IT Service 전략Strategy은 조직의 역량Capability과 전략적 자산으로서 Service 관리를 어떻게 설계하고 개발하여 정보시스템을 구축할 것인가에 대한 가이드를 제시한다. IT 서비스의 관리, 내부·외부 서비스 자산, 서비스 카탈로그, 서비스 생명주기 내의 전략에 대한 구현, 서비스 포트폴리오에 대한 관리, IT 서비스와 관련된 재무관리, 조직 개발, 전략 관련 위험의 관리 등이 포함된다. IT Service 전략 영역은 IT Service Management, Service Portfolio Management, Financial Management for IT Services, Demand Management, Business Relationship Management로 구성된다.

IT Service 설계Design는 IT 서비스와 IT 서비스를 관리하는 프로세스의 설계와 개발에 대한 가이드를 제시하여 조직의 역량 및 기술 수준 등을 고려할 수 있는 기반을 제공함으로써 IT 업무 처리의 기준 및 절차를 세분하여 정의하고 업무체계를 명확히 할 수 있도록 지원한다. IT Service 설계에는 Service Catalogue Management, Service Level Management, Availability Management, Capacity Management, IT Service Continuity Management, Information Security Management System, Supplier Management가 있으며, ITIL 2011판에서 Design Coordination이 추가되었다.

IT Service 전환Transition은 신규 IT 서비스나 변경된 IT 서비스를 운영 단계로 이행하는 데 필요한 역량을 개발하고 향상시키는 가이드를 제공한다. IT Service 설계 단계에서 구체화된 서비스 전략을 위험과 실패, 장애를 통제함과 동시에 효과적으로 운영 단계로 이전할 수 있도록 지원한다. IT Service 전환은 Transition Planning and Support, Change Management, Service Asset and Configuration Management, Release and Deployment Management, Service Validation and Testing, Change Evaluation, Knowledge Management로 구성된다.

IT Service 운영Operation은 IT 서비스 운영에 관한 지침과 Best Practice들로 구성되어 있고, IT 서비스 지원과 수행에서 효과적이고 효율적으로 고객에게 가치를 제공할 수 있게 지원한다. IT의 전략적 목표는 결국 IT 서비스의 운영을 통해 실현되기 때문에 IT 서비스 운영은 IT 조직의 핵심적인 역량이다. 서비스 운영의 가이드, 방법, 도구 등은 사전 예방적인 관점과 사후 대응적인 관점의 통제를 위해 사용된다. IT Service 운영은 Event Management, Incident Management, Request Fulfillment, Problem Management, Identity Management로 구성된다.

IT Service 개선Continual Service Improvement은 IT 서비스를 설계하고 구축하고 운영할 때 고객을 위한 가치를 만들고 향상시키는 활동을 하며, 품질관리, 변경관리, 역량의 향상 등과 관련된 원칙, 사례, 방법들을 다루고, 서비스 개선을 위한 조직의 IT 서비스 품질, 운영의 효율성, 비즈니스 연속성 향상을 지원한다. IT Service 개선은 1단계 Identify the strategy for improvement(개선 전략 확인), 2단계 Define what you will measure(측정 대상 정의), 3단계 Gather the data(데이터 수집), 4단계 Process the data(데이터 정제), 5단계 Analyse the information and data(정보와 데이터 분석),

6단계 Present and use the information(정보의 제시 및 활용), 7단계 Implement improvement(개선활동 수행)의 일곱 단계로 진행된다.

3 ITIL v2의 구성

ITIL v2는 v3 이전에 나왔으나 여전히 사용되고 있다.

The Business Perspective는 사업 영속성, 파트너와 아웃소싱Partner & Outsourcing 관리이고, ICT Infrastructure Management는 네트워크 서비스 관리, 오퍼레이션 관리 등이며, Applications Management는 SW 생명주기 지원과 테스트 등이고, Planning to Implement Service Management는 서비스 관리를 위한 계획이다. Security Management는 보안 관리이고, Service Delivery는 서비스 제공을 위한 전술적 영역의 프로세스를 다루며, Service Support는 서비스 지원을 위한 운영적 영역의 프로세스를 다룬다. IT 서비스 관리의 핵심은 Service Delivery와 Service Support이다.

Service Delivery는 IT 서비스의 품질과 비용 효율성을 보장하기 위한 5개 프로세스로 구성된다. 서비스 수준 관리Service Level Management는 고객과 합의된 품질 수준의 서비스가 제공되는 것을 보장함으로써 고객과의 신뢰를 증진하기 위한 프로세스이고, IT 재무 관리IT Financial Management는 IT 예산을 설정하는 데 기본 자료로 활용되며 IT 예산, IT 회계, IT 과금의 세 가지 영역을 다룬다. 용량 관리Capacity Management는 변화하는 비즈니스 요구를 비용 대

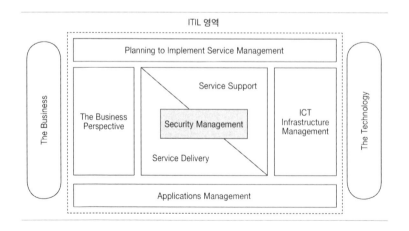

비 가장 효과적이고 적절한 방법으로 만족시키기 위해 IT Infrastructure의 용량을 보장하는 프로세스이고, 가용성 관리Availability Management는 IT Infra-structure의 능력을 최적화하며 지속적으로 서비스 가용성 수준을 유지하고 비용 효과를 획득하기 위한 프로세스이다. IT 서비스 지속성 관리IT Service Continuity Management는 IT의 필수적인 기술적 요소와 서비스 구성요소에 장애가 발생했을 때 합의된 시간 내에 복구할 수 있게 하는 것이며, IT 서비스 복구 계획은 중대한 장애를 복구·대처·방지하기 위한 계획과 절차를 만들기 위한 체계적 접근방법이다.

Service Support는 IT 서비스 제공의 융통성과 안정성을 보장하기 위한 5개 프로세스와 1개 기능Function으로 구성된다. 인시던트 관리Incident Manage-ment는 업무수행 시 IT 서비스 문제로 인한 영향을 최소화하고 되도록 빨리 정상적으로 제공하기 위한 프로세스이고, 문제 관리Problem Management는 업무에 영향을 미치는 인시던트Incident의 반복을 제거하기 위한 프로세스이며, 변경 관리Change Management는 변경이 업무에 주는 영향을 최소화하기 위해서 변경을 효율적인 절차, 표준화된 방법에 따라 관리하는 프로세스이다. 릴리즈 관리Release Management는 릴리즈 시 모든 사항을 점검하고 확인하는 과정이며, 형상 관리Configuration Management는 IT 조직이 고객에게 최적의 비용에 최상의 서비스를 제공하기 위해 활용 가능한 자원을 파악하고 관리하는 프로세스이고, 서비스 데스크Service Desk 기능은 고객에게 IT 서비스를 위한 단일 접점SPOC: Single Point Of Contact을 제공하기 위한 기능 조직을 의미한다.

4 ITIL 기반의 ITSM 도입 및 고려사항

ITSM을 도입하는 것은 다른 정보시스템의 컨설팅 및 도입 절차와 유사하게 현황분석, TO-BE 설계, 이행계획 수립으로 나누어볼 수 있다.

현황분석 단계에서는 고객 인터뷰 등의 조사활동을 통해 ITSM 현황 이슈를 도출하고, ITSM 성숙도를 진단한다. 비록 체계적인 ITSM 체계와 시스템이 없더라도 ITIL 프로세스의 각 항목들은 대부분의 IT 조직에서 수행되고 있으므로 성숙도 진단은 필요하다. 다음으로 TO-BE 설계 단계에서는 ITSM 방향성을 정의하고, ITSM 프레임워크를 작성하며, ITSM 시스템의 요구 기능을 정의하며, 프로세스 흐름도와 정의를 작성하고, 서비스 카탈로그를 정의한다. 필요한 경우 서비스 수준 항목도 정의하고, ISO 20000 인증 대비 격차도 확인한다. 마지막으로 이행계획 수립 단계에서는 실제 이행 과제를 도출하고 우선순위를 정하며 이행 로드맵을 작성한다.

ITSM의 성공적인 도입을 위해서는 고려해야 할 점이 많다. 우선 ITSM 추진팀이 적절히 구성되어야 한다. ITSM을 구축한다는 것은 ITIL 기반으로 IT 서비스 조직의 프로세스를 개선하여 선진 업무 프로세스를 구축한다는 의미이며, 기존의 프로세스에 큰 변화를 준다는 의미이다. 따라서 이러한 활동에 적합한 인력으로 팀을 구성하는 것이 ITSM 구축 성공의 핵심이다. 다음으로는 구축기간이 조직의 역량 및 업무 범위에 맞게 수립되어야 한다. IT 서비스는 조직에서 현재 운영 중인 것이므로 신규 구축을 위해 중단한다는 것은 있을 수 없다. 그리고 프로세스의 변경은 관리자와 운영자뿐 아니라 고객에게도 큰 변화를 주기 때문에 조직의 역량 및 업무 범위에 맞게 수립되어야만 한다. 그리고 TO-BE 설계에 대한 책임과 권한이 추진팀에 주어져야 하며 경영진의 지원을 받아야 한다. 기존 조직은 기존의 프로세스를 유지하려는 경향이 강할 수밖에 없기 때문에 책임과 권한 그리고 적절한 지원이 없다면 ITSM으로의 전환은 성공하기 어렵다. ITSM으로의 전환은 하향식으로 강력하게 추진되어야 한다.

5 표준화, 비교

ITIL은 사실상의De Facto 표준이며 국제표준은 아니다. 그러나 ITIL이 널리 받아들여지면서 이를 수용한 국제표준이 만들어졌다. 현재의 국제표준은 ISO/IEC 20000이다. ISO/IEC 20000은 이전의 표준인 BS 15000을 계승한 것이지만 BS 15000은 영국의 표준이지 국제표준은 아니다. ISO/IEC 20000은 주로 ITIL 기반으로 구성되어 있으나 ITIL 그대로는 아니며 ISACA의 COBIT이나 마이크로소프트의 MOF와 같은 다른 ITSM 프레임워크의 특성도 받아들였다. ISO/IEC 20000은 2005년도에 처음 제정되었으며 이후 계속 개정되고 있다. ISO/IEC 20000은 기본적으로 ISO/IEC 20000-1~ISO/IEC 20000-5로 구성되나, ISO/IEC 20000-7, ISO/IEC 20000-10, ISO/IEC

20000-11 등의 추가적인 기준도 존재한다.

IT 서비스 운영이 중요하고 모든 IT 조직에서 필요하기 때문에 ITIL뿐만 아니라 다양한 모델이나 기준이 만들어졌는데, CMMI-SVC도 그중 하나이다. 그러나 ITIL과 CMMI 간에는 차이점도 많다. 우선 ITIL은 고품질의 IT 서비스 제공에 초점을 맞춘다. 반면 CMMI는 소프트웨어 프로세스의 종합적 능력을 평가하고 계산하는 것에 초점을 맞춘다. 다음으로 ITIL은 IT에 필요한 'Key Process'와 'Best Practice'에 대한 선진 운영 모델을 제시하는 것이 목적이다. 반면 CMMI는 조직의 소프트웨어 프로세스 성숙도를 평가하는 모델을 제시하는 것이 목적이다. 그리고 ITIL은 고객과의 관계를 극대화하는 전략적 IT 프로세스를 제공한다. 반면 CMMI는 성숙도를 증대하기 위해 요구되는 'Key Practice'를 제공하며, 초기부터 최적화까지 5단계로 구성되고 각 수준별 성숙도에 대응하는 프로세스와 상태를 정의한다. 마지막으로 ITIL은 IT 서비스 관리 분야에서 전 세계적인 사실상의 표준이며 ISO/IEC 20000 표준의 기반이 되었다. 반면 CMMI는 소프트웨어 프로세스를 평가·개선하는 분야의 전 세계적인 사실상의De Facto 표준이나 국제표준은 아니다.

참고자료
위키피디아(http://en.wikipedia.org/wiki/Information_Technology_Infrastructure_Library; http://en.wikipedia.org/wiki/ITSM).

기출문제
90회 응용 과거 IT는 기업의 비즈니스 효율성 제고를 위한 수단이라는 관점에서 다루어져 왔다. 최근 이러한 IT에 대한 패러다임이 ITSM(Information Technology Service Management)을 화두로 크게 변화하고 있다. ITSM의 개념, 필요성, 도입전략을 설명하시오. (25점)

86회 응용 IDC(Integrated Data Center)에서는 운영 중인 정보자원(서버, 응용, 통신, 침해)의 운영 상태 확인(관제)이 중요한 업무이다. 이와 관련하여 아래의 내용을 기술하시오. (25점)

　　가. 정보자원 중 서버, 통신 운영 상태 확인용 시스템에 대하여 각각 설명
　　나. 가의 시스템을 활용해 ITIL(IT Infrastructure Library) 내의 절차(Process) 2개 이상 설명

83회 응용 ITIL(IT Infrastructure Library) 개념 및 변경관리 프로세스에 대해 설명하시오. (25점)

81회 응용 정보자원의 효율적 관리방안 중 하나인 ITIL(IT Infrastructure Library)

이 최근 중요한 개념으로 등장하고 있다. ITIL의 핵심요소인 CMDB(Configuration Management Data Base)에 대하여 기술하시오. (25점)

78회 응용 ITIL(Information Technology Infrastructure Library)의 프로세스, 구성요소와 ITIL 도입 시 기대효과와 향후 전망 등에 대해 설명하시오. (25점)

75회 관리 아웃소싱 서비스를 제공하는 기업이 ITIL 프로세스 모델을 도입하여 IT 서비스를 관리하고자 한다. 서비스 지원 영역의 장애, 문제관리 프로세스와 서비스 제공 영역의 가용성, 용량 관리 프로세스에 대해 설명하시오. (25점)

74회 관리 ITIL(IT Infrastructure Library) (10점)

SLA

SLA(Service Level Agreement)는 ITO를 수행할 때 각각의 서비스별로 서비스 수준, 서비스 성과지표를 서비스 공급자와 고객 간에 협의하고 체결한 협약서이며, 이러한 서비스 수준 관리 절차가 SLM(Service Level Management)이다.

1 SLA와 SLM의 개요

ITO IT Outsourcing 를 수행하려면 서비스 내용 및 수준에 대한 협약 및 관리가 필수적이다. IT 서비스의 내용 및 수준에 대한 협약이 SLA Service Level Agreement 이며, 관리 절차가 SLM Service Level Management 이다.

SLM은 IT 서비스 관리 분야의 우수 사례를 모아 정리한 ITIL의 핵심 프로세스 중 하나이며, 고객과 합의한 품질 수준의 서비스가 제공되는 것을 보장함으로써 고객 신뢰를 높이고 서비스 수준을 점차적으로 향상시키기 위한 프로세스 관리를 의미한다. SLM의 목표는 서비스 수준에 대한 합의, 모니터링, 리포팅, 서비스 개선활동과 같은 SLM 프로세스를 반복적으로 수행하여 IT 서비스 품질을 최소한 유지하면서 점차 향상시키려는 것이다. SLM의 활동은 확인 Identifying, 정의 Defining, 협의 Negotiating, 모니터링 Monitoring, 리포팅 Reporting, 검토 Reviewing 의 반복이다. 확인은 IT 서비스에 대한 고객의 요구를 파악하는 것이다. 정의는 서비스 명세 Service Spec, 서비스 품질 계획 Service Quality Plan, SLA 초안을 작성하는 것이다. 협의는 고객과 IT 서비스 제공자

간에 협의를 통해 SLA를 작성하는 것이다. 모니터링은 서비스 수준이 달성되었는지 판단하기 위해 서비스를 모니터링하는 것이다. 리포팅은 목표한 서비스 수준 대비 실제 제공한 서비스 수준에 대해 보고하는 것이다. 검토는 서비스에 대해 정기적으로 검토하여 서비스를 개선하는 것이다.

SLA는 정보시스템 수요자와 공급자의 상호 동의 아래 서비스에 대한 일정 수준을 명시하고 이를 문서화한 약정서로서, 기대되는 서비스 수준에 대해 서비스 수요자와 공급자 간 상호 협약 체결을 의미한다. IT 아웃소싱이 확산되면서 ITO IT Outsourcing, BPO Business Process Outsourcing 적용이 일반화되었고 서비스 정량적 측정 기준이 필요해졌다. SLA를 통해 서비스 공급자와 수요자의 기대치 간 격차와 모호함을 줄여 상호 신뢰를 바탕으로 한 서비스 제공이 가능해진다.

2 SLA의 구성

SLA는 서비스 수요자와 공급자 간의 협약이며 서비스 대상과 수준은 각각의 경우마다 다르기 때문에 그 형식과 내용은 통일되어 있지 않다. 그러나 일반적으로 SLA에 공통적인 구성요소는 있다. 업무 목표와 범위, 성과지표, 변화관리, 문제와 보안 관리, 평가 항목이다. 업무 목표는 서비스의 정의와 범위를 기술하는데, 이는 SLA 문서의 목적에 해당한다. 성과지표는 최소한의 서비스 수준, 서비스의 평균치, 최대 가용치를 포함하여 서비스 수준을 평가하는 지표와, 지표 산정식과 지표 측정방법, 지표별 가중치 등을 포함한다. 변화관리는 SLA 협약의 변경 절차와 유효기간을 명시한다. 문제와 보안 관리는 지속성 확보 계획과 보안 요구사항을 명시한다. 평가는 성과지표의 평가결과 보고 절차 및 성과목표보다 더 잘했을 때의 혜택(인센티브), 성과목표에 미달했을 경우의 불이익(페널티)에 대해 기술한다. 이 외에 서비스 대상과 특성, 요구되는 수준에 따라 다양한 항목이 포함될 수 있으며, 서비스 수요자 측과 공급자 측의 책임자가 모두 각 항목에 동의해야 한다.

SLA의 종류로는 서비스 기반 SLA Service Based SLA, 고객 기반 SLA Customer Based SLA, Mulit-Level SLA가 있다.

서비스 기반 SLA는 특정 서비스를 받을 모든 고객을 위한 하나의 서비스

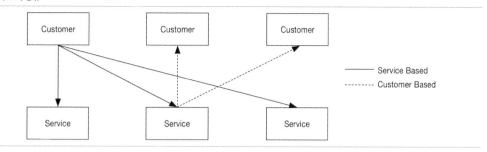

로 SLA를 기술한다. 장점은 서비스가 명백하며 수월한 진행이 가능하다는 것이고, 단점은 동일 서비스에 대해 고객마다 상이한 요구를 할 경우 대응하기 어렵다는 점이다. 클라우드 서비스는 기본적으로 서비스 기반 SLA이며 일종의 공통 약관과 같은 형식이다.

고객 기반 SLA는 개별적 고객 그룹이 사용하는 모든 서비스에 대해 고객 단위로 SLA를 기술한 것이다. 장점은 한 번의 승인으로 다양한 서비스에 대해 계약 체결이 가능하다는 것이고, 단점은 동일 서비스 내 다양하고 복잡한 서비스에 대해 SLA 내용을 준비해야 한다는 것이다.

Multi-Level SLA

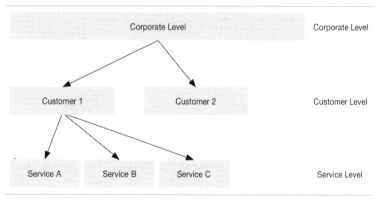

Multi-Level SLA는 Corporate Level, Customer Level, Service Level이라는 3개의 계층 구조로 구성된다. 먼저 Corporate Level은 서비스 대상 고객에 관계없이 모든 고객에게 적용할 보편적 SLM 관련 이슈를 기술한다. 다음으로 Customer Level은 특정 고객 그룹에 적용하는 모든 SLM 관련 이슈, 예를 들어 가용성 시간과 같은 항목을 기술한다. 여기 기술되는 내용은 서비스가 현재 사용되고 있는가와는 상관없다. Service Level은 앞서 기술한 특정 고객 그룹과 관련하여 특정한 서비스에 필요한 모든 SLM 이슈를 기술한다. 예를 들어 e-mail 서비스 같은 개별 서비스와 관련한 내용을 기술한다. 이러한 Multi-Level SLA의 장점은 고객의 요구사항에 맞춰 최적의 서비스를 제공할 수 있다는 것이다. 그러나 단점도 있는데 관리해야 할 범위가 크며, 불필요한 중복이 발생할 수 있다는 점이다.

3 SLA의 유형과 특징

SLM 관점에서 SLA 유형은 SLA, UC Underpinning Contract, OLA Operational Level Agreement로 나눠볼 수 있다.

SLA의 유형

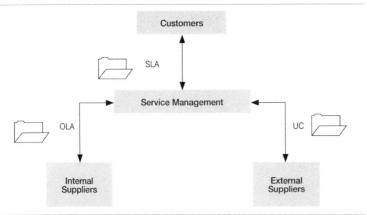

먼저 SLA는 고객과 IT 서비스 제공자 간(IT와 비즈니스 간) 합의된 서비스 수준을 정의한 문서를 지칭한다. SLA는 분명하고 간결하며 전문용어를 남발하기보다는 비즈니스에 맞는 언어로 작성해야 한다.

UC Underpinning Contract 는 IT 서비스 공급을 위해 외부 공급자 External Supplier or Third Party 가 포함되어 있을 경우, 외부 공급자와의 계약을 말한다. UC에는 합의된 서비스 시간, 비용, 서비스 수준 등에 따라 외부 공급자의 서비스를 제공한다는 내용이 포함되어야 한다. IT 서비스 제공자는 외부 공급자에게도 고객의 비즈니스 요구사항 Business Requirement 을 전달해야 한다.

OLA Operational Level Agreement는 내부 조직에서 제공하는 서비스에 대한 협약서이다. 몇 가지 IT 서비스들은 외부 공급자가 아닌 IT 서비스 제공자가 속해 있는 내부 조직에서 제공하는 다른 서비스에 의존할 수도 있다. 이렇게 내부 조직에서 제공하는 서비스에 대한 협의서가 OLA이며 SPA Service Provisioning Agreement 라고도 한다.

SLA 성과지표는 다양하게 정의될 수 있다. 몇 가지 사례를 들어보면 먼저 기획과 운영 관련해서는 중장기 IT 계획 적중도, 연간 IT 과제 이행도, 품질 정책 준수도, 서비스 요청SR 적기 처리율, 서비스 요청 기각률, 형상 관리 준수율이 있을 수 있다. 장애 처리 관련해서는 장애 건수, 평균 장애 시간, 가용률, 장애 손실액, 백업 절차 준수율이 있을 수 있다. 네트워크 관련해서는 네트워크 가동률, 작업 처리량, 패킷 손실률, 장애 복구 시간이 있을 수 있다. 시스템 운영 일반 관련해서는 CPU 사용률, 메모리와 디스크 사용률, 시스템 응답시간이 있을 수 있다. 그 외에도 보안 관련 항목이나 헬프 데스크 운영 관련 항목이 있을 수 있다.

4 SLA와 SLM 관리 절차

SLA와 SLM 관리 절차는 서비스 수준 관리 계획, SLA 협의 및 체결, 서비스 수준 측정 및 보고, 서비스 수준 모니터링, 서비스 수준 개선의 과정으로 이루어진다.

먼저 서비스 수준 관리 계획에서는 서비스 수준 관리 정책 및 프로세스, SLA 및 UC 체계, 서비스 수준 관리 툴 및 모니터링 방법을 계획하고 서비스 성과지표를 설정한다. 모니터링 측면에서는 모니터링 방법, 보고 주기, 보고 절차 등을 계획한다. 고객과의 의사소통 측면에서는 서비스 측정 보고 주기, 방법 등을 결정하고 필요 시 협의를 위한 방법 및 절차도 계획한다. 고객과는 서비스 수준 관리계획 변경사항, SLA 관련 사항, 신규 서비스 요청사항 접수 및 타당성 검토, 서비스 수준 모니터링 및 개선, 기타 이슈 사항을 협의할 수 있다.

SLA 협의 및 체결에서는 ITO 계약의 부속서로서 서비스 수준을 정의하여 서비스 수준 협약서SLA를 체결한다. 제공하는 서비스는 각각의 항목별로 정의하여 서비스 카탈로그에 명시하며, 이러한 서비스 항목별로 고객의 서비스 요구사항을 받아 협의하여 결정해야 한다. 서비스 요구사항을 고객으로부터 접수한 후 타당성을 검토하여 필요하면 고객과 협의하고 수정하며 서비스 요구사항을 확정한다. 협의 과정에서 서비스 항목 자체가 변경될 수도 있다. 서비스 요구사항이 정해지면 각각의 서비스 항목별로 서비스 수준 측정지표를 정의한다.

서비스 수준 측정 및 보고에서는 SLA에 명시된 측정지표, 대상, 주기, 방법에 따라 서비스 항목별로 담당자가 측정하고 일정 주기로 취합하여 보고한다. 서비스 측정이 자동화된 서비스 항목인 경우는 고객과 실시간으로 공유할 수 있으며, 보통 전체 서비스 항목별로는 월 단위 정도로 취합하여 보고한다. 서비스 항목 중에서 서비스 목표에 미달하는 항목은 문제점 및 원인을 분석하여 개선점을 도출하여 보고서에 포함할 수 있다.

서비스 수준 모니터링은 지속적인 서비스 수준 관리 및 유지를 위해 실시하며 SLM 담당자에 의해 측정 및 보고된다. 서비스 수준 모니터링은 SLA에 정의된 절차와 방법에 따라 이루어지며, 자동화된 툴을 통해 이루어질 수도 있다. 특히 물리적인 전산 자원(서버, 네트워크 장비)의 경우는 자동화된 툴로 측정되는 경우가 많다. 보고된 측정 항목은 고객과 협의해야 하는데, 정기 보고 시에 고객과의 운영협의회를 통해 이루어지며, 긴급한 사항의 경우에는 즉시 고객과 협의가 이루어질 수도 있다.

서비스 수준 개선은 측정한 서비스 수준이 최소 수준에 미달하거나, 개선의 여지가 있을 경우 수행하는 활동이다. 먼저 목표 대비 실적이 저조한 서비스 항목에 대해 서비스 개선 계획을 관련 담당자들이 수립하고 고객에게 보고한다. 그리고 이에 따라 서비스 개선 계획을 진행하며 필요 시 진행 현황 및 주요 이슈사항, 조치 내역을 고객 및 관련 이해관계자들에게 보고한다.

5 SLA 도입의 고려사항

SLM 체계를 도입하고 SLA를 도입하려면 여러 가지 사항을 고려해야 하는데, 우선 수립한 SLA 평가 기준은 구체적이고 정량적으로 측정 가능해야 한다. 평가 기준은 반드시 검증 단계를 거쳐야 하며, 베이스라인 설정 기준도 포함해야 한다. 그리고 항목별로 책임사항 기준을 명확히 해야 한다. 추가 업무에 대한 처리 절차를 명확히 하여 고객과 정보시스템 제공자 간 이견이 발생하지 않도록 해야 한다. 그리고 지속적으로 변화하는 IT 환경과 구성을 반영해 SLA 항목의 변화관리가 지속적으로 수반되어야 하며 이러한 계획이 준비되어야 한다. 또한 신뢰성 있는 SLA를 위해서는 측정이 자동화된 툴로 이루어질 수 있다면 좋다.

참고자료

위키피디아(http://en.wikipedia.org/wiki/Service-level_agreement).

기출문제

102회 관리 A 은행은 기존 운영사업자인 B사로부터 금번에 새로운 운영사업자로 선정된 C사에 '정보시스템 외주 운영' 업무를 이전하고자 한다.

A 은행은 서비스 이전으로 인한 서비스 중단을 염려하고 있고, 기존 운영 프로세스와 SLA(Service Level Agreement)에 대한 재검토 및 고도화도 고려하고 있다. 귀하가 C사의 PM(Project Manager)이라면 A 은행의 효과적인 서비스 이전을 위하여 다음의 질문에 대하여 설명하시오. (25점)

　가. 효과적인 서비스 제공을 위한 최적의 인수인계 방안

　나. 운영 프로세스 고도화를 위한 개선 방안

　다. SLA 고도화를 위한 적용 방안

101회 관리 클라우드 컴퓨팅 서비스인 XaaS별 SLA(Service Level Agreement) 요구사항, 서비스 카탈로그(Catalogue) 및 품질지표를 제시하시오. (25점)

99회 응용 클라우드 컴퓨팅 서비스를 제공하는 사업자는 이용자에게 신뢰성 있고 일관된 품질을 제공하기 위해 클라우드 컴퓨팅 SLA(Service Level Agreement) 적용이 필수적이다. 클라우드 컴퓨팅 서비스 유형별(인프라형, 플랫폼형, 소프트웨어형)로 서비스 품질요소(성능, 가용성, 보안, 서비스 제공성)에 대하여 설명하시오. (25점)

95회 관리 A 기업은 대국민 서비스를 하고 있는 홈페이지, 포털 및 영업관리 시스템 등을 개발 완료하였다. 시스템에 대한 Application 운영·유지보수는 A 기업의 정보시스템 부서에서 진행하고, 하드웨어, 소프트웨어 및 네트워크 운영·유지보수는 전문 협력업체에 외주를 주어 수행하고 있다. 최근 안정적 서비스 지원 및 품질 향상을 위해 SLA(Service Level Agreement)를 도입하고자 한다. 다음의 질문에 답하시오. (25점)

　(1) SLA를 도입하기 위한 절차를 제시하시오.

　(2) 하드웨어, 소프트웨어 및 네트워크 운영·유지보수를 위한 SLA 지표를 5개 이상 선정하고, 측정방법을 제시하시오.

(3) 선정된 SLA 지표의 개선활동에 대해 설명하시오.

75회 관리 SLA(Service Level Agreement)의 구성요소와 성공적인 관리를 위한 고려사항을 기술하시오. (25점)

74회 응용 서비스 수준 협약(SLA)에 대하여 필요성, 서비스 수준의 정의와 절차, 서비스 수준 관리 및 성공 요인에 대하여 기술하시오. (25점)

71회 응용 SLA(Service Level Agreement)에 대해 설명하시오. (10점)

ITO

ITO(IT Outsourcing)는 정보시스템과 관련된 업무를 외부의 전문 사업자에게 위탁하는 것으로 전략적 차원에서 추진해야 할 중요한 경영 의사결정이며, 단순히 비용절감만을 위해 추진해서는 안 되며 장기적인 효율적 기업 운영측면에서 접근해야 한다.

1 ITO의 개요

ITO IT Outsourcing 는 데이터센터의 관리 및 운영, 하드웨어 지원, 정보시스템의 개발 및 운영과 유지보수 같은 정보시스템과 관련된 업무를 외부 전문 사업자에게 위탁하는 것을 말한다. 가트너 그룹에서는 정보시스템 사용기관이 정보시스템과 관련된 자산(하드웨어, 소프트웨어, 관련 인력 등)을 외부 정보시스템 서비스 전문회사에 이양하고, 일정 기간 정보시스템 서비스 계약을 체결해 일정 수준의 서비스를 요청하고, 그 서비스 제공에 대한 요금을 외부 전문회사에 지불하는 계약이라고 정의하고 있다.

ITO의 추진 배경은 급변하는 경영환경에 대응하고자 자사의 핵심역량에 집중하면서 핵심역량이 아닌 지원 기능인 IT를 외주로 돌림으로써 직접 관리하는 부담을 줄이려는 것이다. 이를 통해 비용절감, 위험분산, 기술이전과 정보시스템의 성과향상을 기대하며, 경영의 유연성과 효율성을 극대화해 기업의 경쟁우위를 확보하려는 것이다.

2 ITO의 종류

ITO는 다양한 형태가 존재한다. 대상 범위에 따라 선택적·일괄적으로 분류할 수 있고, 업무기능에 따라 아웃바운드형과 인바운드형이 있으며, 조직형태나 계약, 개발 생명주기 관점에 따라서도 분류할 수 있다.

　ITO를 대상 범위에 따라 나눠보면, 선택적이거나 일괄적으로 구분할 수 있다. '선택적'으로 ITO를 한다면 아웃소싱 대상을 여러 부분으로 구분하여 분야별 전문업체에 위탁하거나 특정 부분만을 위탁한다. 장점으로는 아웃소싱의 위험을 감소시킬 수 있고, 강력한 협상력을 가질 수 있으며, 아웃소싱 서비스 공급업체의 교체나 내부 전환에 따른 비용을 줄일 수 있다. 단점으로는 아웃소싱 서비스 공급업체를 통제하는 비용과 노력이 증가하고, 공급업체 간 갈등이 발생할 경우 협업 문제가 발생할 수 있다. 반면 '일괄적'으로 ITO를 한다면 단일 공급업체에 아웃소싱 대상 전체를 일괄적으로 위탁하는 것이다. 장점과 단점이 선택적 아웃소싱과 반대가 된다.

　ITO를 업무기능에 따라 분류하면, 아웃바운드형과 인바운드형으로 구분할 수 있다. 아웃바운드형은 기존에 이미 존재하던 내부 업무나 기능 혹은 활동을 외부 아웃소싱 서비스업체에 위탁하는 방식으로, 협의의 아웃소싱에 해당한다. 목적은 효율성, 채산성, 조직의 유연성을 향상시키고 정책적 문제를 해결하기 위한 것이다. 반면 인바운드형은 기존에 없던 기능 활동을 제휴관계를 통해 외부에서 도입하는 형태로, 광의의 아웃소싱에 해당한다. 인바운드형 ITO의 목적은 부가가치를 창출하고, 전문성의 혜택을 받으며, 상호작용을 통해 협력을 증대하고, 조직학습을 하는 것이다.

　가트너 그룹에서는 조직형태에 따라 ITO를 몇 가지로 구분하기도 했다. 우선 Internal Delivery로, 내부 조직이 기업에 서비스를 제공하고 내부 프로젝트를 통해 새로운 IT 서비스를 도입하는 형태로서, 가장 일반적인 내부 전산실 형태이다. 다음으로 Insourcing이 있는데, IT 서비스나 프로세스 조직을 하나의 사업단위로 기업에서 분리한 형태로서, IT 업무를 담당하는 자회사를 별도로 두는 형태를 의미한다. 그리고 Joint Venture 형태가 있는데, Insourcing의 규모나 전문성 부족의 한계를 극복하기 위해 제3의 기업과 공동으로 투자해 독립적 서비스 회사를 만드는 형태이다. Full Outsourcing은 일반적인 ITO의 의미에 가장 가까운 형태로서 하나의 서비스 제공자와 하나의 계약을 체결하는 형태를 말한다. Best-of- Breed Consortia는 고객이 기술적·정책적인 이유로 서비스 제공 기업 혼자서 감당할 수 있는 것 이상의 IT 서비스를 요구할 때 여러 기업이 컨소시엄을 구성하여 아웃소싱 서비스를 제공하는 방식이다. 마지막으로 Brand Service Company 형태가 있는데, 이는 Insourcing 형태와 비슷하지만 하나의 회사가 여러 회사들에 아웃소싱 서비스를 제공하기 위해 만든 형태이다. 국내 대형 SI 업체들은 이러한 형태인 경우가 많으며, 외부 사업을 독자적으로 수행할 수 있는가가 Insourcing과의 가장 큰 차이점이다.

계약 관점으로 ITO를 구분하면, 도급, 위임, 파견 형태로 구분할 수 있다. 도급은 일정한 업무결과에 대해 발주자가 보수를 지급하는 형태로서 성과물이 수반된다. 반면 위임은 발주자가 일정한 업무처리의 위임을 받은 수탁자가 업무를 처리하는 형태이나 성과물 수반은 필수가 아니다. 파견은 파견업체와 파견기술자 간 체결된 계약에 따라 정해진 업무만 수행하는 형태이다.

개발 생명주기에 따라서도 ITO를 구분할 수 있다. 감리 위탁은 아웃소싱 업체에 대한 감독 업무를 위임하는 것이다. 업무 위탁은 업무 분석, 기본 설계 등 정보시스템 구축 프로세스에서 개발 이전 단계를 위탁하는 것이며, 개발 위탁은 상세 설계 이후의 개발과 설치를 위탁하는 것이다. 인력 위탁은 코딩이나 테스트와 같은 기술 분야별로 인력을 위탁하는 것이며, 운영 위탁은 운영이나 유지보수 서비스를 전문적으로 대행하는 것이다. 교육 위탁은 기술과 업무지식에 대한 교육 업무를 위탁하는 것이다.

3 ITO 프로세스

ITO 수행 단계는 계획과 준비, 서비스 제공자 선정, 계약과 이전, 수행관리, 계약 전환으로 나뉜다. 계획과 준비 단계에서는 조직의 전략적 목표를 확인하고, 그에 따른 각 정보시스템 관련 업무들에 대한 아웃소싱 가능성을 분석해 대상 업무를 선정한다. 서비스 제공자 선정 단계에서는 자료 요청, RFP 배포, 제안서 접수, 제안 평가와 심사, 서비스 제공자 선정을 수행한다. 계약과 이전 단계에서는 선정된 서비스 제공자와 계약 체결 후 관련 업무나 서비스를 서비스 제공자에게 이전한다. 수행관리 단계에서는 계약에 따른 정보시스템 운영이나 서비스 수준의 파악과 성과평가 후 계약에 대한 변화관리를 수행한다. 계약 전환 단계에서는 필요할 경우 계약과 성과를 검토해 재계약, 사업자 변경, 내부 전환 등 결정된 방법에 의해 계약을 전환한다.

첫 번째 계획과 준비 단계는 수행조직 구성, 업무현황 분석, 아웃소싱 대상 업무 선정, 아웃소싱 목표 설정, 추진계획 수립 등으로 더 상세하게 단계를 구분할 수 있다. 수행조직 구성에서는 아웃소싱의 효과적 추진을 위한 사업 수행조직을 구성하고, 사업의 목적과 방향 설정, 사업 범위 결정 등 수행 방안을 수립하며, 조직의 비전과 목표 달성을 위한 정보시스템의 전략적 목표나 방향을 검토한다. 업무현황 분석에서는 해당 업무별 응용시스템 서비스나 기능 현황을 조사하고, 업무별 연관된 서버, 네트워크, 기반시설 등 인프라 현황을 조사하며, 정보시스템 관련 조직과 인력의 역할, 책임 등 현황을 조사하고, 현황 조사 자료를 기반으로 소요 비용 분석과 예산을 산출한다. 아웃소싱 대상 업무 선정에서는 연계시스템, 계약과 법률, 보안과 정보보호, 위험요소 등을 고려하여 선정 기준을 수립하고, 이에 따라 평가를 실시하여 대상 업무를 선정한다.

두 번째 서비스 제공자 선정 단계에서는 RFI Request for Information 수행, RFP Request for Proposal 작성과 평가 모델 개발, RFP 공고와 설명회 수행, 제안서 평가를 수행한다. RFI 수행은 RFP 작성 전 제안 사업 계획, 방향, 기술 등을 취합하기 위해 서비스 제공업체에 관련 자료를 요청하는 것으로, RFI를 접수해 RFP 작성에 필요한 정보를 평가하고 RFP 요청 대상을 선별한다. RFP 작성과 평가 모델 개발에서는 아웃소싱 업체 선정을 위한 RFP 수행 일정과 절차, 평가와 선정 계획 등 RFP 수행계획을 수립하고, RFP를 통해 제안 받고자 하는 항목을 사전에 도출하고 수준을 파악해 아웃소싱 서비스 제공자들이 제안서 작성에 참고할 수 있도록 제안 요구사항 분석, 도출 작업을 수행하며, 접수 받은 제안서의 평가를 위한 모델을 개발하고, 제안 범위, 계약 조건, 수행 비용, 평가 모델 등에 대한 제안 내용을 고려해 RFP를 작성한다. RFP 공고와 설명회 수행에서는 선정된 후보 서비스 제공자들에게 RFP를 배포하고 RFP 설명회를 통해 질의응답을 함으로써 수준 높은 제안서 작성을 유도한다. 마지막 제안서 평가에서는 제안서를 접수해 미리 준비한 평가 모델의 평가 항목과 기준에 근거한 평가를 수행하고, 기술 평가 점수와 가격 평가 점수를 종합해 아웃소싱 서비스 제공자를 선정한다.

세 번째 계약과 이전 단계에서는 계약 준비, 협상과 계약, 업무 이전을 수행한다. 계약 준비에서는 아웃소싱 수행에 따른 관련 부서의 요구사항을 도출해 아웃소싱 계약에 반영하고, 서비스 제공자의 현행 업무 프로세스 파악을 위한 실사를 지원한다. 협상과 계약에서는 서비스 제공자와 계약서 구조를 정하고 초안을 작성한 후 서비스 제공자와 서비스 범위, 비용, 수준, 통제, 서비스 계약 변경 등에 대해 협상하고 합의하에 계약을 체결한다. 업무 이전에서는 확정된 계약서에 따라 관련 업무 이전 수행 계획을 수립하고, 원활한 이전을 수행하여 서비스를 중단 없이 제공할 수 있도록 관리하며, 서비스 제공자가 수행할 과업 수행서를 작성하고, 서비스 수준 관리에 대한 기본 방향을 정하고 서비스 수준 협약SLA을 작성한다.

네 번째 수행관리 단계에서는 운영관리, 성과관리, 서비스 수준 관리, 계약관리를 수행한다. 운영관리는 정보시스템의 형상관리, 보안관리, 장애관리, 성능관리, 백업관리, 변경관리 등을 포함한 운영관리 절차를 수립하고 실행한다. 성과관리에서는 서비스 제공자가 제공하고 있는 서비스와 그 수준을 주기적으로 제출받아 각종 성과 결과를 확인하고 평가하며, 이를 기반으로 서비스 제공자와 협의하여 향후 성과개선에 대한 사항을 결정한다. 서비스 수준 관리에서는 사용자의 서비스 만족도, 개선사항 등에 대한 요구, 협업 부서의 전략과 계획을 바탕으로 서비스 요구사항을 파악하고, 요구사항의 변경에 따른 적용 가능성을 확인하며, 서비스 요구사항을 토대로 서비스 수준을 변경하고 관리하며, 협의된 SLA와 비용에 대한 계약 변경을 확인하고 합의서를 작성한다. 계약관리에서는 계약과 관련된 제반 변경사항을 관리하고 기록하며, 계약에 따른 비용 집행의 적절성을 관리한다.

마지막으로 계약 전환에서는 계약 전환을 검토하고, 계약 전환 방향을 검토하고, 계약 전환을 수행한다. 계약 전환 검토에서는 아웃소싱 계약 종료 시 종료 조건을 검토하고 서비스 성과와 만족도를 확인하고, 현재의 계약된 서비스를 대체할 수 있는 계약 전환 방향을 확인한다. 계약 전환 방향 검토에서는 채택 가능한 계약 전환 방향을 토대로 이점이나 위험요소를 평가하여 가장 적절한 계약 전환 방향을 결정하고, 계약 전환 수행에서는 결정된 계약 전환 방식에 따라 실제로 계약을 전환한다.

4 ITO 고려사항과 성공요소

ITO를 도입하고 추진하려면 많은 점을 고려해야 한다. ITO에는 장점이 있지만 단점도 있으며, 따라서 전략적인 의사결정이 필요하다.

ITO에는 관리, 전략, 기술, 비용, 품질 측면에서 장점이 존재한다. 먼저 관리적 측면에서는 IT 서비스 부서의 업무수행 능력을 강화할 수 있고, IT 부서와 일반 부서 간 의사소통 문제나 부서 이기주의 문제를 해결할 수 있으며, IT 직원의 잦은 이동이나 전문인력 문제를 해결할 수 있다. 또한 IT 부서에 대한 통제와 관리 능력을 높일 수 있고, 통합 또는 분권화를 통해 조직변화의 유연성을 유지할 수 있다. 전략적 측면에서는 조직이 핵심역량에 집중할 수 있고, IT 자원 부족을 메워줄 전문 IT 서비스업체와 전략적 제휴를 수립할 수 있으며, 이를 통해 핵심 경쟁력을 강화하고 필요한 IT나 전문 기술이 부족하여 못하던 신규 사업에 진출하는 것도 가능하다. 그리고 위험을 공유하고 시장에 적시적으로 대응하는 것을 가능하게 한다. 기술적 측면으로는 신기술을 도입할 수 있으며, IT 기술 이전을 통해 내부 IT 부서의 능력을 강화하는 효과를 얻을 수 있다. 비용 측면으로는 정보시스템 개발과 관리 비용을 절감하고, IT 관련 자원과 인력에 대한 고정비를 변동비로 전환할 수 있어 재무적 유연성을 증대할 수 있다. 품질 측면에서는 IT 업무 성과와 신뢰도가 증가되고, 높은 IT 서비스가 가능해진다.

그러나 ITO에는 장점만 있는 것이 아니며 단점이 존재한다. 관리, 조직, 비용 측면에 단점이 있을 수 있다. 관리적 측면에서는 IT 자원에 대한 통제나 유연성이 상실될 수 있다. 유연성은 장점이 될 수도 있지만 단점이 될 수도 있다. 재무나 관리 측면에서는 유연성이 증대되지만 IT 자원의 완전한 통제나 활용 측면에서는 유연성이 떨어지게 된다. 내부 IT 부서의 경험부족으로 인한 능력관리 문제가 생길 수 있고, 변화하는 환경과 조직 요구에 능동적으로 대응하는 것이 오히려 더 어려워질 수 있으며, 계약 중단이나 파기 또는 IT 아웃소싱 업체의 변경이 어렵고 높은 교체 비용이 들 수 있다. 조직적 측면에서는 외주로 넘긴 업무나 IT 기능이 내부적으로 약화되고, 내부 IT 전문인력의 직업 안정성을 위협하며, 사내 정보나 데이터에 대한 보안유지가 어려워진다. 비용 측면에서도 의사소통을 위한 조정 비용이 증가하고, 협력 관계 관리를 위한 추가적 비용이 소요될 수 있다.

따라서 ITO가 성공하기 위해서는 ITO를 단순한 비용절감이나 특정한 측면에서 바라보지 말고 조직 전체에 영향을 미치는 전략적 의사결정으로 인식해야 한다. 전략적 관점에서 아웃소싱에 대한 목표가 설정되고 핵심역량을 분석한 후에 내부적으로 수행할 부분과 외부에 아웃소싱할 부분을 분석하고 고려해야 한다.

ITO에 대해 고려할 때, 방법론 측면에서는 타당성 평가, 자산 평가, 인력이관 방안, 서비스 수준 평가, 성과평가, 계약서 작성을 어떻게 할 것인지 고려해야 한다. 서비스 수준 측면에서 SLA를 작성할 때 대상 서비스 정의, 수요자 역할, 공급자 역할, 평가항목과 측정방법을 협의하고 명시해야 하며, 서비스 제공자를 통제하기 위한 목적으로 사용하는 것은 지양해야 한다. 비용 산정에서는 전통적으로 맨먼스M/M 방식을 사용하나 사실 이는 투입 인력의 생산성·적정성을 고려하기 어려우며, 선진국은 서비스 수준별 사용량에 따른 서비스 대가를 차별화하는 방법을 채택하고 있음을 고려해야 한다. 전략적 측면에서는 핵심역량을 명확히 정리하고 미래 지향성을 철저히 분석하여 아웃소싱 전략을 사전에 준비해야 한다. '왜? 어떤 방식으로? 어떻게 하나?'에 대답할 수 있어야 한다.

ITO의 핵심 성공요소로는 먼저 아웃소싱을 통해 고객사와 ITO 사업자 상호 간에 이득을 얻을 수 있어야 한다. 고객사 내부에 ITO를 관리·감독할 수 있는 부서가 있어야 한다. 운영위원회나 사용자협의회 등을 통해 정기적인 회의와 의사소통 과정이 있어야 한다. ITO 계약 후에는 SLA를 기준으로 SLM Service Level Management에 따라 철저하게 관리가 이루어져야 하며, ITO 전략과 목표에 부합되는지 지속적으로 평가하고 모니터링해야 한다. ITO에 문제가 발생될 때에 대비한 비상 계획 수립과 재계약 시나리오 준비 등을 통해 위험에 대비해야 한다. 그리고 ITO는 장기적 안목으로 추진되어야 한다.

5 ITO와 BPO의 비교

BPO Business Process Outsourcing도 ITO와 마찬가지로 일종의 아웃소싱이다. BPO는 조직이 수행하고 있는 업무 프로세스 일부 또는 전체를 외부 아웃소싱 업체에 위탁하는 것으로 이를 통해 핵심역량에 집중하고 자원 소요를 줄이는 방법이다. 가트너 그룹에서는 BPO를 IT 집약적인 비즈니스 프로세스를 정의한 성과측정체계를 가지고 해당 비즈니스 프로세스를 관리하고 운영하는 외부 전문업체에 위임하는 것으로 정의했다. 즉, BPO는 비용절감, 유연성, 전문성 확보를 위해 아웃소싱을 하는 것이다.

BPO의 목적은 경영 관점에서는 비용을 절감하고 종합적 경영전략 측면에서 시너지 효과를 통해 부가가치를 만들어내는 것이고, 조직 관점에서는 유연하고 슬림한 조직의 기술과 환경 변화에 대응력을 향상하는 것이며, 기술 관점에서는 특정 IT 기술에 지나치게 투자하는 리스크를 회피하고 특정 업무 프로세스에 대한 리엔지니어링을 통해 문제점을 개선하고 품질을 향상시키는 것이다.

BPO의 도입 절차는 ITO와 동일하게 계획과 준비, 서비스 제공자 선정, 계약과 이전, 수행관리, 계약 전환이다. 다만 ITO에서는 정보시스템 관련 업무를 분석하여 대상 업무를 선정한다면, BPO에서는 비즈니스 프로세스를 정의하고 검토하여 대상 업무를 선정한다.

BPO와 ITO를 비교하면, 대상 분야가 BPO는 관리, 재무회계, 인사 등 비즈니스 업무라면 ITO는 데이터센터, 네트워크망, 솔루션 관리 등 IT 분야이며, 대가 산정 기준도 BPO는 업무 처리량이라면 ITO는 인력, 자산 등 투입되는 자원 기준이 된다. BPO의 효과는 운영비용 절감이라면 ITO는 IT 투자의 절감과 전문화이다.

BPO 사업의 핵심 성공요인은 사업자 측면에서 볼 때 지식, 기술, 능력, 마케팅, 전문가와 재정능력으로 구분할 수 있다. 지식 측면에서는 고객이 요구하는 수준 이상의 프로세스 지식과 수직적 산업 지식 및 이를 프로세스와 통합하는 능력이 필요하다. 기술 측면에서는 컨설팅, SI, 아웃소싱 등에 대한 기술 및 운영능력과 적절한 서비스 모델이 있어야 되고, 소프트웨어 플랫폼이 있어야 한다. 능력 측면에서는 계약 기술Skill, 유관 업체와의 제휴, 변화관리, 혁신 능력, 검증된 수행능력이 필요하다. 마케팅 측면에서는 사전 컨설팅을 수행하고 영업전략을 수립할 전담 영업조직이 있어야 하고, BPO 사업 수행 이력과 시장 인지도가 있어야 한다.

참고자료

Computer History Museum(http://www.computerhistory.org).

기출문제

93회 정보관리 크라우드소싱(Crowdsourcing)을 아웃소싱(Outsourcing)과 비교하여 설명하시오. (10점)

90회 정보관리 최근 조직들이 자신들의 핵심역량에 집중함에 따라 새로운 비즈니스 솔루션으로 BPO(Business Process Outsourcing)가 떠오르고 있다. BPO에 대해서 기술하고 ITO(IT Outsourcing)와 비교 설명하시오. (25점)

84회 정보관리 최근 A 기업은 경영의 효율성 확보를 위하여 IT 아웃소싱(ITO: IT Outsourcing) 도입을 검토하고 있다. ITO 개념 및 장단점, 도입 프로세스를 제시하고 도입 프로세스 중 준비 및 계약 단계, 통제 단계에 대하여 상세히 기술하시오. (25점)

Enterprise IT

H

재해복구

—

H-1

BCP

재해와 재난에 대비한 위험관리 차원의 전사적인 인적·물적 자원관리와 보호대책의 필요성이 증대하고 있으며, BCP는 재해·재난에 처한 시스템의 복구나 데이터의 백업과 원상회복이라는 기술적 차원을 넘어 고객 서비스의 지속성 보장, 고객 신뢰도 유지, 중단 없는 핵심 업무 수행 등을 위한 신속한 절차와 체제를 구축해 기업 가치를 최대화하는 방법론을 말한다.

1 BCP Business Continuity Planning 의 개요

1.1 BCP의 정의

BCP는 단순히 IT 측면뿐 아니라 '비즈니스 관점에서 본 재해복구 체계 갖추기'로 볼 수 있는데, 기업의 핵심 업무를 계속 유지하고 고객 서비스의 지속성을 보장하기 위한 기업 전반적인 영속성 유지를 포괄하는 개념이다. 또한 기업활동을 저해할 수 있는 각종 위험에 대비하여 조직, 정보자원, 업무 복구 절차 등을 준비해 연속성을 보장하게 하는 체계이다.

1.2 BCP의 발전단계

BCM Business Continuity Management 은 BCP의 지속적인 관리와 개선 측면을 강조하는 포괄적인 개념으로 사용된다.

278   H · 재해복구

구분	Backup	DRS	BCP/BCM
목적	재해복구	재해복구	비즈니스 연속성 확보
시기	1970년대 이전	1980년대	1990년대 이후
범위	데이터	시스템	조직, 프로세스, 시스템
담당	IT담당자	IT담당자	경영진 포함 모든 구성원
특징	스토리지/디스크 백업	별도 DR센터 및 솔루션 존재	총체적인 관리체계 마련

1.3 BCP 구성 체계

BCP는 IT 관점의 재해 복구Disaster Recovery부터 업무 복구Business Recovery, 업무 재개Business Resumption, 비상 계획Contingency Planning으로 구성된다.

BCP의 구성체계

구분	재해 복구 (Disaster Recovery)	업무 복구 (Business Recovery)	업무 재개 (Business Resumption)	비상 계획 (Contingency Planning)
대상	핵심 업무 지원 응용 프로그램	핵심 업무 프로세스	업무 프로세스 전반	내외부로부터의 사건·사고
내용	재해 발생 시 IT 관점의 핵심 시스템 또는 핵심 기능을 복구할 수 있도록 하는 체계	핵심 비즈니스 기능을 유지하고 복구하기 위한 체계	핵심 업무 복구 후 업무 전반을 재개하기 위한 절차와 체계	발생 가능한 각종 위험과 비상 상황에 대한 비상 대응 시나리오
산출물	재해 복구 계획	업무 복구 계획	대체 프로세스 계획	업무 비상 대응 계획

2 BCP 프레임워크 및 수행 절차

2.1 BCP 프레임워크

주요 계획	세부 내역 및 계획 사항
재해예방	- 재해가 발생하기 전에 재해 발생요인을 사전에 대응, 처리 - 위기관리를 통해 사전에 정성적, 정량적 분석을 하여 예방
대응 및 복구	- 재해에 대하여 정성적, 정량적 평가 항목 도출 - BIA(Business Impact Analysis)를 통한 파급효과를 분석하고 대응방안 수립 - Contingency Plan을 통한 복구 수행
유지보수	- 운영 형태별 관리 유형을 선택 - 상호계약형 / 공동이용형 / 위탁운영형 / 자영운영형 중 선택 - TCO 및 ROI 분석을 통한 효율화 극대화 - 이상적인 재해복구 센터 위치 선정
모의훈련	- 수립된 계획의 주기적인 테스트(최소 연 1회)를 통한 미비점 파악 및 보완 - RTO, 실제 훈련 적용

ODBC 구조

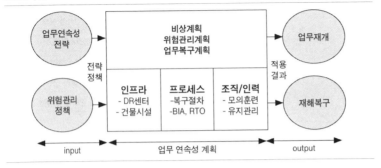

2.2 BCP 수행 절차

BCP를 구축하기 위해서는 우선 재난·재해에 대한 위험을 정의하고 영향도를 파악하는 위험분석 RA와 이에 대한 비즈니스 영향도를 분석하는 BIA를 수행해야 한다.

BCP 수행절차

절차	수행 항목
RA (Risk Analysis)	- 경영환경 분석, 업무 분석, 전산환경 분석 - 위험 정의: 발생 가능한 위험에 대해 정의 - 위험 = 발생 확률 × 손실 규모 - 기술 위험 분석, 업무 영향 분석: 정량적·정성적 - BCP 대상 설정
BIA (Business Impact Analysis)	- 재해 발생 시에 업무 중요도와 신속성 등을 고려한 파급효과를 측정 - 신속한 복구가 요구되는 업무를 선정하여 재해복구 순서를 정하는 단계 - 설문조사, 인터뷰, 체크리스트, Tool 활용

BCP
체계 구축
	- 전체적인 복구 시나리오를 수립하는 단계로서, 복구 절차는 초기대응 단계, 의사결정 단계, 복구단계, 사후처리 단계의 4단계
	- 목표 설정
	  • RTO(Recovery Time Objective): 복구 소요시간 목표
	  • RPO(Recovery Point Objective): 복구 가능시점 목표

운영과 관리	- 각종 매뉴얼과 절차집 문서화 - 반복적 모의훈련과 피드백

H·재해복구

3 복구 목표 및 복구 전략

3.1 복구 목표 수립을 위한 RTO/RPO의 개념

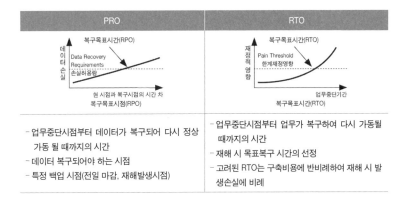

PRO	RTO
- 업무중단시점부터 데이터가 복구되어 다시 정상 가동 될 때까지의 시간 - 데이터 복구되어야 하는 시점 - 특정 백업 시점(전일 마감, 재해발생시점)	- 업무중단시점부터 업무가 복구하여 다시 가동될 때까지의 시간 - 재해 시 목표복구 시간의 선정 - 고려된 RTO는 구축비용에 반비례하여 재해 시 발생손실에 비례

RPORecovery Point Objectives(복구목표시점)는 시스템에 장애나 재해가 발생했을 때, 시스템의 복원시점을 어디에 맞추는가에 대한 기준으로, 이것은 해당 시스템이 장애나 재해로 데이터를 손실할 경우 어디까지 허용할 수 있는가에 따라 결정된다. 일반적으로 IT 업계에서는 금융거래와 같이 데이터손실이 금전적인 손실로 직결되는 업무 시스템의 경우 RPO를 0 또는 최대 5분 이내를 기준으로 하고 있다.

RTORecovery Time Objectives(복구목표시간)는 시스템에 장애나 재해가 발생했을 때, 정상적인 업무로 복귀할 때까지 예정된 시간으로, 이것은 해당 시스템이 제공하고 있는 업무서비스가 중단되었을 경우 기업이 큰 손실 없이 또는 어느 정도 손실을 감당하더라도 얼마나 견딜 수 있는가에 따라 결정된다.

3.2 복구 전략 수립

RTO와 RPO를 준수하기 위한 복구 전략 수립을 위해 합리적인 복구 센터와 복구 솔루션 선정이 중요하다.

3.2.1 기술 형태에 따른 재해복구센터 구축 유형

복구전략 수립 시 재해복구센터 유형은 기술적인 구성방식에 따라 다음과 같이 분류되고 복구목표시간, 지리적 위치, 운영용이성, 비용효율성 등을 고려하여 최종 선정한다.

재해복구센터의 유형

구분	정의	장점	단점/고려사항	복구 목표 시간
Mirror Site	- 주 전산센터와 동일한 시스템 이중화 - 동일한 시스템을 운영, 데이터를 실시간 일치시켜 비상 시 즉시 복구 - 데이터 미러링	- 재해 발생 시 즉시 업무 가능 - 재해 발생 시점까지 데이터 유실 없이 복구 가능	- 많은 구축 비용 소요 - 평상시 운영 방안의 검토 필요	2시간 이내/ 즉시
Hot Site	- 주 센터와 거의 동일한 수준으로 이중화 - 데이터를 실시간 일치시켜 재해 발생 시 수시간 내 복구 가능 - 로그파일 전송방식	- Mirror Site 방식에 비해 비용 저렴 - 데이터의 최신성 유지	- 재해 발생 시 복구 작업 시간 필요 - 원장 및 관련 데이터 복구 절차 유지 필요	24시간 이내
Warm Site	- 주요 업무에 대한 복구만을 목적으로 하여 주요 기기/NW만을 확보 - 전일 자 데이터를 백업하여 테이프 소산	구축 비용이 비교적 저렴	- 비상시 시스템 확보를 위한 대책 필요 - 데이터 복구 절차가 복잡함	수일
Cold Site	- 주 전산센터 재해 시 하드웨어와 소프트웨어 설치 후 시스템 가동(전기, 통신, 공조 등 갖춤) - 데이터만을 정기적으로 이관하는 방식 - 테이프 소산	최소 비용	- 비상시 시스템 확보를 위한 대책 필요 - 복구에 많은 시간 필요	수개월

3.2.2 복구 솔루션 유형

복구 솔루션은 백업 대상에 따라 다음과 같은 유형으로 구분된다.

구분	개념	특징	주요 업체
스토리지 복제	서버를 통하지 않고 스토리지 간 직접 복제	서버 성능 저하 없음	EMC, HDS
DB 복제	DB 인스턴스 및 테이블 단위 복제	DB변동 시 로그전송	Oracle
SW 복제	OS커널 기반 파일, 블록 단위 복제	OS내 SW 설치	Symantec
백업데이타 복제	백업미디어를 디스크, 테이프등에 복제	- Tape to Tape - Disk to Disk	EMC

4 BCP 도입 시 고려사항

업무영향도 분석 수행 후에는 업무 중요도에 따라 일반적으로 3가지 등급으로 분류해 복구수준을 달리한다.

- 핵심 Critical 업무: 업무 중단에 따른 손실이 막대하여 장시간 지속되는 경우 기관이나 기업에 치명적인 영향을 주는 업무로 재해복구시스템에 반드시 포함해야 한다. 일반적으로 3시간 이내 복구를 목표로 한다.
- 중요 Vital 업무: 핵심 업무에 비해 업무 중단에 따른 손실이 적어 복구 시간이 핵심 업무에 비해 시급하지는 않으나 고객의 불편을 초래할 수 있는 업무이다. 3~24시간 이내 복구를 목표로 한다.
- 기타 Others 업무: 시장 또는 고객과의 연관성이 낮은 내부 업무로 재해의 영향이 미미하며 복구되기 전까지 수작업으로 할 수 있거나 복구 후 처리 가능한 업무이다.

또한 재해복구센터 구축 시 다양한 재해 시나리오 및 비용을 고려해야 하며 최근 글로벌 IT기업을 중심으로 권역 간 복구센터를 구축 및 운영하는 추세이다.

유형	개념	특징
근거리 (40km 이내)	- 전원차단, 화재 등 센터재해 대비 - 실시간 복구가 필요한 경우	- 무중단 서비스 - 대규모 재해에 취약
원거리 (200km 이내)	- 지진, 해일 등 광범위한 지역재해 대비 - 수 시간 이내 재해복구 가능	장애 등 다른 목적으로 활용 불가
국가 간 (해외)	- 내란, 전쟁 등 국가적 재해 대비 - 글로벌 비즈니스 중심 기업	네트워크 회선비 등 운영비 증가

참고자료
삼성SDS 기술사회. 2014. 『핵심 정보통신기술 총서』(전면2개정판). 한울.
삼성SDS. 「기술사입문과정 교재-IT경영」.

기출문제
114회 관리 비즈니스 연속성 계획(BCP: Business Continuity Plan)의 구성방안과 검사방안에 대하여 설명하시오. (25점)
110회 응용 재해복구 시스템의 개념과 구축유형에 따른 장단점을 각각 설명하시오. (25점)

104회 관리 A기업은 전국에 산재해 있는 지점의 전산실을 통폐합하여 전국 단위의 전산통합센터를 구축 및 운영하고자 한다. 다음은 전국에 산재해 있는 자원을 전산통합센터로 이전하기 위해 사업자를 선정하고, 환경변수를 사전에 변경 처리함으로써 이전 후 신속하게 서비스를 정상화하고, 업무 중단을 최소화 하려고 한다. 다음의 전산실 현황을 고려하여 이전 사업자 입장에서 환경변수 사전 처리 방안에 대해 설명하시오. (25점)

〈A기업 전국 전산실 현황〉
- 전국 지점이 전산실 별로 다른 유지보수 사업자가 운영 및 관리하고 있음
- 서버는 UNIX, Windows, Linux 등 다양한 OS 및 H/W로 구성되어 있음
- 이전 시 전산 통합센터에서 제공하는 환경변수를 적용하여야 함
- 이전은 하드웨어, 시스템 소프트웨어, 응용 애플리케이션, 데이터를 대상으로 함

104회 응용 기업이 업무연속성과 복구 우선순위, 목표를 결정하기 위한 공식적이고 문서화된 업무영향평가 절차를 구축,이행 및 유지하기 위해 수행해야 하는 활동과 조직의 제품과 서버시를 제공하는 활동이 중단되었을 때의 영향 추산에 필요한 활동에 대하여 설명하시오. (25점)

102회 관리 정보시스템 재해 복구의 수준별 유형을 분류하고 RTO, RPO 관점에서 비교 설명하시오. (25점)

101회 응용 최근 공공기관 지방이전에 따라 각 기관의 정보자원에 대한 지방이전 수요가 늘어나고 있다. A 기관은 이전 시 BCP(Business Continuous Planning) 기반하에 업무의 지속성을 유지할 수 있는 이전전략을 수립하고자 한다. 다음 각 항목에 대하여 설명하시오. (25점)

    (1) BCP의 개념 및 도입 시 고려사항
    (2) IT 자원 우선순위 도출 방안
    (3) 우선순위에 따른 이전전략
    (4) IT 자원 이전 후 안정화 방안

101회 컴퓨터응용 BCP(Business Continuous Planning)에서 RTO(Recovery Time Objective)와 RPO(Recovery Point Objective)에 대하여 설명하시오. (10점)

90회 조직응용 시스템에 대한 재해복구전략 수립 시 고려해야 할 사항에서 RSO (Recovery Scope Objective), RTO(Recovery Time Objective), RPO(Recovery Point Objective), RCO(Recovery Communication Objective), BCO(Backup Center Objective)의 특성에 대해 설명하시오. (25점)

86회 조직응용 BCP(Business Continuity Plan)와 DRS(Disaster Recovery System)를 비교하시오. (25점)

80회 정보관리 업무 연속성 계획(BCP: Business Continuity Planning) 수립을 검토하고 있다. (25점)

    가. 이를 효율적으로 수행하기 위한 프로세스와 프레임워크를 제시하시오.
    나. 프레임워크 내의 주요 계획(재해 예방, 대응 및 복구, 유지보수, 모의훈련)에 대하여 기술하시오.

77회 정보관리 BCP(Business Continuity Planning)를 위한 DR(Disaster Recovery) 센터의 기술 형태의 유형인 ① Mirrored Site, ② Hot Site, ③ Warm Site, ④ Cold Site란 무엇인가? (25점)

H-2

HA

인터넷 뱅킹, 전자결제, 전자상거래, 홈쇼핑, 증권 거래, 민원 업무 등 우리의 일상생활을 인터넷을 이용해 처리할 수 있게 되었다. 이처럼 인터넷이 생활 속으로 깊숙이 침투하고 이러한 서비스를 이용하는 사용자들이 빠르게 증가함에 따라 중단 없는 서비스에 대한 요구도 점점 높아지고 있다. HA(High Availability)는 이제 비즈니스의 연속성과 가용성을 극대화해주는 필수 전략이 되었다.

1 HA High Availability 의 개요

1.1 가용성 Availability 의 개념

가용성은 장애 없이 일정 시간 동안 사용되는 시간의 비율을 일컫는 것으로 다음과 같은 공식으로 표현된다.

$$Availability = MTTF / MTBF = MTTF / (MTTF + MTTR)$$
$$= 정상동작시간 / (정상동작시간 + 장애복구시간)$$

MTTF
Mean Time To Failure

MTBF
Mean Time Between Failure

가용성 관련 지표

1.2 시스템 중단요인

서비스의 연속성을 저해하는 요인은 크게 계획된 다운타임 Planned Downtime과 계획되지 않은 다운타임 Unplanned Downtime 으로 나눌 수 있다. 계획된 다운타임에는 시스템 변경, 신규 시스템 도입, 데이터 백업, 소프트웨어 추가, 애플리케이션 마이그레이션 같은 것들이 있다.

계획되지 않은 다운타임에는 정전 및 UPS 장애, 하드웨어 장애, 소프트웨어 장애, 네트워크 장애 같은 것들이 있다. 계획되지 않은 다운타임은 서비스 시스템에 갑자기 발생하는 장애로 인한 것이다. 장애의 종류와 정도에 따라 다운타임 시간은 며칠이 될 수도 있다. 예고 없이 발생하는 장애로 야기된 서비스 다운은 기업이나 조직에게 치명적인 위협을 가할 수도 있다.

1.3 고가용성 HA: High Availability 의 개념과 필요성

HA는 서버, Disk, NW 등 시스템의 구성요소를 이중화하거나 2대 이상의 시스템을 하나의 클러스터 Cluster로 묶어서, 한 시스템의 장애 발생 시 서비스 중단의 최소화를 위해 신속하게 서비스를 페일오버 Failover 하는 기능을 말한다.

HA의 목적은 서비스의 다운타임을 최소화함으로써 가용성을 극대화하자는 것이다. 운영 서버에 장애가 발생하더라도 대기 서버가 즉시 서비스를 대신 처리해준다면 서비스의 다운타임은 최소화될 수 있다. 운영 서버에 언제 장애가 발생할지는 아무도 예측할 수 없다. 관리자가 아무도 없는 새벽 시간에 장애가 발생할 수도 있다. HA는 관리자가 없을지라도 운영 서버의 장애를 모니터링해 대기 서버가 처리할 수 있도록 함으로써 중단 없이 서비스를 제공하는 역할을 한다.

HA는 이와 같이 계획되지 않은 다운타임을 위해 구성하는 것이지만, 더불어 계획된 다운타임에 대해서도 이용할 수 있다. 운영 서버 작업 시 HA를 이용해 대기 서버로 쉽고 빠르게 서비스를 이관할 수 있다.

2 HA 구현 전략

2.1 시스템 측면

HA의 구현 전략은 시스템 관점, 관리적 관점, 운영적 관점으로 나누어 생각해볼 수 있으며, 이 중 시스템 관점의 전략은 다시 데이터, 네트워크, 애플리케이션, 하드웨어 이중화의 관점으로 나누어 접근할 수 있다.

- 데이터: MirrorDisk/UX, 디스크 어레이를 사용한 RAID 구성, 백업 기술
- 네트워크: 사용자를 연결시키고 시스템 간 연결을 유지하기 위한 네트워크 카드, 허브, 스위치, 라우터, FC Fiber Channel 의 이중화
- 애플리케이션: 고가용성을 이용한 애플리케이션의 이중화
  - 다른 시스템 위에서 한 애플리케이션의 다중 인스턴스
  - DBMS 다중 인스턴스(예: Oracle RAC Real Application Cluster)
- 하드웨어 이중화/클러스터: 시스템의 SPOF Single Point Of Failure 를 최소화하기 위한 HW

HW 이중화는 SPOF를 최소화하기 위한 노력

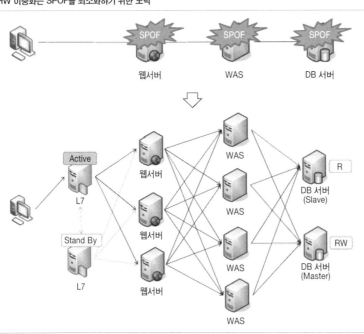

H・재해복구

2.2 관리적 측면

관리적 측면에서 접근할 때의 HA 전략은 다음과 같다.
- 장애 대응 및 복구 절차 프로세스 표준화 정의
- 리스크 분석 및 위험요인 사전 제거
- 개발, 운용, 이용자, 공급자 간 역할과 책임 명확화
- 서비스 요구 수준에 따른 서비스 공급자/수요자 간 협약 명확화

2.3 운영적 측면

운영적 측면에서 적용할 수 있는 HA 전략은 다음과 같다.
- 노후 장비, EOS/EOL 솔루션 관리체계 정비
- 모의 장애 훈련 정례화
- 시스템 모니터링 체계 구축 및 실시간 모니터링
- 정기적인 이중화 체계 정비 및 페일오버Failover 모의 점검

3 HA 구성 방법

HA 구성에 참여하는 각 시스템은 2개 이상의 네트워크 Card를 가지면서 네트워크를 통해 상호 간의 장애 및 생사 여부를 감시하게 된다. Standby 네트워크는 Service 네트워크 장애 시 백업용으로 사용되고, Private 네트워크는 HA에 참여하는 시스템들만 통신하는 전용 네트워크로 Heart-Bit 네트워크라고도 한다.

HA 구성 사례

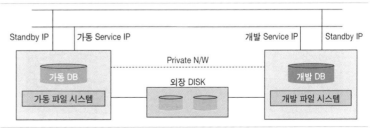

4 HA 구성 유형

4.1 Active-Standby(Hot-Standby)

가장 단순하면서 많이 사용되는 구성 유형이다. 가동 시스템과 평상시 대기 상태 또는 개발 시스템으로 운영되는 백업 시스템으로 구성되며, 가동 시스템의 하드웨어 또는 네트워크 장애 발생 시 가동 시스템의 자원을 백업 시스템으로 페일오버Failover하여 가동업무에 대한 가용성을 보장한다.

    Active-Standby 구성의 가장 큰 장점은 단순함이라 할 수 있다. 구성하기도 쉽고, 관리자 입장에서도 운영하기 쉽다. Active와 Standby 시스템의 사양을 동일하게 구성하는 경우도 있지만, 때에 따라서는 Standby 시스템의 사양을 약간 낮게 구성하는 경우도 있다.

    Active-Standby 방식으로 구성할 때, 외장 디스크Disk는 가동 시스템에서만 접근Access 가능하고 장애 시에만 백업 시스템이 접근하게 된다.

4.2 Active-Active(Mutual Takeover)

2개의 Active 시스템이 각각의 고유한 가동업무 서비스를 수행하다가, 한 서버에 장애가 발생되면 상대 시스템의 자원을 페일오버Failover하여 동시에 2개의 업무를 수행하는 방식을 말한다. Active-Active 구성 시에는 장애 발생 시 페일오버에 대비해 각 시스템은 2개의 업무를 동시에 서비스할 수 있는 시스템 용량Capacity을 갖추도록 고려해야 한다.

Active-Standby

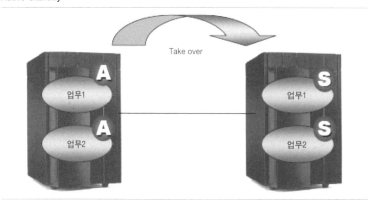

예를 들어 우선 하나의 서버에서 DB와 웹 서비스 두 가지를 할 수 있도록 시스템 사양을 설계해야만 한다. 이렇게 설계하지 않고 하나의 서버에서 두 가지 서비스가 실행될 경우 서버가 부하를 견디지 못해 다운될 수 있다. 그러면 두 가지 서비스 모두 장애가 발생해 HA 클러스터를 구축한 효과를 볼 수가 없다. 또한 하나의 서버에서 두 가지 서비스가 모두 실행될 수 있도록 환경설정도 해줘야 한다.

4.3 Active-Active(Concurrent Access)

여러 시스템이 동시에 업무를 나누어 병렬 처리하는 방식으로 HA에 참여하는 시스템 구성이며, 전체가 Active한 상태로 업무를 수행하게 된다. 한 시스템에 장애가 발생해도 다른 시스템으로 페일오버하지 않고 가용성을 보장할 수 있다. 역시 한 시스템의 장애 발생 시에 대비해 각 시스템은 유사시 전체 부하를 감당할 수 있는 최소한의 용량Capacity을 갖추도록 고려해야 한다.

두 서버에서 동일 업무를 수행하기 위해 L4 스위치를 이용하여 Load Balancing 기능을 구현하고, 외장 디스크Disk는 HA에 참가하는 전체 대상 시스템에서 동시 접근Concurrent Access할 수 있으며, 주로 데이터베이스 소프트웨어와 쌍을 이루어 구성되는 것이 일반적이다.

5 HA 구축 시 고려사항 및 기술 동향

5.1 HA 구축 시 고려사항

HA를 구축 시 시스템이 정상동작하는지 확인하는 감시기능을 반드시 고려해야 한다. 어떤 목적으로 감시기능이 필요한지, 특정 부분에 집중되어 있는지 등을 고려해야 하며 감시대상을 선별하고 불필요한 경고 항목은 줄여가는 것이 좋다.

감시기능은 일반적으로 다음과 같이 분류 가능하다.

- 생존감시: 서버 인터페이스에 대한 통신, 프로세스 정상 동작 여부 등을 간단한 명령어를 통해 정기적으로 실행하여 감시할 수 있다. 구현이 쉽고

별다른 도구가 필요 없어 일반적으로 활용된다.

- 로그감시: OS나 미들웨어가 출력하는 로그파일에는 시스템 유지를 위한 중요정보가 포함되어 있다. 미들웨어 오류나 영역 고갈 등 생존감시로는 알 수 없는 정보에서 중요하다고 판단되면 감시서버를 통해 경고메시지를 보내도록 설정한다.
- 성능감시: 디스크 사용률이나 메모리 사용현황, 디스크 고갈 등 리소스 상태파악과 네트워크 액세스 지연, 디스크 액세스 시간 등의 응답상태를 파악한다. 감시 항목 선별 및 경곗값 설정, 이상값 분석은 각각의 미들웨어나 시스템 아키텍처를 고려하여 실시해야 한다.

5.2 HA 기술 동향

- 네트워크 인터페이스 이중화는 리눅스 OS의 본딩bonding이라는 구조로 액티브-백업으로 구성되며 정상 동작 여부 판단을 위해 주로 MII Media Independent Interface 규격이 사용된다.
- HDD등 저장소 이중화 구성 시 내부 버스는 최근 SAS Serial Attached SCSI 방식으로 바뀌고 있으며 HDD 자체 이중화는 RAID 방식을 활용한다.
- 웹서버 자체를 이중화 시 고가의 부하분산장치 도입으로 장애 발생하는 경우, 동적으로 다른 서버에 페일오버할 수 있다. 이때 부하분산장치의 처리부하 경감, 대량의 요청을 처리 및 고속 응답 반환을 위해 DSR Direct Server Return 기술을 활용한다.
- 금융계 기반 시스템 등 절대 장애가 발생되서는 안 되는 시스템에서는 글로벌 서버 부하분산GSLB 구조를 도입한다. 이는 원격지 데이터 전송기술이며 DNS가 반환하는 IP주소가 동적으로 변경하는 기능을 활용한다.

참고자료
삼성SDS 기술사회. 2014. 『핵심 정보통신기술 총서』(전면2개정판). 한울.
정보통신기술진흥센터. 『2017년도 글로벌 상용SW 백서』.
미나와 요시코. 『IT 인프라 구조』.

기출문제

87회 정보관리 가용성 관리는 운영 시스템의 고장을 정확히 측정·분석하여 장애를 최소화하는 활동이다. 다음 물음에 답하시오. (25점)

(1) 응답 시간 지연 및 시스템 중단 원인을 설명하시오.

(2) 결함 허용(Fault Tolerant) 기법을 적용한 가용성 보장 전략을 하드웨어, 소프트웨어적인 측면에서 각각 설명하시오.

66회 조직응용 고가용성(High Availability) (10점)

백업 및 복구

재난 등 비상 상황들에 대비하고 문제를 극복하기 위한 방법 중의 하나로서 정보시스템에 대한 백업을 생각할 수 있다. 정보시스템 백업은 일반적으로 전산장비의 고장 및 기타 불의의 사고에 대비하여 파일 혹은 데이터를 복사해두는 행위를 의미한다. 또한 원하는 시점 및 시간 내 복구를 위한 다양한 기술이 존재한다.

1 백업 및 복구의 개념

서버 등 장비의 고장, 정전, 지진 등 재해상황, 외부의 공격 및 위변조 등의 상황에서도 원본 데이터가 손상되거나 유실되는 것을 대비하여 원본 데이터를 안전한 별도의 저장장치에 복사하는 것을 백업이라 한다.

백업에 사용되는 저장 장치는 일반적으로 원본과 물리적으로 독립된 하드디스크, 테이프, 광디스크 등이며 최근에는 클라우드 스토리지에 백업하기도 한다.

일간, 주간, 월간과 같은 특정 스케줄에 따라 백업이 수행되므로 데이터 복원 또한 백업 시점으로 한정되며 백업에 소요되는 시간 및 백업공간을 최소화하기 위해 변경된 데이터만 백업하거나 같은 데이터를 백업하지 않는 등 다양한 백업 정책을 사용한다.

또한 백업본을 문제 발생 시 원하는 시점으로 복구할 수 있는 기술들은 각각 장단점을 가지고 정보시스템의 특성에 맞도록 발전하고 있다.

2 백업 정책 및 방식

2.1 백업 정책

백업 정책의 수립은 크게 업무 중요도 파악, RTO/RPO 설정, 백업 가능시간 및 백업 대상 데이터 분석 등을 수행하는 백업 환경 분석 단계를 거쳐 백업 주기, 보관기간, 백업 수행시간, 백업 방식 등의 각 요소별의 백업 정책을 수립한다.

백업 정책 수립 절차

2.1.1 백업 환경 분석

백업 환경 분석의 초기 업무분석 단계에서는 업무의 중요도와 백업 가능시간 및 대상 업무별 RTO/RPO를 설정해야 한다.

2.1.1.1 업무 중요도 파악

백업 대상의 우선순위를 정하기 위해 업무의 중요도를 파악해야 한다. 업무의 중요도는 핵심적이고 빈번하게 사용되는 주요 업무를 대상으로 다음과 같은 사항을 고려해야 한다.

- 조직의 핵심 제공서비스에 직결된 업무
- 조직 전략 측면에서의 중요 업무

업무의 중요성은 개별 업무의 중요성에 기인할 뿐만 아니라 다른 업무와의 연관성에도 영향을 받게 되므로, 업무 간의 상호연관 관계를 고려해야 한다.

2.1.1.2 RTO/RPO 설정

업무별 또는 업무그룹별 중요도가 파악되었다면, 업무별 또는 업무그룹별의 복구목표시간RTO과 복구목표시점RPO 등을 설정해야 한다.

복구목표시간RTO은 장애 또는 재해로 인해 서비스가 중단되었을 때 해당 서비스를 복구하기까지 걸리는 최대허용시간을 의미하고, 복구목표시점RPO은 중단된 서비스를 복구했을 때 유실을 감내할 수 있는 데이터의 손실허용시점을 의미한다.

RTO/RPO 설정은 신규 자원의 확보 또는 가용 자원 투입의 우선순위를 결정하며 이에 따라 전체 백업 시스템의 규모를 산정하는 중요한 고려요소가 된다.

2.1.1.3 백업 가능시간 파악

백업 가능시간 파악을 위해서는 크게 두 가지 요소를 고려해야 한다.

첫째, '백업 시간 동안의 업무 영향도 최소화'이다. 백업 가능시간은 보통 업무종료 시부터 익일 업무개시 직전까지이다. 이는 백업 시 발생하는 서버 부하 등으로 인해 업무에 영향을 주지 않기 위함이다. 그러나 요즘에는 24×365 서비스 시스템이 많으므로 이때에는 업무 영향을 최소화할 수 있는 시간대에 백업 시간을 설정하도록 하며, 반대로 업무시간에 백업이 가능하다면 백업 자원 분산 차원에서 주간으로 설정해도 무관하다.

둘째, '백업된 데이터의 복구 시 유효성'이다. 데이터를 백업 받는 시점에 따라 복구 시 해당 백업 데이터의 유효성이 영향을 받게 된다. 예를 들어 배치 작업Batch Job 수행이 있을 경우, 배치 작업의 수행 전 혹은 완료 후 중 어느 시점에 백업을 받는가에 따라 복구시점에 추가 작업 여부가 달라지며 이에 따라 완전 복구까지의 소요시간도 달라질 수 있다. 따라서 업무의 성격에 따라 백업 시간의 결정에 신중을 기해야 한다.

2.1.1.4 백업 대상 데이터 분석

앞에서 파악된 업무와 관련된 데이터의 적절한 백업을 위해서는 백업의 대상이 되는 데이터의 종류와 용량을 파악해야 한다. 데이터의 종류와 용량에 따라 백업 정책의 결정에 영향을 미치게 된다.

2.1.2 요소별 정책 수립

백업 환경이 분석되면 백업 주기, 보관기간, 백업 수행시간, 백업 방식 등 실제 백업을 수행하기 위한 요소별 정책을 결정한다.

2.1.2.1 백업 주기 및 보관기간 결정

백업 주기와 보관기간은 백업 대상 데이터 용량과 함께 백업 시스템의 용량을 산정하는 중요한 기준이 된다. 백업 주기는 전체 백업(백업 시점에 대상 데이터 전체를 백업)을 기준으로 데이터의 중요도에 따라 일 단위, 주 단위, 월 단위 등으로 나누어 수행한다. 보관기간은 데이터의 중요도에 따라 다르게 적용되는데, 각 기관별로 보유한 자료보존연한 등 시스템 외부적인 요인에 의해 결정될 수 있다.

시스템 내의 데이터 중 백업 대상 데이터, 백업 주기, 보관기간을 정하면 정기적인 백업을 위한 백업 스케줄 준비가 되었다고 볼 수 있다. 이때 주의할 점은 상기사항을 정할 때 복구를 고려하여 백업 스케줄을 정해야 한다는 것이다.

2.1.2.2 백업 수행시간 결정

파악한 백업 가능시간 중에서 백업 자원의 가용 정도에 따라 적절한 수행시간을 배분하여 결정해야 한다. 이때 백업 수행 중 실패를 대비하여 백업 재수행을 위한 여유시간 확보에 대해서도 반드시 고려해야 한다.

2.1.2.3 백업 방식 결정

백업 방식은 일회 백업 시 전체를 백업 대상으로 하는가, 변경분만을 대상으로 하는가에 따라 전체 백업Full Backup과 증분 백업Incremental Backup으로, 백업 시의 업무서비스 제공 여부에 따라 온라인 백업On-Line Backup과 오프라인 백업Off-Line Backup으로 분류할 수 있다. 또한 백업 데이터의 형태에 따라 파일 단위와 디바이스 단위로 구분할 수 있다.

2.2 백업 방식

백업 대상은 기준으로 크게 OS, 데이터베이스, 사용자 일반 파일 및 기타 파일 등으로 분류할 수 있다.

백업 방식은 업무서비스 가동 중에서 백업 시 온라인 백업Online Backup, 업무서비스 미가동 중에서 백업 시 오프라인 백업Offline Backup으로 분류한다. 또한 항상 전체 데이터를 백업하느냐, 기준점 이후 변경사항만을 백업하느냐에 따라 백업 방식에 따른 유형을 다음과 같이 나눈다.

2.2.1 완전 백업

완전 백업이란 모든 파일을 백업 매체로 기록하는 방식을 말한다.

백업한 데이터가 절대 변경되지 않는다면, 매번 완전 백업할 때마다 백업된 내용은 항상 같다. 그것은 매번 완전 백업을 실행할 때마다 이전 백업 이후 파일이 변경 여부에 상관없이 모든 파일을 다시 백업 매체에 복사하기 때문이다.

완전 백업을 자주 사용하지 않는 것은 모든 파일을 백업 매체에 기록하기 때문이다. 즉 아무런 변화가 일어나지 않을 때에는 많은 백업 매체가 낭비된다. 보통 사용자 일반 파일과 데이터베이스가 그 대상이다.

2.2.2 차별증분 Differential Incremental 백업

전체 백업 이후로 다음 전체 백업이 실시되기 직전까지 전체 백업 이후의 변화된 데이터를 백업 받는 방식이다. 예를 들어 일요일마다 주간 전체 백업을, 그리고 매일 차별증분 백업을 할 경우 매일 데이터 변경분만 받아주면 되므로 백업 시간이 단축될 수 있다. 그러나 토요일 장애 발생 시 전주 일요일 전체 백업본과 증분 백업분(월, 화, 수, 목, 금)까지 모두 리스토어해야 하기 때문에 복구 시간이 늦어지는 단점이 있다.

2.2.3 누적증분 Cumulative Incremental 백업

차별증분 백업과 그 개념은 유사하나 전체 백업 이후 변경분이 누적되어 백업되어가는 방식이다. 예를 들어 일요일마다 주간 전체 백업을, 그리고 매일 누적증분 백업을 할 경우 매일 데이터 변경 누적분을 받으므로 요일 후반부로 갈수록 백업시간이 늘어나는 단점이 있으나 복구 시 전체 백업본과 증분 백업 1본만 리스토어하면 되므로 복구 시간이 단축된다. 복구 시간에서 보면 전체 백업과 차별증분 백업 사이에 있다고 할 수 있다.

3 백업 및 복구 기술의 유형

3.1 백업 및 복구 기술 유형

초창기 테이프 백업 방식에서 낮은 백업/복구 성능, 잦은 미디어 에러, 백업 자원의 비효율성 등의 문제점이 나타나자 디스크 백업이 고려되었고, 초기 디스크 백업에서는 기존 테이프 백업에서 익숙했던 미디어 관리 등의 불편함이 해소되지 않자 디스크를 테이프 장치처럼 사용할 수 있는 VTL Virtual Tape Library 이 출시되었다. 또한 늘어만 가는 데이터양의 백업 저장 효율을 높이기 위한 중복 제거De-Duplication 기술, RPO Recovery Point Objective / RTO Recovery Time Objective 단축을 최우선 목표로 하는 지속적 데이터 보호 CDP: Continuous Data Protection 기술에 이르기까지 다양한 백업/복구 기술이 있다.

기술	상세
테이프 백업	- 전통적 백업 방식, 높은 기술성숙도 - 안정적, 지속적, 대용량 백업 가능, 낮은 비용 - 장기보관, 소산 목적
디스크 백업	- 전통적 백업 방식, 높은 기술성숙도 - 안정적, 지속적, 대량/작은 파일 - 운영 서버의 부하
VTL	- 비교적 최근 백업 방식, 높은 기술성숙도 - 안정적, 지속적, 대량/작은 파일 - 서버/디스크 성능에 제약
De-Duplation	- 최신 백업 방식, 확산 단계, 기술성숙도(발전 중) - 파일 특성 중요 - VTL 부가 기능화
CDP	- 최신/향후 백업 방식, 초기 단계, 기술성숙도(낮음) - 범위 제한적(현재) - 솔루션 업체 제한적

발전 방향

3.2 RTO/RPO 단축을 위한 CDP 기술

CDP Continuous Data Protection 기술은 기존의 전통적 스토리지 솔루션인 데이터 복제Data Replication, 데이터 미러링Data Mirroring, 스냅숏과 같은 유사 기술을 사용하여 원본 데이터의 변화를 복제본에 지속적으로 업데이트하는 방식으로 구현하여 데이터 손실을 최소화하고 복구를 신속하게 하는 디스크 기반 백업 기술이다. 백업 대상 데이터가 변경되면 자동적으로 다른 저장 장소에 저장하는 기능을 가지고 있고, 기존의 백업 방식과는 다르게 백업 스케줄링 작업이 필요 없을 뿐만 아니라 원하는 시점 어디로든지 복구할 수 있다. CDP 솔루션은 동작 방식에 따라 다음과 같이 구분 가능하다.

3.2.1 블록 기반

'블록 기반'의 솔루션은 물리적인 스토리지 레이어 또는 논리적인 볼륨 매니 저 레이어에서 동작된다. 즉 데이터 블록이 운영 스토리지에 기록되면 CDP 시스템에 의해 캡처되어 독립적인 스토리지 공간에 저장된다.

이러한 스토리지 기반의 제품은 서버 리소스를 사용하지 않고 플랫폼 종 속성이 없다는 장점이 있지만, 애플리케이션 레벨의 연동이 불가능해 논리 적 단위의 복원이 어렵다는 단점이 있다.

종종 블록 기반 CDP 해법은 CDP 디바이스가 복원점을 구분하기 위해 응 용 프로그램 쪽에서 정지 시점과 일치하는 특정 '시각'을 태그로 기록해놓는 태깅 연산을 지원한다. 이런 불연속점 사이에서도 CDP 해법이 유용한 뷰를 제공해주긴 하지만 몇몇 응용 프로그램 재동기화라는 비용을 치러야 한다 (정말로 임의 시점으로 가고 싶다면 재동기화 비용은 엄청나게 높아진다).

블록 기반 해법의 장점은 응용 프로그램 투명성이 아주 높고, 응용 프로 그램 성능에 영향을 미치지 않으며, 일반적으로 하드웨어와 플랫폼 특성을 타지 않는 것이다.

3.2.2 파일 기반

'파일 기반'의 CDP 솔루션은 파일 시스템 단에서 동작되도록 설계되어 파일 시스템 데이터와 메타데이터 이벤트(파일 생성, 수정 및 삭제)를 캡처하는 방 식으로서, 응용 프로그램과 사용자가 자연스럽게 파일 기반으로 구성된 자 료를 사용할 수 있다. 블록 기반 해법에서는 LUN/disk 단위로만 정책 설정 이 가능했지만, 파일 기반 해법은 파일이나 파일 그룹 단위로 다양한 정책 을 설정할 수 있다. 특정 기계에 들어 있는 파일 집합은 단순히 CDP 형식으 로 보호받을 필요가 없을지도 모르며, 어떤 파일 집합은 저장 시점을 오랫 동안 유지할 필요가 있을지도 모른다.

또한 파일 기반 CDP 해법은 부하가 중간 정도로 그치는데, 파일이 디스크에 자연스럽게 저장될 때, 이미 여러 캐시에 저장되어 있는 자료로 아주 쉽게 복사본을 만들 수 있기 때문이다. 복구 역시 파일 기반 CDP 해법에서 좀 더 부드럽게 진행된다. 과거 특정 시각에서 전체 볼륨 뷰를 마운트하거나 제공할 필요가 없다. 그 대신 각 파일에 대한 개별 저장 인스턴스를 찾아서 필요한 버전을 찾아볼 수 있다(아니면 파일이나 디렉터리 집합 복구를 원하는 특정 시각을 요청할 수도 있다).

3.2.3 애플리케이션 기반

'애플리케이션 기반'의 CDP는 보호대상인 애플리케이션과 직접 연동해 작동되도록 설계되어 있다. 이러한 솔루션들은 애플리케이션 자체와 밀접한 연동관계를 갖거나 모든 변경에 대한 접근성을 제공한다.

특정 응용 프로그램(예: 데이터베이스 또는 비슷한 응용 프로그램)이 특정 시점으로 돌리기 위해 필요한 모든 저널링 정보를 처리할 책임을 전적으로 진다. 응용 프로그램에 밀접하게 통합되어 있다는 사실은 복구 능력에 훨씬 더 풍부한 기능을 제공하는 해법임을 의미한다. 예를 들어 데이터베이스는 세 시간 전에 나타났던 테이블의 열이나 행을 복구하고, 동작 중인 응용 프로그램을 방해하지 않은 채로 살아 있는 시스템에서 이런 복구 작업을 진행할 수 있을지도 모른다. 반면 블록 기반 해법은 테이블 열과 행을 보지 못하며, 가공되지 않은 블록만 볼 수 있을 뿐이다. 블록 기반 해법은 전체 디스크(또는 디스크 집합)에 대한 '뷰'만을 제공하며, (데이터베이스와 같은) 응용 프로그램은 실제 사용을 위해서는 이런 '뷰'를 물리적으로 '마운트' 해야만 한다.

응용 프로그램 기법의 장점은 응용 프로그램과 밀접하게 통합되어 강력한 복구 능력을 제공한다는 점이며, 단점은 응용 프로그램 서버에 부하를 주고 자원을 소모한다는 점이다.

4 백업 및 복구 기술 동향

4.1 클라우드 백업 및 아카이빙 기술의 역할 증가

- 병렬화, 데이터 변경 탐지, 동적 TCP 최적화, 중복 제거, 압축 등 다양한
  WAN에 최적화 기술의 발전을 통해 클라우드 백업 및 아카이빙이 활성화
  될 것으로 예측된다.
- 가상화 환경에서 생성되는 백업 이미지 수의 증가, 대규모의 스냅숏 관리
  등 백업 프로세스의 복잡도를 획기적으로 줄일 수 있는 클라우드 백업 기
  술로 발전할 것으로 예상된다.
- 데이터 전송 및 보관 전 과정에서의 보안 기술 적용으로 검증된 백업뿐만
  아니라 위험에 대한 모니터링 기술 지원 필요하다.

4.2 All Flash 스토리지 활용한 지속적 데이터 보호

- 디스크 대비 성능이 우월한 플래시 스토리지 기반의 고속 CDP 솔루션이
  성능 저하 가능성을 최소화한 솔루션으로 발전 전망된다.

4.3 중복 제거 솔루션의 발전

- 중복 제거 기술은 백업 저장량을 획기적으로 줄일 수 있고 원격지에 백업
  을 분산 배치할 때도 백업 대상 전체 용량에 비해 매우 작은 데이터양을
  전송함으로써 원격지 백업 구축을 용이하게 한다.

참고자료
삼성SDS 기술사회. 2014. 『핵심 정보통신기술 총서』(전면2개정판). 한울.
정보통신기술진흥센터. 『2017년도 글로벌 상용SW 백서』.

기출문제
110회 응용 가상화 환경에서 데이터 백업방법 2가지를 설명하시오. (25점)
84회 관리 고객에게 실시간 서비스를 제공하는 기업에서의 정보시스템 장애 등

비상상황 발생 및 대응활동은 매우 중요하다. A 금융기관에서는 이러한 비상상황에 효율적으로 대처하고자 기존의 Tape 방식의 백업방식에서 Disk 기반 방식으로의 백업을 고려하고 있다. Disk 기반 백업방식 중 가상 Tape 라이브러리(VTL) 방식의 정의 및 특징, D2D(Disk TO Disk) 방식과 VTL 방식을 설명·비교하시오. (25점)

H-4

ISO 22301

기업 및 조직은 발생 가능성은 낮으나 발생 시 영향과 충격이 큰 재해, 위기상황에 대해 대응능력과 핵심 업무 및 프로세스(Critical Business Functions) 중심의 복구역량을 필요로 한다. ISO 22301은 기업의 비즈니스 연속성 관리 시스템을 효과적으로 구축하고 관리하도록 가이드를 제공한다.

1 비즈니스 연속성 관리 국제표준의 발전

2002년	2003년	2006년	2007년	2012년
BCI Best Practice	PAS 56	BS 25999-1 Best Practice	BS 25999-2 인증심사규격	ISO 22301 인증심사규격

2000년 8월 12일 러시아 핵잠수함 쿠르스크호 침몰 사건, 2001년 9·11테러를 포함한 각종 테러와 자연재해의 위험이 대두되면서, 국제표준화기구(ISO)는 사회안전 분야의 표준화 작업에 착수하였다. 그 결과 2012년도 전사적인 방침과 절차, 운영 관련 요구사항 및 지침이 명시된 비즈니스 연속성 관리시스템BCMS: Business Continuity Management System의 국제표준인 ISO 22301을 발간하였고, 우리나라도 이 표준을 기초로 기술적인 내용 및 구성을 변경하지 않고 작성하여 2013년 2월 19일에 KSA ISO 22301(사회안전-비즈니스 연속성 관리 시스템 요구사항) 국가표준을 제정하였다.

H · 재해복구

2 ISO 22301 적용 모델 및 영역

2.1 PDCA 기반 ISO 22301 모델

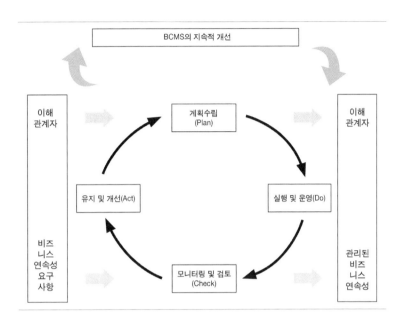

2.1.1 Plan
조직의 전반적인 정책 및 목표와 일치하도록 비즈니스 연속성 관련 정책,
목표, 프로세스, 전략을 수립하는 단계

2.1.2 Do
비즈니스 연속성 정책, 프로세스, 절차를 실행 및 운영하는 단계

2.1.3 Check
비즈니스 연속성 정책 및 목표에 대한 성과를 모니터링 및 검토하여 경영자
에게 보고하고 이후 시정 및 개선에 대한 결정 단계

2.1.4 Act
Check 단계 이후 재평가에 근거하여 BCMS를 유지 및 개선하는 단계

2.2 ISO 22301의 영역

단계	영역	설명
Plan	조직현황	조직의 내외부 상황 및 이해관계자들의 요구와 기대 파악 - 전략적 방향에 영향을 미치는 긍정적, 부정적 이슈를 결정, 모니터링 및 검토 - 적용 가능한 법규 및 그 밖의 요구사항에 대한 요구와 기대
	리더십	조직 전반에 걸쳐 최고경영자의 리더십 및 의지표명 보장 - 최고 경영자의 역할 명확화 - 비즈니스 연속성 정책을 수립하고 조직 내에서 의사소통
	계획	조직이 상황과 이해관계자의 니즈를 고려한 리스크 및 기회 결정 - 리스크 및 기회에 대한 대처와 수행방법에 대한 계획 수립 - BCMS 목표달성에 대한 결정사항 구체화
	지원	적격성 결정 및 보장에 대한 문서화된 정보 보유 - BCMS에 대한 인식과 의사소통 강화 - 문서화된 정보 유지 및 보유
Do	운영	비즈니스 영향 분석(BIA) 및 리스크 평가(RA) - 비즈니스 연속성 전략 수립(결정, 선택, 자원 및 방법) - 실행(대응구조, 경보, BCP, 복구, 훈련)
Check	수행평가	측정항목, 평가기준, 측정시기 및 의사소통 시기 기준 - 법규 및 그 밖의 요구사항에 대한 준수평가 - 내부심사 및 경영검토
Act	개선	사건 및 부적합에 대한 지속적 개선 - HLS(High Level Structure)를 기반으로 운영 ※ HLS: 기업이 지속 가능한 발전체계를 갖추게 하는 표준

3 ISO 22301의 필요성

- MBCO Minimum Business Continuity Objective: 중단기간에 조직의 비즈니스 목표를 달성하기 위해 수용 가능한 서비스 또는 제품의 최소 수준
- MTPD Maximum Tolerable Period of Distruption: 최대 허용가능 중단 기간
- RTO Recovery Time Objective: 복구 목표 시간

ISO 22301는 재해발생 시 핵심업무 대상 수용 가능한 수준으로 서비스 및 제품을 유지시키고 최대허용 중단기간 이내로 복구시키는 데 그 목적이 있다.

또한 기업 내외부의 잠재적 위협과 그 위협이 실제로 발생할 경우 야기될 수 있는 비즈니스 운영 위협에 대한 영향을 파악하고 핵심 이해관계자 이익, 명성, 브랜드 및 가치창조 활동을 보호하는 효과적인 대응능력을 갖고

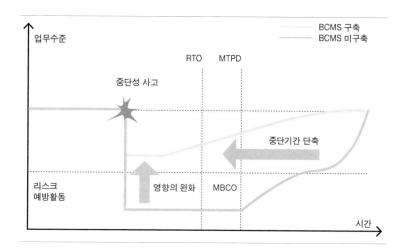

조직 회복력을 구축하는 프레임워크를 제공하는 총체적 관리 체계를 마련하는 데 의의가 있다.

📄 참고자료
삼성SDS. 「기술사입문과정 교재-IT경영」.

Enterprise IT

1

IT 기반 기업정보시스템 트렌드

-

1-1

IOT

사물인터넷(IoT)은 센서 및 네트워크 기술의 발달로 우리의 일상생활 및 산업전반의 일하는 방식을 바꾸고 있다. 공유경제의 개념과 더불어 IoT 기술을 활용한 다양한 비즈니스 모델이 이미 생활 속에 실현되고 있다. IoT에 의한 영향을 분석하여 사람이 중심되고 인간을 위한 활용이 되도록 하기 위한 고려사항과 발전 방향에 대해 살펴보도록 하자.

1 IoT 개요

IoT는 각종 사물에 센서와 통신기능을 내장하여 인터넷에 연결하는 기술로 인터넷으로 연결된 사물들이 데이터를 주고받아 스스로 분석하고 학습한 정보를 사용자에게 제공하거나 최근에는 사용자가 이를 원격으로 조정할 수 있는 인공지능기술과 융합되어 활용되고 있다.

2 IoT 기술적 구성요소

IoT를 구성하는 기술적 관점의 요소는 네 가지로 분류할 수 있다.

첫째, '센싱 기술'로 사물이나 장소에 센서를 부착하여 주변 상황과 사물의 특성정보를 획득하고 실시간으로 전달하는 핵심기술이다. 온도, 습도, 가스감지, 위치, 모션 등 주위 환경과 사물의 변화를 감지하고 정보를 얻는 역할을 한다. 이러한 센서는 표준화된 인터페이스와 정보처리능력, 다중센서 기술로 발전되고 있다.

둘째, '유무선 통신 및 네트워크 인프라 기술'로 사물이 인터넷에 연결되도록 지원하는 기술로 IP를 제공하거나 무선통신모듈을 탑재하는 방식을 취한다. Ethernet, WiFi, 3G/4G/5G, 위성통신, Bluetooth 등 사물과 서비스를 연결시킬 수 있는 모든 유무선 네트워크를 의미한다.

셋째, '서비스 인터페이스'로 사물인터넷을 구성하는 요소들을 특정 기능을 수행하는 응용서비스와 연동하는 역할을 한다. IoT 서비스 인터페이스는 서비스 제공을 위해 필요한 정보의 저장, 처리, 변환 등과 같은 기능을 수행한다. 이를 지원하기 위해 미들웨어, 인증/인가, 프로세스 관리, 데이터 마이닝, 웹서비스 등 다양한 기술이 활용된다. 최근에는 센싱 기술과 네트워크 인프라의 발달로 더 많고 다양한 정보를 수집하게 되면서 빅데이터 기술과 융합하여 사물인터넷이 더욱 다양한 영역에서 활용될 수 있도록 촉진하고 있다.

넷째, '보안 기술'로 센서, 유무선 네트워크 인프라, 센서로부터 수집한 데이터 등 사물인터넷 구성요소에 대한 해킹 및 정보유출을 방지하기 위한 기술로 사물인터넷 확대에 필수적이다.

사물인터넷 기술적 구성요소

3 IoT 활용 분야

사물인터넷은 응용서비스 분야가 매우 넓다. 우리가 잠자고, 운동하고, 몸의 상태를 진단하고, 실내 온습도를 조절하고, 차량 운전을 할 때 필요한 정보를 제공받아 지시를 내리거나 운전을 해주는 등 스마트 헬스케어, 스마트 홈, 스마트 카, 스마트 팩토리, 스마트 시티 등이 우리의 생활 패턴과 일하는 방식을 변화시킬 수 있다.

3.1 스마트 헬스케어

헬스케어 산업은 크게 피트니스와 예방을 포함한 진료로 나눌 수 있다. 센서가 내장된 개인 디바이스(웨어러블 디바이스, 스마트폰 등)의 정보를 통해 개인 맞춤형 피트니스가 가능하다. 온습도, 가속도계, 심박센서, 혈중 산소 농도, 체지방률 등을 측정하고 이 정보를 활용하여 개인별 적합한 운동방식을 제시해줄 수 있다.

또한 혈압, 당뇨, 심부전증 등의 질환이 있는 환자의 원격진료나 응급상황이 발생할 때 병원이 구급차를 보내거나 최단 거리의 지원자를 보내 긴급 초기 조치를 하게 할 수 있다.

3.2 스마트 카

스마트카는 자동차에 기계공학회 전기전자, 정보통신 등 여러 가지 기술이 융합되어 지능과 성능이 향상된 자동차로 자동차업체뿐 아니라 IT업체들의 스마트카 사업으로의 확장 및 협업으로 급속한 기술 발전이 이루어지고 있다.

스마트카 관련 기술은 안전, 편의 및 보안, 정보로 크게 나눌 수 있다. 그 중 대중화에 필요한 가장 핵심기술은 안전과 관련된 기술로 차선이탈 방지, 보행자 보호 시스템 등이 갖춰져야 한다. 지능형 시트나 운전자 인식 시스템 등의 기술이 필요한 편의 및 보안기술, 실시간 교통정보 및 음성 인식 시스템 등과 같은 정보 기술로 구성된다.

최근에는 IT업체 또는 자동차 업체들에 의해 개발된 자율주행 자동차가 미국에서 시험 운전되고, 식료품을 배달하는 등 기술의 진보로 다양한 영역에서 스마트 카의 활용을 기대하는 기업들이 증가하고 있다.

3.3 스마트 홈

한국스마트홈산업협회에 따르면 스마트 홈이란 주거환경에 IT를 융합하여 국민의 편익과 복지 증진, 안전한 생활을 가능하게 하는 인간 중심적인 스마트 라이프 환경이라 설명된다. 주로 활용되는 분야는 생활가전, 에너지관리, 홈 시큐리티 분야이다.

생활가전분야에서는 TV, 냉장고, 에어컨 등 네트워크로 연결된 가전기기들이 원격 혹은 자동 판단에 의해 일을 할 수 있게 되었다. 조명, 수도, 난방과 같은 에너지 관리 분야에 센서가 부착되어 자동 제어가 가능하다. 도어락, 창문 개폐, CCTV, 움직임 감지 등 시큐리티 분야에도 이미 다양하게 활용되고 있다.

3.4 스마트 시티

스마트 시티는 도시화에 따라 발생하는 다양한 문제를 예방하거나 해결해주는 수단으로 활용될 수 있다. 대중교통 정보 관리를 통해 대중교통의 위치를 안내하고 있고, 교통 혼잡도, 도로 유실 및 사고 발생 여부를 파악해최적 이동 경로를 안내하고 있고, 최근거리 주차장 및 주차위치를 안내하고, 차량 또는 사람 근접 시 가로등을 밝혀 안전사고를 막고 비용을 절감하는데 활용되고 있다. 또한 하수도 범람, 화재나 자연재해 등을 감시하는 환경감시 솔루션으로 효율적인 도시관리가 가능해진다.

4 IoT 기술의 영향

이미 생활 및 산업 전반에 사물인터넷이 본격 활용되고 있다. 공유경제의 개념 아래 IoT기술을 이용한 차량 공유, 숙소 공유 등 다양한 비즈니스 모델이실생활에 널리 활용되기 시작하였다. 2013년 한국과학기술기획평가원이 실시한 사물인터넷 기술영향평가 결과에 따르면 긍정적 요인도 많으나 사물인터넷의 부정적 인식과 부작용에 대한 준비가 필요함을 확인할 수 있다.

구분	부정적	긍정적
경제적 영향	- IT기술 부적응 중소 영세기업 위협 - 일자리 감소	IT기술 중심 산업 간 융합 신산업 창출
윤리적 영향	개인정보 유출 등 프라이버시 침해 위험 증가	- 다수에 의한 새로운 도덕적 가치판단 기준 확산 - 사이버 공격의 빠른 감지와 자동 복구를 위한 지능형 보안 등장
사회적 영향	사회적 혼란과 갈등 유발(의료정보 유출 및 오남용, 원격근무 범위·평가 기준 관련 노사갈등, 도농·세대·계층 간 정보격차 등에 따른 사회적 혼란과 갈등)	스마트 헬스케어, 스마트 워크, 스마트 교육 활성화
문화적 영향	- 기계 의존적 의사결정에 따른 개인화·집단화 심화 - 유유상존·승자독식 등 문화쏠림 현상으로 문화적 다양성 감소	- 초연결사회로 진입하면서 스마트 신인류 등장 - 국경을 초월한 문화유통 플랫폼 구성으로 다양한 콘텐츠 창작 및 유통 확산
환경적 영향	- 신체밀착형 센싱에 의한 전자파 유해성 논란 - 급증하는 전자폐기물(e-waste)에서 발생하는 유해화학물질, 중금속 등에 의한 심각한 환경문제 예상	시설물 상시 유지관리, 재난재해 예측 및 조기경보, 범죄예방 및 실내 환경의 유해물질 관리와 예방가능

5 IoT 발전을 위한 고려사항

IoT가 지속 확대 발전하기 위해서는 다음 사항이 고려되어야 한다. 먼저 사물로부터 지속해서 정보를 송수신할 수 있어야 한다. 사물에 부착되거나 내장된 센서가 끊김 없이 연속적으로 정보를 센싱하고 전송할 수 있도록 전력이 지속 공급되어야 하고, 이를 위해 저전력 센서 기술 및 충전기술이 함께 발전해야 한다. 둘째, 여러 사물 간 정보를 유기적으로 분석/활용할 수 있어야 한다. 이를 위해서는 인터페이스의 표준화가 필수적이다. 셋째, 개인정보가 보호됨을 충분히 보장해줄 수 있어야 한다.

참고자료

커넥팅랩. 2014. 『사물인터넷: 클라우드와 빅데이터를 뛰어넘는 거대한 연결』. 미래의 창.
차두원·진영현. 2015. 『초연결시대, 공유경제와 사물인터넷의 미래』. 한스미디어.
매일경제IoT혁명프로젝트팀. 2014. 『사물인터넷: 모든 것이 연결되는 세상』. 매일경제신문사.
한국과학기술기획평가원. 2014.1. 「2013 기술영향평가 보고서(스마트네트워크의 활용-스마트라이프)」.

한국인터넷진흥원. 2012.9. 「사물인터넷(IoT)의 시장 정책 동향 분석」. 인터넷&시
큐리티 이슈.

인공지능 기술 및 동향

2016년 3월 전 세계의 이목을 집중시킨 알파고와 이세돌 9단의 바둑 대결은, 평소 IT나 바둑에 관심이 없던 일반인들까지 관심을 가지기에 충분했다. 이러한 화두의 바탕에는 인공지능(AI: Artificial Intelligence) 기술이 핵심 키워드로 존재하며 인공지능 기술은 하루 아침에 생긴 것이 아닌 수십 년 동안 지속적으로 발전한 분야이다. 최근 수년 동안 특히 빅데이터 기술의 발전과 H/W(GPU)의 성능 및 비용 개선으로 인공지능 분야는 더욱 뜨거운 주제이며 이러한 인공지능 기술에 대하여 살펴보도록 하자.

1 인공지능의 개념

제4차 산업혁명의 핵심 동력인 인공지능은 빅데이터에 대한 고도의 해석을 통해 실시간 기반의 자율적 의사결정, 자율지능 등을 가능하게 하는 제4차 산업혁명을 가시화하는 초지능, 초연결 핵심기술이다.

인공지능은 인간의 지능으로 할 수 있는 사고, 학습, 자기 개발 등을 컴퓨터가 할 수 있도록 하는 방법을 연구하는 컴퓨터 공학 및 정보기술의 한 분야로서, 인지 모델링을 바탕으로 컴퓨터가 인간의 지능적인 행동을 모방하게 하는 기술이다.

초기 인공지능의 개념은 미국 다트머스Dartmouth 학술회의에서 존 매카시 John McCarthy가 "기계를 인간 행동과 동일하게 행동하게 만드는 것"이라고 정의했으며, 제4차 산업혁명 시대에 인공지능이 더욱 부각된 이유는 다양한 측면에서 접근할 수 있다.

무엇보다 인공지능의 기반 기술 중에 하나인 빅데이터의 발전과 대용량 연산을 위한 H/W(특히 GPU)의 성능 향상과 가격 하락이 큰 이유이다. 또한 인공지능에서 가장 부각되고 있는 오버피팅을 극복한 딥러닝 알고리즘의 향상, 그리고 클라우드 기반 인프라의 조성으로 인공지능의 학습, 추론, 인지 기술을 발달시킬 수 있는 환경이 조성됨에 따라 발전을 가속하고 있다.

2 인공지능 기술분류 체계 및 세부 분야

인공지능을 분류하는 방법이나 세부 기술은 관점에 따라 여러 가지가 존재한다. 여기에서는 버클리대 설Searle 교수가 분류한 인간의 일을 얼마나 수행할 수 있는지에 따라 약(弱)인공지능과 강(强)인공지능으로 분류하고 세부 분야에 대하여 살펴보도록 하겠다.

2.1 인공지능의 기술분류 체계

약인공지능은 어떤 문제를 실제로 사고하거나 해결할 수 없는 컴퓨터 기반의 인공적인 지능을 만들어내는 것으로 세탁기의 퍼지 기능, 로봇청소기 등과 같이 인간의 다양한 능력 가운데 자율성 없이 일부만 구현 보조하는 역할을 수행한다.

반면에 강인공지능은 어떤 문제를 실제로 사고하고 해결할 수 있는 컴퓨터 기반의 인공적인 지능을 만들어내는 것으로 인간의 지능이 가지는 자율적 학습, 추리, 적응, 논증 기능을 갖춘 진보된 인공지능이라고 말할 수 있다.

인공지능 발전 측면에서 접근하면 빅데이터 기반의 약인공지능에서 인간의 능력을 증강시키는 기술로 진화하며 스스로 사고, 판단, 예측, 스스로 학

약·강에 따른 인공지능 분류

약인공지능	강인공지능
합리적으로 생각하는 시스템	합리적으로 행동하는 시스템
- 정신적 능력을 갖춘 시스템	- 지능적 행동을 하는 에이전트 시스템
- 사고의 법칙 접근 방식	- 합리적인 에이전트 접근 방식
인간처럼 생각하는 시스템	인간처럼 행동하는 시스템
- 사고 및 의사결정을 내리는 시스템	- 어떤 행동을 기계가 따라하는 시스템
- 인지 모델링 접근 방식	- 튜링테스트 접근 방식

자료 : Searle(1980), Russell, et al(1995).

습, 진화, 두뇌를 모사하는 인지 컴퓨팅 등 강 인공지능 기술로 발전할 것으로 예측된다.

2.2 인공지능의 세부분야

인공지능의 분야는 전문가 시스템, 자연어 처리기, 로보틱스, 인공시각, 인공신경망, 퍼지로직, 유전자 알고리즘 등이 있으며 각 분야의 상세 설명은 다음과 같다.

분야	설명
전문가 시스템 (Experts System)	- 컴퓨터에 지식을 직접 만들어 넣고 컴퓨터가 인간 전문가의 지적인 능력을 시뮬레이션하려는 연구 - 지식 공학 기반의 지식베이스와 추론 엔진으로 문제 해결지원 시스템을 구현하는 기술, 특히 대상영역에 대한 전문가의 지식을 지식베이스로 축적하여 고도의 문제를 취급하는 시스템
자연어 처리기 (Natural Language Processing)	- 컴퓨터가 일상생활에서 사용하는 언어인 자연어를 이해시키려는 연구 - 대표적으로 자연어 처리 시스템(질의/응답) - 자연어 처리는 크게 언어의 어휘, 구분, 의미에 관한 지식을 사용하여 문어(written language)를 처리하는 단계와 음성에서 발생되는 애매함을 비롯한 구어(spoken language)를 처리하는 단계의 두 가지 작업으로 분류 - 자연어 처리의 궁극적인 목표는 컴퓨터가 이해하기 위해 사람이 프로그램 언어 또는 개별 명령을 직접 배워야 하는 번거로움을 없애는 것.
로보틱스 (Robotics)	프로그램으로 조작 가능한 여러 가지 물리적 작업을 수행하기 위해 만들어진 시각이나 촉각을 인식할 수 있는 지능형 로봇
인공 시각 (Artificial Vision)	- 컴퓨터에 시각적 정보를 인식, 이해시키는 것을 목표로 하는 연구 - 주위 환경의 이미지를 감지하여 컴퓨터에 자동적으로 입력할 수 있도록 이미지의 중요한 특징을 검출하는 방법, 이미지 패턴인식 기법 사용 - 컴퓨터 비전이라고도 하며 패턴인식, 통계적 학습, 영상처리, 그래프 이론 등을 활용 - 화상처리 단계(원래의 화상을 배경 분석단계에서 이용하기 쉬운 형태로 변경)와 배경분석 단계(처리된 화상으로부터 에이전트가 임수 수행에 필요한 정보생성)로 크게 구분
인공신경망 (Artificial Neural Network)	- 생물의 신경망을 모방한 모델로 네트워크 구조 내에 서로 연결된 처리 항목을 가진 대량의 병렬처리 소프트웨어 시뮬레이션 수행에 사용 - 생성규칙의 집합과 사실들을 연관시키고 결론을 도출하며, 인간의 뇌신경이 사고하는 방식을 그대로 모방한 프로그램을 사용
퍼지 로직 (Fuzzy Theory)	- 확률을 포함하는 비결정적인 것, 정확한 판단이 아닌 애매한 정보 등을 퍼지 집합론에 의해 효과적으로 처리 하는 시스템 - 퍼지 이론은 인간의 형태를 이분법에 의해 양분할 수 없다고 단정 짓고 확률적인 이론을 도입하여 인간의 말이나 행동, 사고 등의 애매하고 불분명한 기준과 표현까지도 파악
유전자 알고리즘 (Genetic Algorithm)	유전자 알고리즘은 다윈의 적자생존이론 등 자연에서 관찰된 진화 방법 및 유전학 원리를 컴퓨터 알고리즘과 결합시켜 정립된 최적화 알고리즘

3 인공지능의 동향

인공지능으로 시스템을 자동화하여 효율성을 향상하고 미래에 대한 인사이트를 확보, 리스크에 대응하며 사람의 개입을 최소화하여 비용효율을 향상시키는 방법으로 기업 정보 시스템에 적용되고 있으며 새로운 비즈니스 모델을 창출하기 위한 주요 기술이자 수단으로서 기업 및 국가별로 빠르게 대응하고 있다.

분야	분야 설명 및 사례
AI기반 의사결정시스템	축적된 빅데이터와 이벤트 기반으로 인공지능을 적용, 앞으로의 예측을 통한 최적의 의사결정 제공
AI비서/챗봇	자연언어 인식과 기계학습을 이용하여 사용자가 원하는 것을 스스로 예측 기업 활동 및 고객 지원 역할
AI기반 채용시스템	지원자의 이력서/답변을 학습하면서 면접관을 보완, 수천 장 단위의 서류평가 지원
AI콜센터	콜센터 상담원들의 업무를 AI로 대행, 질의 데이터에 대한 축적으로 점증적인 고도화
자율주행 자동차	운전자의 조작 없이 스스로 주행환경을 인식, 목표지점까지 운행할 수 있는 자동차
로보어드바이저	Robot(로봇) + Advisor(투자전문가)의 합성어로서 로봇이 개인 자산의 운용을 자문하고 관리해주는 핀테크 시대 인공지능 자산관리 서비스
음성인식/통번역	자연어를 인식하는 인공지능 기반 통번역 시스템

참고자료

김병운. 2016. 「인공지능 동향분석과 국가차원 정책제언」. 한국정보화진흥원.
보안연구부. 2016. 「인공지능(AI) 개요 및 기술동향」. 금융보안원.

기출문제

114회 정보관리 인공지능으로 해결할 수 있는 문제의 특징을 기술하고, 문제해결 방법 중 균일비용탐색(Uniform Cost Search)과 A*알고리즘에 대하여 비교 설명하시오.

111회 정보관리 최근 기업들은 인공지능(AI) 콜센터를 구축하려고 한다. 인공지능 콜센터는 딥러닝(Deep Learning)을 적용한 인공지능 상담사가 고객과 대화하고 요청된 업무를 처리하는 시스템이다. 도입 시 적용 가능한 서비스를 인바운드, 아웃바운드, 녹취록 분석으로 구분하여 구현 방안을 제시하시오.

110회 정보관리 인공지능 산업 발전을 위한 (1) 촉진 관련 법제도, (2) 규제 관련 법제도를 기술하고, 현행 법제도의 문제점과 개선방안에 대하여 설명하시오.

108회 정보관리 인공지능의 특이점(Singularity)에 대하여 설명하고, 엑소브레인(Exobrain) 소프트웨어와 딥뷰(Deepview)의 개념과 기술 요소에 대하여 설명하시오.

99회 응용 인공지능의 실현을 위하여 기계학습(Machine Learning) 분야에서 다양하고 활발한 연구가 진행되고 있다.

   (1) 기계학습의 정의 및 기본 알고리즘을 설명하시오.

   (2) 기계학습을 학습데이터의 제공방식에 따라 분류하고, 해당 유형별로 학습기술 또는 알고리즘을 설명하시오.

   (3) 기계학습을 무인운전장비 개발에 적용하고자 할 때, 이에 대한 구현방법을 설명하시오.

1-3

클라우드 기술 및 동향

클라우드가 점차 확산됨에 따라 멀티클라우드, 클라우드 네이티브, 인터클라우드 등 대두
되는 기술의 흐름을 살펴보고, 국내외 정책 동향 및 기업 동향에 대하여 살펴보도록 한다.

1 클라우드 개요

1.1 클라우드 컴퓨팅의 개념

인터넷상의 서버를 통해 데이터 저장, 콘텐츠 사용 등 IT 관련 서비스를 사
용할 수 있는 컴퓨팅을 말한다. 구름과 같이 무형의 형태로 존재하는 컴퓨
팅 자원을 자신이 필요한 만큼 빌려 쓰고 사용요금을 지급하는 방식 Pay-
per-use 의 컴퓨팅 서비스로 서로 다른 물리적 위치에 존재하는 컴퓨팅 자원을
IaaS Infrastructure as a Service, PaaS Platform as a Service, SaaS Software as a Service 가상
화 기술로 통합하여 제공한다. IT 자원을 이용자가 직접 소유 및 관리하는
기존의 방식과 달리 이용자가 필요한 IT 자원을 인터넷을 통해 제공받아 소
유(클라우드 제공자)와 관리(이용자)를 분리하는 방식이다.

1.2 클라우드 컴퓨팅의 분류

클라우드 컴퓨팅은 서비스 유형 및 서비스 운용형태 등에 따라 다음과 같이
구분될 수 있다.

- 서비스 유형

  • 응용SW를 서비스로 제공하는 SaaS

  • SW 개발환경(플랫폼) 서비스를 제공하는 PaaS

  • ICT 인프라(서버, 네트워크, 스토리지 등) 서비스를 제공하는 IaaS

- 서비스 운용 형태

  • 기관 내부적으로 구축/이용하는 Private Cloud

  • 외부 사업자의 서비스를 활용하는 Public Cloud

  • Private Cloud(보안성), Public Cloud(비용절감/민첩성)을 조합한 하이
    브리드

구분		주요 특징
서비스 유형	SaaS (Software as a Service)	- 이용자가 원하는 소프트웨어를 임대/제공하는 서비스 - 예: 지메일 등이 포함된 Google G Suite, 네이버의 Works Mobile 서비스 등
	PaaS (Platform as a Service)	- 이용자에게 소프트웨어 개발에 필요한 플랫폼을 임대/제공하는 서비스 - 예: Samsung SDS Enterprise Cloud, 아마존 AWS 등
	IaaS (Infrastructure as a Service)	- 이용자에게 서버, 스토리지 등의 하드웨어 자원만을 임대/제공하는 서비스 - 예: Samsung SDS Enterprise Cloud, 아마존 AWS, 마이크로소프트 Azure 등
서비스 운용형태	Private Cloud	기업 및 기관 내부에 클라우드 서비스 환경을 구성하여 내부자에게 제한적으로 서비스를 제공하는 형태
	Public Cloud	불특정 다수를 대상으로 하는 서비스로 여러 서비스 이용자가 이용하는 형태
	Hybrid Cloud	퍼블릭 클라우드와 프라이빗 클라우드 결합 형태(공유를 원하지 않는 일부 데이터 및 서비스에 대해 프라이빗 정책을 설정하여 서비스를 제공)

2 클라우드 기술동향

2.1 멀티클라우드 Multi Cloud

멀티클라우드는 두 개 이상의 Public Cloud를 혼합하여 제공되는 클라우드 환경을 의미한다. 이런 사용 패턴은 기업이 단일 Public Cloud 서비스 업체에 대한 의존성을 줄이려고 하거나 특정 서비스를 각 Public Cloud에서 선택하여 각각 최고의 서비스만 맞춤형으로 사용하려고 하거나 이 두 가지 이점을 모두 얻기 위해 대두되고 있는 클라우드 환경이다.

이러한 멀티클라우드를 선점하기 위해 글로벌 클라우드 기업들은 최선의 노력으로 기술개발을 추진하는 상황이며, 멀티클라우드를 위한 주요 기능 및 요소 기술을 살펴보면 다음과 같다.

2.1.1 멀티클라우드 vs 하이브리드 클라우드

멀티클라우드와 하이브리드 클라우드는 그럼 무슨 관계일까? 일각에서는 이 두 용어를 혼용하기도 하지만 의미는 확실히 다르다. 하이브리드클라우드는 Private Cloud(기업 내부의 IDC에 클라우드를 자체 구축한 클라우드 환경)와 Public Cloud를 혼합하여 구축한 클라우드 환경을 의미한다. 만약 Priavate Cloud와 두 개 이상의 Public Cloud를 함께 사용한다면 이것 역시 멀티클라우드이다.

HybridStack
Cloud Native 기술기반으로 Hybird & Multi 클라우드 중앙관리, PaaS 엔진 자동설치/관리(모니터링, 로깅), DevOps를 활용한 애플리케이션(컨테이너 이미지) 자동설치 및 소스코드 수정 없이 Appl./DB 자동 마이그레이션 기술을 제공하는 기술/프로젝트

유스케이스	설명	주요기능 및 요소기술
Multi Cluster Management	- Hybrid & Multi Cloud 중앙관리 - IaaS/PaaS 엔진 자동 설치 및 관리(모니터링, 로깅)	- CMP(Cloud Management Platform) - HybridStack, Cluster/Pod Provisioning - 인증 및 권한관리 - DNS/로드밸런싱 관리
Multi Cluster Auto Scaling	- 사용량 분석데이터 기반 예측/과금 및 비용 최적화 - Cluster Node 자동확대 및 자동축소(컨테이너 Scaling 확대 및 축소)	- K8s(Kubernetes) Cluster 생성, 수정, 삭제, 업그레이드 및 Auto Scaling - Rancher 등 오픈소스 솔루션 기반 Custer Scale In/Out
Multi Cloud Migration	소스코드 수정 없이 Application, Middleware, Database 등 자동 이동(클라우드사업자 간)	- Cluster Node Discovery 및 Migration Planning - 컨테이너 및 NW 마이그레이션 - 애플리케이션, 미들웨어 및 데이터 마이그레이션(Envoy 등 오픈소스활용 Migration 실행)

※ HybridStack 기반으로 DevOps를 활용한 Appl.(컨테이너 이미지) 자동설치 가능

2.1.2 프래그머틱 하이브리드 클라우드

프래그머틱 하이브리드 클라우드Pragmatic Hybrid Cloud란 전통적인 기업 데이터 센터와 Public Cloud를 연계한 환경을 의미한다. 이는 많은 기업이 Private Cloud에 한계를 체감하여 기존 데이터센터를 Public Cloud와 조합할 방법을 고민하면서 등장했다. 한마디로 On Premise IDC + Multi Public Cloud 조합 환경이다.

2.2 클라우드 네이티브Cloud Native

클라우드 네이티브는 클라우드 컴퓨팅 제공 모델의 이점을 활용하는 애플리케이션 구축 및 실행 접근 방법이다. 클라우드 네이티브의 핵심은 애플리케이션을 어떻게 만들고 배포하는지에 있으며 위치는 중요하지 않다. 클라우드 네이티브는 기업 내 데이터센터와 달리 애플리케이션이 컨테이너화되어 Public 클라우드에 위치함을 암시한다. 2015년 리눅스 재단은 클라우드 네이티브 재단CNCF: Cloud Native Computing Foundation라는 이름의 조직을 출범하였으며, CNCF가 정의하는 클라우드 네이티브는 의미가 조금 더 좁다. CNCF에서 정의하는 클라우드 네이티브란 컨테이너화되는 오픈소스 소프트웨어 스택을 사용하는 것을 의미한다. 여기에서 애플리케이션의 각 부분은 자체 컨테이너에 패키징되고 동적 오케스트레이션을 통해 각 부분이 적극적으로 스케줄링 및 관리되어 리소스 사용률을 최적화하며, 마이크로서비스 지향성을 통해 애플리케이션의 전체적인 민첩성과 유지 관리 편의성을 높인다.

클라우드 네이티브 앱 개발에는 일반적으로 DevOps, Agile 방법론, 마이크로서비스, 클라우드 플랫폼, 쿠버네티스 및 도커와 같은 컨테이너, 지속적 제공/배포가 포함된다. 간단히 말해 새롭고 현대적인 모든 애플리케이션 배포 방법이 사용된다. 따라서 플랫폼 서비스PaaS 모델을 사용하는 편이 가장 바람직하다. 필수는 아니지만 PaaS를 사용하면 여러 가지가 훨씬 더 쉬워진다. 클라우드 고객의 대다수는 기반이 되는 하드웨어에서 앱을 추상화하는 데 도움이 되는 인프라 서비스IaaS로 시작한다. 그러나 PaaS는 부가적인 계층을 추가해서 기반 OS를 추상화하므로 기업은 OS 호출에 대해 신경쓸 필요 없이 앱의 비즈니스 논리에 온전히 집중할 수 있다.

클라우드 네이티브가 되기 위한 조건에는 동적 ICT인프라, 자동화/오케스트레이션, 가상화, 컨테이너화, 마이크로서비스 아키텍처, 관찰 가능성을 포함한 다양한 측면이 있다. 모든 요소는 새로운 작업 방식을 의미하며, 이는 새로운 방식을 배우면서 과거의 습관을 버리는 것을 의미하기에 챌린지를 갖고 신중하게 진행하는 것이 필요하다.

2.3 인터클라우드 Intercloud

둘 이상의 클라우드 서비스 제공자 간의 상호 연동을 가능하게 하는 클라우드이다. 복수의 클라우드 서비스 제공자 간의 클라우드 서비스 또는 자원을 연결 및 연계하여 사용자의 요구에 따른 클라우드 서비스의 연동 및 컴퓨팅 자원의 동적 할당하는 기술을 기반으로 제공된다. 넓은 의미로 클라우드의 클라우드란 의미가 있는데 네트워크의 네트워크가 인터넷인 것과 같은 맥락이다. 단일 클라우드 서비스가 제공할 수 없는 서비스 요청이 들어왔을 때 다른 클라우드 서비스의 인프라에서 필요한 자원을 가져다 서비스하는 필요성에 의해 더욱 대두되었다. 단일 클라우드 서비스의 물리적 자원 한계를 극복하고, 중소 전문 클라우드 서비스 및 제공업체의 경쟁력 향상을 위한 목적이다.

인터클라우드는 주로 3가지 형태 중 하나로 제공된다.
- Intercloud Peering(대등접속)
  • 두 클라우드 서비스 제공자 간의 직접 연계
- Intercloud Federation(연합)
  • 클라우드 서비스 제공자 간의 자원 공유를 기본으로 사용자의 클라우드 사용 요구량에 따라 동적 자원 할당을 지원하여 논리적인 하나의 서비스 제공
- Intercloud Ediary(중개)
  • 복수의 클라우드 서비스 제공자 간의 직간접적 자원 연계 및 단일 서비스 제공자를 통한 중개 서비스 제공

3 클라우드 동향

미국 IT 시장조사업체 가트너에 따르면 전 세계 Public 클라우드 서비스 시장은 2016년 2092억 달러에서 연평균 16.3% 성장하여, 2020년에는 3833억 달러에 이를 것으로 예상된다고 한다. 이러한 확대되는 시장을 선점하기 위한 각국의 정책과 기업 동향을 살펴보도록 하자.

3.1 클라우드 정책 동향

3.1.1 해외 동향
- 미국: '클라우드 퍼스트 정책Cloud First Policy, 2012'을 발표하고 공공부문의 우선 도입/주도를 기반으로 클라우드 서비스의 민간 확산을 추진하고 있다. 이와 더불어 클라우드 보안정책FedRAMP: The Federal Risk and Authorization Management Program을 추진하여 클라우드 서비스의 활성화를 추진하고 있다.
- 영국: 'G-Cloud 계획'(2009)을 발표하고 클라우드 이용 활성화를 위해 공공조달 거버넌스 구축(2011), 클라우드 서비스 조달 시스템 '클라우드 스토어'를 개설(2012)하는 등 공공 부문 클라우드 이용을 촉진하고 있다.
- 중국: 클라우드 실현을 위한 6대 핵심전략(2015)을 수립하고 '클라우드 컴퓨팅 발전 3년 행동 계획(2017~2019)'을 통해 제4차 산업혁명에 대응하는 핵심기술 발전 기반의 클라우드 선진화 노력에 만전을 다하고 있다. 중국 최대 전자상거래업체 알리바바는 2009년 알리바바 클라우드를 설립하고 세계 IaaS 시장에서 아마존(44.1%), MS(7.1%)에 이어 3%의 점유율로 3위를 차지하고 있다.

3.1.2 국내 동향
- 국내: 2015년 9월 28일 '클라우드컴퓨팅 발전 및 이용자보호에 관한 법률(클라우드 발전법)' 제정 이후, 2016년 클라우드 발전 기본계획 및 클라우드 컴퓨팅 산업 육성 추진 계획 등 공공부문 중심으로 클라우드 산업 육성 및 관련 생태계 구축을 위한 제도적 기반 조성에 주력하고 있다. 하지만 세계 최초로 클라우드 컴퓨팅법 제정 등 제도적/정책적 기반을 구축했는데도 실질적으로 브랜드 인지도 있는 클라우드 전문기업, 인력 부족 및

FedRAMP
클라우드 제품 및 서비스 보안 평가, 인증 및 지속적 모니터링을 표준화하는 보안인증체계

클라우드 스토어
클라우드 전용 앱스토어로 공공기관들이 클라우드 컴퓨팅 서비스를 더 손쉽게 구매할 수 있도록 돕는 일종의 원스톱 쇼핑 시스템

6대 핵심전략
클라우드 서비스 공급 능력강화(민간 클라우드 발전), 기업 혁신역량 제고, 전자정부 발전, 빅데이터 개발 및 이용 강화, 클라우드 인프라시설 구축, 안전보장 강화

민간 클라우드 이용/활성화를 위한 법적 근거는 미비한 것이 현실이다. 이뿐만 아니라 '클라우드 서비스 인증제', '클라우드 서비스 정보보호 안내서'등을 제안/추진하였으나, 상대적으로 미국, 일본 등에 비해 보안정책에 대한 신뢰성이 부족한 것으로 평가되어 이 부분에 대한 보안책 마련이 필요할 것으로 보인다.

3.2 클라우드 기업 동향

3.2.1 해외 동향

- 아마존: 2002년 아마존은 IaaS의 대표 서비스인 AWS Amazon Web Service를 시작으로 세계 클라우드 서비스의 강력한 시장 지배자로 자리매김하였다. AWS는 전체 인프라형 클라우드 시장에서 44.1%의 점유율을 확보했으며 이는 AWS를 제외한 나머지 10위권 내 기업의 점유율을 합친 것보다 2배 이상 많은 수치인 것으로 조사되었다. AWS는 국내를 포함해 전세계에 리전(클라우드 서비스 제공을 위한 복수의 데이터센터)을 확충하며 서비스 지역을 지속 확대 중에 있어 향후 시장점유율은 더욱 높아질 전망이다.
- 마이크로소프트: 2010년 Azure(애저) 서비스를 론칭하고 윈도우즈, MS 오피스 등 전통적인 제품/시장 지배력과 연계하여 클라우드 시장에 진입하였으며, AWS를 따라잡기 위해 지속적인 노력을 기울이고 있다. 2017년 기준 7.1% 점유율로 AWS에 이어 글로벌 점유율 2위를 기록하고 있다.
- IBM: SoftLayer를 인수하면서 2013년에 클라우드 서비스를 제공하기 시작하였으며, IBM의 다양한 IT자원을 활용하고 있다. 인공지능 시스템인 Watson과 PaaS를 기반으로 기상예측, 언어분석 등 머신러닝 서비스를 제공하고 있다. 과거 IaaS(소프트레이어), PaaS(블루믹스)처럼 기능별로 브랜드 명칭을 구분하던 것에서 IBM Cloud 브랜드로 통일되었다.

3.2.2 국내 동향

- 삼성SDS: 삼성 관계사를 대상으로 축적한 클라우드 경험 및 기술력을 바탕으로 Samsung SDS Enterprise Cloud 솔루션을 출시하였으며, 2018년 대외 클라우드 사업을 본격 추진하고 있다. 글로벌 12개 데이터센터에 클

라우드 인프라를 구축하였으며, 춘천에 SDDC Software Defined Data Center를 구축하고 있다. 강력한 시스템 및 데이터 보안 체계가 구축되었으며, 컨설 팅부터 전환, 운영까지 End-To-End 서비스 역량을 바탕으로 고객에게 최 적의 강력한 클라우드를 제공하고 있다. 특히 다양한 IaaS/PaaS 클라우드 통합 관리 플랫폼인 CMP Cloud Management Platform을 완성하였고, 멀티클라 우드를 자유롭게 제공하는 HybridStack 기반의 솔루션 제공을 추진하고 있다. 제공되는 상품은 서버, 네트워크 등 72종이며 99.99~99.999% 가 용성을 보장한다. 멀티클라우드 관리는 GOV Global One View 솔루션을 통해 기업 내 모든 클라우드 자원 및 비용의 통합 정보를 제공하고 데이터/사 용량을 자동으로 분석하여 최적의 상품을 추천할 수 있다.

- NHN: Naver 그룹사 대상으로 인프라, 보안, IDC 및 클라우드 서비스를 제공하고 대외 Public 클라우드 서비스를 제공하고 있다. NBP Naver Business Platform 솔루션을 바탕으로 서버, 네트워크 등 74종의 상품을 제공 하고 있으며 99.95% 가용성을 보장한다. 대내 클라우드는 네이버 그룹사 대상 클라우드 전환 및 서비스에 중점을 두고 있으며, 대외는 게임 및 의 료 중심으로 클라우드 사업을 확대하고 있다.

4 시사점 및 결론

제4차 산업혁명 시대 필수 인프라 환경으로 언제 어디서나 손쉽게 대량의 데이터를 저장/관리 및 활용/분석을 가능하게 하는 클라우드 서비스는 미래 초연결사회의 핵심 기반 기술로 중요하다. 향후 클라우드 서비스의 유통, 다른 산업으로의 활용 및 적용분야 확장에 따라 서비스 다변화가 기대된다. 정보보안 및 보호기술에 대한 우려로 민간 부문에서의 이용률이 저조하므 로 국내 실정에 맞는 정보 보안정책을 통해 민간 부문에서의 이용률 확대방 안 마련이 필요할 것으로 보인다. 우리나라의 세계 최고 수준의 ICT 기술을 활용하여 국내 기업의 글로벌 클라우드 시장 진입 및 확대 추진이 필요할 것이다.

참고자료

융합연구정책센터. 2018. 「클라우드 시장 및 정책동향」.

≪디지털데일리≫. 2018. "멀티 클라우드'시대 본격화 되나".

강원영. 2018. 「최근 클라우드 컴퓨팅 서비스 동향」(한국인터넷진흥원).

블록체인 기술 및 동향

블록체인기술은 초연결과 초지능으로 정의되는 제4차 산업혁명을 이끌 핵심기반기술로 주목받고 있다. 세계경제포럼에서는 2025년까지 전 세계 GDP의 10%가 블록체인 기반 기술에서 발생할 것으로 전망하고 있다. 블록체인의 기술과 국내외 동향에 대하여 살펴 보도록 하자.

1 블록체인의 등장

블록체인기술은 초연결Hyper-Connectivity과 초지능Super Intelligence 으로 정의되는 제4차 산업혁명을 이끌 핵심기반기술로 주목받고 있다. 세계경제포럼에서는 2025년까지 전 세계 GDP의 10%가 블록체인 기반기술에서 발생할 것으로 전망하고 있다. 블록체인Blockchain 은 네트워크 내의 모든 참여자가 공동으로 거래 정보를 검증하고 기록, 보관함으로써 공인된 제3자 없이도 거래 기록의 무결성 및 신뢰성을 확보하는 기술이다. 2008년 「비트코인: P2P 전자화폐 시스템Bitcoin: A Peer-to-peer Electronic Cash System」 논문 발표 후 비트코인이 확산되면서 여기에 적용된 블록체인 기술이 각광받고 있다.

블록체인은 공공 거래장부로서 분산 데이터베이스와 유사한 형태로 거래 내역 데이터를 저장하는 헤더Header 와 바디Body 로 구성된 구조체 리스트로서, 10분마다 모든 사용자에게 업데이트하여 만든 거래내역을 블록이라고 하며, 전체 거래장부는 블록체인이라고 한다. 작업증명은 채굴Mining 을 통해 인센티브를 받고 여기에서 생긴 블록에 담긴 거래 내용을 암호화하고 그 해

시값을 다음 블록으로 전달한다. 이후 각 사용자들은 해당 블록에 대해 유효성 검증을 수행한 후 합의(노드의 51% 이상)를 통해 블록으로 승인하게 된다.

최근 공인인증서 이슈부터 모바일 결제서비스, 인터넷 전문 은행의 개설 등 폭발적으로 여러 서비스들이 등장하고 있다. 특히 정보통신 기술혁신으로 PC와 스마트폰을 이용한 온라인 거래 및 기술이 보편화되면서 기술 경제 측면을 넘어서 사회적 측면까지 영향을 미치기 시작하고 있다. 블록체인의 대표적인 비즈니스 모델인 비트코인을 시작으로 다양한 기술적 발전을 이루며 계속 개발되고 있으며 최근 블록체인 2.0을 필두로 기술의 문제점을 보완하며 발전해가고 있다.

2 블록체인 기술의 이해

2.1 블록체인 기술 개요

블록체인이란 네트워크 내의 모든 참여자가 공동으로 거래 정보를 검증하고 기록, 보관함으로써 공인된 제3자 없이도 거래 기록의 무결성 및 신뢰성을 확보하는 분산원장기술Distributed Ledger Technology이다. 이는 거래내역이 담긴 원장(장부)을 중앙집중형 중개기관이 관리하는 것이 아니기에 기존의 관리방법 및 구현기술과는 달리 탈중앙화를 지향한다는 점에서 근본적인 차이가 있다.

기존 전자금융거래	블록체인 기반 전자금융거래
- 중앙 집중형 구조 - 중앙서버가 거래내역 관리	- 분산형 구조 - 거래내역이 모든 네트워크 참여자에게 공유

블록체인은 해시Hash, 전자서명Digital Signature, 암호화Cryptography 등의 보안 기술을 활용한 분산형 네트워크 인프라를 기반으로 다양한 응용서비스를 구현할 수 있는 구조를 가지고 있다. 분산장부는 네트워크에 속한 모두와 공유된 암호화되고 변경할 수 없는 거래기록의 리스트로 접근 권한이 있는 자는 거래에 대해 언제든 조회가 가능하며 허가가 필요 없는 공공장부, 허가된 개

별 장부, 허가된 공공장부로 구성된 분산 장부는 규제되지 않은 자금의 전송과 형성 시에 문제가 된다. 블록체인은 비트코인 및 기타 토큰과 같은 가치교환거래가 순차적인 블록단위로 분류된 형태의 분산 장부이며, 각 블록은 기존 블록과 연결되며 암호 메커니즘을 기반으로 Peer-to-peer 네트워크를 통해 지속적으로 기록된다. 이러한 블록체인과 분산장부는 미들웨어, 데이터베이스, 보안, 분석/AI, 금융 등을 아우르는 기술과 과정의 융합체로서 산업작동 모델을 구현하고 금융거래, 재산거래와 같은 중요한 데이터를 삭제할 수 없도록 제어하는 등 업계의 경영모델을 변화시킬 가능성을 가지고 있다.

디지털의 발행Digital Currency, 유통, 거래가 주기능이었던 기존의 블록체인 1.0은 기존의 한계를 극복하고 다양한 영역으로의 확장을 목표로 하는 블록체인 2.0, 블록체인 3.0으로 진화, 발전해나가고 있다.

2.2 블록체인 기술적 특징

블록체인은 익명성을 바탕으로 탈중앙화에 기반이 되어 있다 보니 장점과 단점이 공존하며, 주요 기술 특징에 따른 장점, 단점을 살펴보면 다음과 같다.

항목	장점	단점
익명성	- 개인정보 수집 및 요구 불필요 - 기존 지급 수단 대비 높은 익명성	불법 거래대금 결제, 비자금 조성 및 탈세 가능할 수 있음
P2P	- 공인된 제3자 없이 P2P 거래 가능 - 불필요 수수료 절감	문제 발생 시 책임소재 모호
확장성	- 공개된 소스에 의해 확장 용이 - IT 구축비용 절감	결제처리 가능 거래건수가 실제 경제 거래규모 대비 미약
투명성	- 모든 거래기록에 공개 접근 가능 - 거래 야성화 및 규제 비용 절감	- 거래 내역이 공개되어 원칙적으로 모든 거래 추적 가능 - 완벽한 익명성 보장이 어려울 수 있으며 조합에 의한 재식별 가능
보안성	- 장부를 공동으로 소유(무결성) - 보안관련 비용 절감	- 개인키의 해킹, 분실 등의 경우 일반적으로 해킹방법 없음 - 기밀성 제공하지 않음
시스템 안정성	- 단일 실패점이 존재하지 않음 - 일부 오류의 전체 영향 미미	- 채굴이 대형 마이닝 풀에 집중 - 실시간, 대용량 처리의 어려움

2.3 블록체인기반 거래절차

블록체인을 이용하여 거래를 수행할 때 거래원장의 복사본이 네트워크 구성원들에게 분산되며, 새로운 거래가 발생할 때마다 구성원들이 해당거래를 인증하게 된다. 블록체인기술은 거래정보를 분산저장하므로 해킹 등의 사이버공격에 대해 안전하며 중앙통제 없이 거래가 진행되므로 거래수수료를 최소화할 수 있다. 아래에서 볼 수 있듯이 ① A가 B에게 송금하려고 하는 경우, ② 해당 거래정보는 온라인상에서 '블록'에 저장된다, ③ 해당 블록정보는 네트워크 구성원 모두에게 전파되며, ④ 구성원들은 해당 거래의 유효성을 승인한다(과반수 등), ⑤ 승인된 거래는 새로운 블록으로 기존의 블록체인에 연결되고, ⑥ A에서 B로 실제 자금이 이동하게 된다.

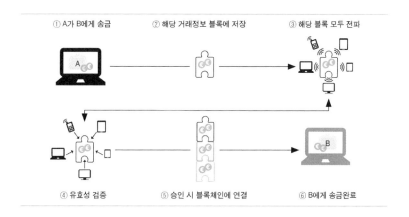

① A가 B에게 송금 ② 해당 거래정보 블록에 저장 ③ 해당 블록 모두 전파
④ 유효성 검증 ⑤ 승인 시 블록체인에 연결 ⑥ B에게 송금완료

2.4 블록체인의 유형

블록체인은 참여 네트워크의 성격, 범위 등에 따라 여러 가지 형태가 존재하고 사용 용도에 맞게 응용이 가능하다. 크게 퍼블릭 블록체인, 컨소시엄 블록체인 및 프라이빗 블록체인으로 구분된다.

항목	퍼블릭 블록체인	컨소시엄 블록체인	프라이빗 블록체인
관리주체	모든 거래 참여자(탈중앙화)	컨소시엄 소속 참여자	중앙기관이 권한 소유
거버넌스	한 번 정해진 법칙을 변경하기 어려움	참여자들 합의의 따라 법칙 변경 가능	중앙기관 의사결정에 따라 변경 가능
거래속도	네트워크 확장 어렵고 거래 속도 느림	네트워크 확장 용이 및 거래 속도 빠름	네트워크 확장이 매우 용이하며, 거래 속도 빠름
데이터 접근	누구나 접근 가능	허가받은 사용자만 접근 가능	허가받은 사용자만 접근 가능
식별성	익명성	식별 가능	식별 가능
거래 증명	PoW, PoS 등 알고리즘 기반한 거래증명자가 결정되며, 거래증명자가 누구인지 사전에 인지하지 못함	거래증명자가 인증을 거쳐 알려진 상태이며, 사전에 합의된 규칙에 따라 거래검증 및 블록생성이 이루어짐	중앙기관에 의하여 거래증명이 이루어짐
활용 사례	비트코인	R3 CEV	링크(Linq) *나스닥 비상장 거래소

2.5 블록체인의 진화(블록체인 1.0/ 2.0/ 3.0)

블록체인 과학연구소 설립자인 멜라니 스완Melanie Swan에 따르면 블록체인 패러다임은 크게 3단계로 나뉜다. '블록체인 1.0' 단계는 디지털 화폐, 즉 블록체인이 비트코인을 통해 통화, 화폐로서 사용되어 활용되는 단계로 분권화, 탈중앙화, 투명성을 제공하고 본격적인 디지털 통화시대를 개막한 단계이다. 한계점으로는 금융 등 한정적인 분야에서만 활용되었고 낮은 확장성, 느린 거래속도로 실시간 거래에 불편함이 있었으며 합의도출이 어려운 의사결정 시스템 구조라는 점이다.

항목	블록체인 1.0	블록체인 2.0	블록체인 3.0
개요	통화/화폐로서의 블록체인	스마트 계약 플랫폼 제공	의사 결정 및 업무 영역 확대
주요특징	공개분산원장, 합의 알고리즘	스마트 계약을 통합 지능화 및 다양한 비즈니스 활용 가능한 분산 애플리케이션 DApp.	내부 의사결정 기능 탑재 및 사회 전반에 블록체인 적용 환경 제공(정부, 운송, 의료, 사회, 문화 등)
대표 암호화폐	비트코인	이더리움	이오스, 에이다

이보다 진보한 '블록체인 2.0' 단계는 스마트 계약을 중심으로 금융과 경제 산업 전반에 걸쳐 혁신 도구로 블록체인 기술이 활용되는 단계이다. 거래나 계약에 있어서 국가나 정부와 같이 중앙집권적인 조직이나 중개기관,

개인 등 제3자의 개입 없이 계약을 프로그램 코딩으로 제공하고, 조건 충족 시 거래가 자동 실행되도록 '신뢰'를 구현하였다. 또한 분산 애플리케이션 DApp.을 통해 다양한 비즈니스에 적용하여 활용할 수 있게 하였다. 하지만 이러한 '블록체인 2.0'의 발전에도 불구하고 플랫폼 내 자체 의사결정 기능 의 미비로 하드포크 발생 이슈나 블록의 트랜잭션 용량 제한, 처리 속도 지 연 등은 여전히 문제점으로 남아 있다.

마지막 '블록체인 3.0' 단계는 사회 전반에 기술이 적용되는 상황으로 현 재 월드와이드웹이나 모바일 인터넷을 당연하게 쓰는 것처럼 생활 패턴이 자연스러워지고 사회 전체에 또 한 번 변화를 가져올 것이다. 또한 처리시 간 지연에 대한 문제점을 해결하기 위해 합의 알고리즘의 변화, DAG Directed Acrylic Graph를 기반으로 한 분산장부관리 기술의 등장과 하드포크 방지를 위 해 블록체인 내 자체 의사결정 합의 기능을 탑재한 Cardano 플랫폼의 대두 등 기술적 기능도 향상되고 있다.

3 블록체인 동향

3.1 블록체인 관련 국내외 주요 동향

- 국내: 금융위원회 주도의 공동 블록체인 컨소시엄을 출범하여 국내 16개 주요 은행과 블록체인 제도화 연구 진행 및 과학기술정통부 주도의 블록 체인 연구센터 설립을 추진 중이다.
- 미국: 나스닥 주식거래 시스템에 블록체인 기술 도입 및 연방준비은행FRB 주도의 블록체인 기반 지급결제 시스템 개발과 금융거래에 적용할 수 있 는 플랫폼을 개발 중이다.
- 일본: 블록체인 오픈소스 커뮤니티Scry.info 출범 등 정부 주도의 블록체인 시장 활성화 정책을 추진 중이며, 블록체인을 활용한 재해측정시스템, 식 품유통시스템 등 다양한 분야로 확장 중이다.
- 중국: 제13차 5개년 국가 정보화 계획 내 블록체인을 포함시키는 등 블록 체인 활성화 정책을 추진 중이며 정부-민간 블록체인 단지(33조 원 투입예 정) 및 중국 암호화폐 개발을 추진 중이다.

- 러시아: 러시아 연방 등록 서비스 내 블록체인 기반의 거래 시스템을 추진하고 러시아 은행 주도의 블록체인 기반의 금융 플랫폼을 개발 중이다.
- 유럽연합: 2015년 비트코인을 공식 화폐로 인정함과 동시에 부가가치세 면제를 진행하였고, 유럽 중앙은행 주도의 블록체인 개발과 규제 완화를 지속·추진하고 있다.
- 에스토니아: 국가차원의 블록체인망을 구성하여 주민, 건강, 금융, 선거 등의 블록체인 플랫폼 서비스를 시행 중에 있다.

3.2 블록체인 관련 기업 동향

3.2.1 해외 동향
- 마이크로소프트: 기업들이 각 사의 니즈에 맞게 블록체인 기술을 수용할 수 있도록 비즈니스 플랫폼 구축 서비스Enterprise Smart Contract를 제공하고, '코넬 블록체인 연구 그룹'에 합류하여 분산원장 기반 시스템, 암호화, 프로그래밍 등 관련 연구를 활발하게 진행 중이다.
- IBM: 약 400개의 블록체인 기술 활용 사례를 보유하고 있으며, 대표적으로 중국 돼지고기 유통 시스템에 블록체인을 접목한 사례가 있다. 또한 블록체인 관련 기술 및 아이디어 체험이 가능하도록 IBM 블록체인 연구소를 뉴욕에 오픈하였으며, 런던, 도쿄, 싱가포르에도 확장하여 유럽 및 아시아 지역 금융시장 투자를 강화할 예정이다.

3.2.2 국내 동향
- 삼성SDS: 2015년 IBM과 제휴를 통해 블록체인 기술을 도입하고, 기업용 블록체인 플랫폼인 '넥스레저Nexledger'를 자체 개발하였으며 삼성카드 디지털신분증, 지급결제 등에 적용하고, 삼성SDI 전자계약시스템 등 적용하였다. 2017년에는 관세청, 해양수산부 등과 함께 '해운물류 블록체인 컨소시엄'을 발족하였으며 지속적인 블록체인 비즈니스를 확대 중에 있다.
- 카카오: 2017년 카카오페이 인증(개인정보 수집 동의, 신용정보 조회 동의, 보험청약 등)에 블록체인 기술을 적용하였으며 2017년 10월 자회사 업비트를 통한 거래소에 진출하였다.

- SK C&C: 물류 관련 정보를 실시간 공유할 수 있는 블록체인 기반 물류 서비스 개발 및 시범 적용 테스트를 실시하고 있다.
- LG CNS: 2017년 블록체인 컨소시엄 R3와 협력하여 블록체인 사업을 시작할 예정이며, R3가 개발한 '코다CORDA'를 국내 실정에 맞게 변경하여 금융권에 보급할 계획이다.
- 스타트업: 국내 주요 스타트업으로 코인플러그(블록체인 기반의 비트코인 거래소), 코빗(비트코인 거래소), 스트리미(블록체인 기반 외환소액 송금서비스), 블로코(금융 블록체인 플랫폼 공급) 등이 있다.

4 블록체인 비즈니스 적용 가능 분야

4.1 금융 분야

은행, 증권 등 금융 분야에서 제공하는 증권 거래, 청산 결제, 송금 등의 금융 서비스를 블록체인을 활용하여 개발 중이다.

분야	분야 설명 및 사례
증권 거래	- 거래 플랫폼 제공, 스마트계약 기능기반 시스템 개발 - (관련 기업) Kraken, BitShares, T0.com, DXMarkets, Mirror 등
청산 결제, 송금	- 정부의 감사, 규제 내에서 거래 관리, 다양한 통화 및 암호화폐 지원 메커니즘, 플랫폼 개발 - (관련 기업) Clearmatics, SETL, ABRA, Balde, BitGo 등
투자/대출	- 투자자(벤처캐피탈, 엔젤투자, 크라우드 펀딩 등)와 스타트업 기업을 연결시켜 투자금 확보를 위한 플랫폼 제공 - (관련 기업) Funderbeam, WeiFund, MoneyCircles, Loanbases 등
상품 거래소	- 블록체인기반 거래 플랫폼으로 자산과 금융상품 거래 제공 - (관련 기업) Lykke, Counterparty 등
무역 금융	- 무역거래 시 이용되는 문서(계약서, 신용장 등)의 위변조 방지, 처리절차 간소화 등 블록체인 기반 활용 - (관련 기업) Skuchain, wave 등
관리(규정 등)	- 금융 업무(예: 송금) 수행 시 규정 준수 여부를 블록체인을 이용하여 모니터링 할 수 있도록 활용 - (관련 기업) IdentityMind 등

4.2 비금융 분야

비금융 분야의 경우 신원관리, 공증, 소유권 증명, 투표 등과 같은 범용적으로 이용될 수 있는 기술을 개발하는 데 블록체인을 활용할 수 있다.

분야	분야 설명 및 사례
신원관리	- 디지털 신원 정보를 블록체인에 저장하고, 신원확인, 데이터 유효성, 활용 분석 등 디지털화된 신원 정보 관리 기능 제공 - (관련 기업) BlockScore, Chinalysis, Onename, Eliptic 등
수송/운송	- GPS를 이용하여 차량의 움직임으로 토큰을 생성(Proof-of-Movement)하고, 다른 차량을 이용할 때 생성된 토큰을 활용하도록 수송/운송 플랫폼 제공 - (관련 기업) La'Zooz 등
전자투표	- 신뢰성 및 투표 메커니즘을 제공하여 선거 시스템 투명성 제공 - (관련 기업) Blockchain Technologies 등
보안	- 상품의 위변조, 접근권한, 기기 관리 등 화이트리스트 기반의 정보관리 기능을 블록체인 기반으로 제공 및 활용 - (관련 기업) Chronicled, Slock.it, Filament 등
공증/소유권	- 분쟁 소지(문서 위변조 등) 억제를 위해 블록체인에 저장하고, 검증, 인증, 사기탐지 등의 연동 기술기반으로 활용 - (관련 기업) Stampery, Block Notary, Colu, Everledger 등
유통	- 상품, 재고 관리 등의 전산화, 중개기관을 대체하는 플랫폼 제공 - (관련 기업) pey, Gyft, Purse, Provenance 등
전력거래	- 독립적 생산된 친환경 에너지를 개인 간 거래할 수 있는 플랫폼을 블록체인으로 제공하고, 스마트계약을 활용하여 보증 - (관련 기업) RWE 등
사물인터넷	- 사물인터넷 플랫폼에 블록체인, 스마트계약 등을 적용하여 기기 간의 신뢰된 연결, 결제 등과 연계한 서비스 활용 - (관련 기업) IBM 등
클라우드	- 클라우드 서비스에 블록체인 서비스 개발, 운영이 가능하도록 활용 - (관련 기업) Mirosoft 등
스토리지	- 데이터를 분산하여 저장하는 기술에 블록체인 활용 - (관련 기업) MaidSafe, Storj 등

5 시사점

블록체인 기술은 금융 분야에서 출발하였지만, 제조, 서비스 등 다양한 산업 분야에 적용 가능한 혁신적인 기술이다. 현재 원천 기술 개발 및 비즈니스 플랫폼 적용 등 활용 기업이 점점 증가하고 있으며 정부에서도 블록체인 기반 시범사업을 추진하면서 거래비용 절감, 관리 효율화, 정보의 신뢰도 제고 등 블록체인 장점 기반 활용 가능성에 대한 선행 검토를 추진하고 있다. 세계미래보고서에 따르면 금융업계의 블록체인 서비스가 완성되는 시기에는 기업 간 거래 비용, 즉 수수료가 10분의 1 수준으로 줄어들 것으로 예상된다고 한다.

블록체인이 활용될 수 있는 분야는 금융, 자산관리 스토리지, 인증, 물류,

콘텐츠, 의료, IoT, 공공 부문 등 블록체인 기술이 적용 가능한 모든 부문이다. 제조, 물류 부문에서는 삼성SDS Nexledger 등 블록체인을 활용한 비즈니스 플랫폼이 이미 개발되었으며, 블록체인 기술 관련 R&D에 선도적인 기업에서는 이를 활용한 비즈니스 영위 및 관리 프로세스 개선을 수행하고 있는 상황이다. 향후 이러한 움직임은 더욱 가속화될 것이며 제조 부문의 물품 추적관리, 거래기록 관리, 신뢰도 높은 재무 데이터 수집 기반 법인/부문 단위 관리 프로세스 개선 등에 적용될 수 있을 것이다.

이러한 상황에 경쟁력 있는 추진을 위해서는 블록체인 기술을 활용한 비즈니스 운영 플랫폼 구축 및 신규 비즈니스 영역 창출에 대한 원천기술 개발, 선진 기업 벤치마킹 등 기업들의 체계적 검토가 필요할 것이다. 또한 개방형으로 발전을 도모해야 본래 블록체인 기술의 장점을 최대한 활용할 수 있으므로 실행과정에 필요한 일련의 규칙에 합의해야 하는 사회공동체 차원의 공감대 형성과정이 필요할 것이다. 더불어 블록체인을 도입하고 구축하는 데 전자금융거래법, 전자금융감독규정 등의 현행 규정을 기반으로 금융 및 다른 산업에 융합을 위한 거시적 관점의 분석을 통해 법/제도적, 표준화 등 대안을 마련하는 정책적 방안도 함께 검토하며 발전적으로 추진되어야 할 것이다.

 참고자료

강승준. 2018. 「블록체인 기술의 이해화 개발 현황 및 시사점」. NIPA.
방태웅(융합연구정책센터). 2018. 「4차산업혁명의 기반기술, 블록체인」
박정호. 2018. 「블록체인 산업 현황 및 동향」. NIPA.
한국예탁결제원 박지영. 2018. 「진화하는 가치플폼, 블록체인 3.0」.
조주현(포스코경영연구원). 2017. 「블록체인이 기업의 경쟁력을 바꾼다」.

O2O

O2O란 온라인(online)과 오프라인(offline)이 결합하는 현상을 의미하는 말이며, 최근에는 주로 전자상거래 혹은 마케팅 분야에서 온라인과 오프라인이 연결되는 현상을 말하는 데 사용된다. 스마트폰이 널리 보급되면서 온라인과 오프라인의 경계선이 흐려졌다. 전화기만 꺼내 들면 언제 어디서나 인터넷을 사용할 수 있기 때문이다. 우리는 이미 O2O세상에 살고 있다. 오프라인 택시에 온라인 기술을 결합한 Uber는 기존 택시서비스의 영역을 일반인이 자신의 자동차까지 택시로 활용할 수 있도록 하여 오프라인 세상을 변화시키고 있다. O2O는 고객 만족도 측면에서 차원이 다른 경쟁력을 얻는다. 우리는 O2O가 변화시키는 시장과 기업 경쟁력을 이해하고 전략에 대해 준비할 필요가 있겠다.

1 O2O 개요

O2O Online-To-Offline는 ICT 기술을 기반으로 온라인을 통해 고객을 유치하여 오프라인으로 소비자를 유도하는 비즈니스 또는 서비스를 말한다. O2O라는 용어는 2010년 IT 분야 온라인 매체 ≪Tech Crunch≫가 소셜커머스의 성장세를 주목해 처음으로 언급한 개념이다.

O2O 비즈니스의 유형은 크게 기존 사업영역의 확장, 플랫폼 기반 서비스로 나눠볼 수 있다. 기존 Online사업에서 오프라인 매장으로 확장하거나,

O2O 비즈니스 유형	설명	사례
사업영역의 확장	- 온라인 → 오프라인 사업영역의 확대 - 온라인 기능을 활용한 이벤트, 할인쿠폰 제공	아마존, 알리바바
	- 오프라인 → 온라인 사업영역의 확대 - 오프라인 매장의 QR코드 등으로 사이트 방문 유도	롯데백화점, SK텔레콤, 이마트
플랫폼 기반 서비스	기존 플랫폼 기반 사업자의 O2O서비스	카카오, 네이버
	여러 회사의 정보와 서비스를 모아주는 플랫폼 기반 Aggregator	에어비엔비(Airbnb), 우버(Uber)

구분	소비자 관점 장점	설명
Online	정보 획득 용이	스마트폰 검색, SNS추천
	실시간 구매	온라인 구매 후 오프라인 매장 방문 즉시 제품 수령
	저렴한 가격	오프라인 대비 저렴한 가격, 온라인 이벤트, 쿠폰 등 비용절감
	간편한 결제	모바일 결제, 핀테크 등을 통해 간단 결제 기능 활용
Offline	제품의 확인	온라인 검색제품을 오프라인 방문하여 직접 확인 가능
	대기 시간 감소	온라인 주문/결제로 오프라인 매장 방문 즉시 제품 수령
	혜택의 증가	오프라인 매장 근접 시 다양항 쿠폰 및 양질의 정보 발송
	사후 관리 용이	제품 교환, 반품, 환불 등 기존 온라인의 불편 해소 가능

반대로 오프라인 매장인 백화점 사업 중심에서 온라인 몰로 확장한 사례가 기존 사업영역의 확장 유형이 되겠다. 카카오나 네이버와 같이 기존 플랫폼 중심 사업에서 숍 예약 및 드라이버 등과 같은 오프라인 연계 사업으로 확장한 사례는 플랫폼 기반 서비스 유형이 되겠다.

O2O의 장점은 가격 비교를 통해 저렴한 가격으로 상품을 구매할 수 있는 온라인과 상품을 직접 눈으로 보고 즉시 구매할 수 있는 오프라인 특성을 모두 활용할 수 있다는 것이다. 기업관점의 장점은 사업영역의 확대, 고객 데이터 통합 획득을 통한 타깃 마케팅 등을 들 수 있다.

구분	기업 관점 장점	설명
Business	Start Up 기회	- 아직 시장 초기이며 다양한 사업에 적용 가능, 진입 용이 - 다양한 오프라인 기업들과 제휴 통해 사업 영역 확대
	사업영역 확대	운송, 패션, 숙박, 관광 등 다양한 사업 분야에서 성장기회
	플랫폼 비즈니스	여러 사업자들을 연결하는 플랫폼 비즈니스 중심으로 진화
Cost	비용 절감	- 고객 접점의 통합관리를 통해 운영비용의 절감 - 오프라인 매장의 광고비용, 고객유지비용 절감 가능
	수익 증대	작은 공급자들이 모여 큰 수익을 내는 롱테일형 사업 등장
Marketing	데이터의 획득	소비자 및 매장 관련 정보 손쉽게 DB화, 지속적인 고객관리
	타깃 마케팅	- 온라인 회원정보, 매장 구매정보 등 통해 타깃 마케팅 - 위치 정보 등으로 Proximity Marketing을 통해 고객 방문 유도
Service	고객 가치 제공	DB회원 정보를 통해 개인 맞춤형 서비스의 제공 가능
	Killer service 제공	- 비콘, NFC 등을 활용한 모바일 결제 및 상품정보 제공 - 온/오프라인 포인트 연동, 쿠션/이벤트 등의 제공

2 O2O 주요 기술

O2O 주요 기술은 위치 인식을 기반으로 고객 정보를 송수신하는 방식이다. 보안성이 우수하며 one-to-one 통신기반의 NFC, 저렴한 가격의 one-to-many 통신이 가능한 비콘 등 다양한 방식이 활용되고 있다.

구분	내용	활용 영역
비콘 (Beacon)	BLE(Bluetooth Low Energy)를 활용하여 50~70m 정도까지 신호를 감지할 수 있는 근거리 위치 인식 기술	비콘 범위 내의 소비자에게 마케팅 활용
지오펜싱 (Geo-Fencing)	GPS기술을 활용하여 실제 지형에 구획된 가상의 울타리를 생성하는 기술	– 상권 내의 영역설정 – Zone 진입 시 쿠폰, 이벤트 등 정보서비스 제공
와이파이 (wifi)	와이파이 접속화면을 통해 앱 설치 없이도 매장으로 끌어들일 수 있는 정보 전달	위치기반 서비스
BLE	저전력 블루투스 4.0으로 스마트폰에 탑재되어 비콘, PAN(Personal Area Network) 활성화	– 스마트 기기 기반의 서비스 활용 – 실내에서 GPS 대비 정교한 위치 파악 가능
LBS	무선 인터넷 사용자에게 사용자의 변경된 위치에 따른 특성정보를 제공하는 서비스	위치 기반의 맞춤형 광고
NFC	10cm 이내의 근거리 통신 기술	음식주문, 단말 간 결제, 헬스케어, 교통 등 모바일 서비스

3 O2O 관련 트렌드

구분	내용
온디맨드 서비스 (On-Demand Service)	수요자들이 원하는 서비스를 원하는 시간에 제공하는 서비스
옴니채널 (Omni-Channel)	소비자가 온/오프라인 등 다양한 경로를 넘나들며 상품을 검색 및 구매할 수 있도록 하는 서비스
네트워크 효과 (Network Effect)	사람들이 한 시장에서 선점된 기술을 의례적으로 사용하는 것
쇼루밍 (Showrooming)	오프라인에서 제품을 살펴본 후 실제 구매는 저렴한 온라인에서 하는 것
역 쇼루밍 (Reverse Showrooming)	온라인에서 제품 정보를 획득, 비교한 후 구매는 오프라인 매장에서 하는 것
공유경제 (Sharing Economy)	한 번 생산된 제품을 여럿이 공유해 쓰는 협업 소비를 기본으로 한 경제 방식

O2O 관련 주요 트렌드는 앞의 표와 같다. 특히, O2O와 옴니채널의 주요 차이로 O2O는 새로운 영역으로 사업을 확장하는 반면, 옴니채널은 기존 기업을 보유하고 있는 채널을 통합하고 유기적으로 연결하는 채널 통합전략을 의미한다고 할 수 있다.

O2O에 따른 채널별 특징과 패러다임의 변화는 다음 그림과 같다.

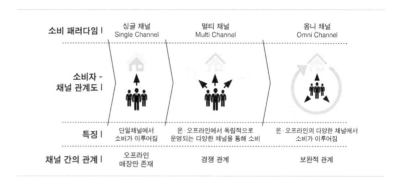

소비 패러다임	싱글 채널 Single Channel	멀티 채널 Multi Channel	옴니 채널 Omni Channel
소비자 - 채널 관계도			
특징	단일채널에서 소비가 이루어짐	온·오프라인에서 독립적으로 운영되는 다양한 채널을 통해 소비	온·오프라인의 다양한 채널에서 소비가 이루어짐
채널 간의 관계	오프라인 매장만 존재	경쟁 관계	보완적 관계

4 O2O 전략

O2O서비스를 활용하는 기업은 고객 만족 측면에서 경쟁력을 갖는다. 고객 만족을 얻기 위한 O2O 전략을 고찰해보자. 먼저 연결편의성을 제공함으로써 고객이 어떤 채널로 접근하더라도 하나의 경험으로 느끼도록 옴니채널 전략을 수립한다. 둘째, 즉시성을 제공하여 고객이 어디에 있든지 원하는 시간에 서비스를 바로 제공해주어야 한다. 내가 살고 있는 지역의 헤어디자이너를 연결하여 소비자가 원하는 시간과 장소로 찾아가게 하는 서비스를 예로 들 수 있겠다. 셋째, 문제가 일어나기 전에 미리 알아서 해결해주는 예측서비스이다. 사물인터넷을 통해 빅데이터를 구성하고, 빅데이터를 통해 고객 분석을 한다.

O2O 사업을 성공적으로 수행하기 위한 전략 수립 시 다음을 고려해야 한다. 첫째, 소비자의 경험을 디자인해야 한다. 소비자는 O2O를 통해 제품이 제공하는 경험과 질을 중요시한다. 즉, 제품과 접촉을 통해 새로운 경험을 하려는 것이다. 둘째, 기업 간 협업모델을 개발하여 소비자들에게 맞춤형 서비스를 제공해야 소비자들의 눈높이를 맞출 수 있게 되었다. 갈수록 높아

지는 소비자들의 기대치를 한 기업의 노력만으로는 역부족인 시대이다. 셋째, 연결의 질을 높여야 한다. 서비스를 제공하는 사람의 자질을 증명해야 서비스로 연결될 수 있다. 서비스를 이용하는 사람들에게 투명하게 정보를 공개하여 서비스 이용에 불안감을 없애야 한다. O2O의 장점은 인간과 인간의 소통 강화에 있다.

 참고자료
국립 중앙 과학관(http://www.science.go.kr/).
박진한. 2016. 『O2O』. 커뮤니케이션북스.

지은이 소개

삼성SDS 기술사회는 4차 산업혁명을 선도하고 임직원의 업무 역량을 강화하며 IT 비즈니스를 지원하기 위해 설립된 국가 공인 기술사들의 사내 연구 모임이다. 정보통신 기술사는 '국가기술자격법'에 따라 기술 분야에 관한 고도의 전문 지식과 실무 경험을 바탕으로 정보통신 분야 기술 업무를 수행할 수 있는 최상위 국가기술자격이다. 국내 ICT 분야 종사자 중 약 2300명(2018년 12월 기준)만이 정보통신 분야 기술사 자격을 가지고 있으며, 그중 150여 명이 삼성SDS 기술사회 회원으로 현직에서 활동하고 있을 정도로, 업계에서 가장 많은 기술사가 이곳에서 활동하고 있다. 삼성SDS 기술사회는 정보통신 분야의 최신 기술과 현장 경험을 지속적으로 체계화하기 위해 연구 및 지식 교류 활동을 꾸준히 해오고 있으며, 그 활동의 결실을 '핵심 정보통신기술 총서'로 엮고 있다. 이 책은 기술사 수험생 및 ICT 실무자의 필독서이자, 정보통신기술 전문가로서 자신의 역량을 향상시킬 수 있는 실전 지침서이다.

1권 컴퓨터 구조

오상은 컴퓨터시스템응용기술사 66회, 소프트웨어 기획 및 품질 관리

윤명수 정보관리기술사 96회, 보안 솔루션 구축 및 컨설팅

이대희 정보관리기술사 110회, 소프트웨어 아키텍트(KCSA-2)

2권 정보통신

김대훈 정보통신기술사 108회, 특급감리원, 광통신·IP백본망 설계 및 구축

김재곤 정보통신기술사 84회, 데이터센터·유무선통신망 설계 및 구축

양정호 정보관리기술사 74회, 정보통신기술사 81회, AI, 블록체인, 데이터센터·통신망 설계 및 구축

장기천 정보통신기술사 98회, 지능형 건축물 시스템 설계 및 시공

허경욱 컴퓨터시스템응용기술사 111회, 레드햇공인아키텍트(RHCA), 클라우드 컴퓨팅 설계 및 구축

3권 데이터베이스

김관식 정보관리기술사 80회, 전자계산학 학사, Database, 기업용 솔루션, IT 아키텍처

윤성민 정보관리기술사 90회, 수석감리원, ISE

임종범 컴퓨터시스템응용기술사 108회, 아키텍처 컨설팅, 설계 및 구축

이균홍 정보관리기술사 114회, 기업용 MIS Database 전문가, SDS 차세대 Database 시스템 구축 및 운영

4권 소프트웨어 공학

석도준 컴퓨터시스템응용기술사 113회, 수석감리원, 데이터 아키텍처, 데이터베이스 관리, IT 시스템 관리, IT 품질 관리, 유통·공공·모바일 업종 전문가

조남훈 정보관리기술사 86회, 수석감리원, 삼성페이 서비스 및 B2B 모바일 상품 기획, DevOps, Tech HR, MES 개발·운영

박성훈 컴퓨터시스템응용기술사 107회, 정보관리기술사 110회, 소프트웨어 아키텍처, 저서 『자바 기반의 마이크로서비스 이해와 아키텍처 구축하기』

임두환 정보관리기술사 110회, 수석감리원, 솔루션 아키텍처, Agile Product

5권 ICT 융합 기술

문병선 정보관리기술사 78회, 국제기술사, 디지털헬스사업, 정밀의료 국가과제 수행

방성훈 정보관리기술사 62회, 국제기술사, MBA, 삼성전자 전사 SCM 구축, 삼성전자 ERP 구축 및 운영

배홍진 정보관리기술사 116회, 삼성전자 및 삼성디스플레이 HR SaaS 구축 및 확산

원영선 정보관리기술사 71회, 국제기술사, 삼성전자 반도체, 디스플레이 및 해외·대외 SaaS 기반 문서중앙화서비스 개발 및 구축

홍진파 컴퓨터시스템응용기술사 114회, 삼성

SDI GSCM 구축 및 운영

6권 기업정보시스템
곽동훈 정보관리기술사 111회, SAP ERP, 비즈니스 분석설계, 품질관리

김선득 정보관리기술사 110회, 수석감리원, 기획 및 관리

배성구 정보관리기술사 107회, 수석감리원, 금융IT분석설계 개선운영, 차세대 프로젝트

이채은 정보관리기술사 61회, 전자·제조 프로세스 컨설팅, ERP/SCM/B2B

정화교 정보관리기술사 104회, 정보시스템감리사, SCM 및 물류, ERM

7권 정보보안
강태섭 컴퓨터시스템응용기술사 81회, 정보보안기사, SW 테스트 수행 관리, 코드 품질 검증

박종락 컴퓨터시스템응용기술사 84회, 보안 컨설팅 및 보안 아키텍처 설계, 개인정보보호 관리체계 구축, 보안 솔루션 구축

조규백 정보통신기술사 72회, 빅데이터 기반 보안 플랫폼 구축, 보안 데이터 분석, 외부 위협 및 내부 정보 유출 SIEM 구축, 보안 솔루션 구축

조성호 컴퓨터시스템응용기술사 98회, 정보관리기술사 99회, 인공지능, 딥러닝, 컴퓨터비전 연구 개발

8권 알고리즘 통계
김종관 정보관리기술사 114회, 금융결제플랫폼 설계·구축, 자료구조 및 알고리즘

전소영 정보관리기술사 107회, 수석감리원, 데이터 레이크 아키텍처 설계·구축·운영 및 컨설팅

정지영 정보관리기술사 111회, 수석감리원, 디지털포렌식, 통계 및 비즈니스 서비스 분석

지난 판 지은이(가나다순)
전면2개정판(2014년) 강민수, 강성문, 구자혁, 김대석, 김세준, 김지경, 노구율, 문병선, 박종락, 박종일, 성인룡, 송효섭, 신희종, 안준용, 양정호, 유동근, 윤기철, 윤창호, 은석훈, 임성웅, 장기천, 장윤호, 정영일, 조규백, 조성호, 최경주, 최영준

전면개정판(2010년) 김세준, 김재곤, 나대균, 노구율, 박종일, 박찬순, 방동서, 변대범, 성인룡, 신소영, 안준용, 양정호, 오상은, 은석훈, 이낙선, 이채은, 임성웅, 임성현, 정유선, 조규백, 최경주

제4개정판(2007년) 강옥주, 김광혁, 김문정, 김용희, 김태천, 노구율, 문병선, 민선주, 박동영, 박상천, 박성춘, 박찬순, 박철진, 성인룡, 신소영, 신재훈, 양정호, 오상은, 우제택, 윤주영, 이덕호, 이동석, 이상호, 이영길, 이영우, 이채은, 장은미, 정동곤, 정삼용, 조규백, 조병선, 주현택

제3개정판(2005년) 강준호, 공태호, 김영신, 노구율, 박덕균, 박성춘, 박찬순, 방동서, 방성훈, 성인룡, 신소영, 신현철, 오영임, 우제택, 윤주영, 이경배, 이덕호, 이영길, 이창율, 이채은, 이치훈, 이현우, 정삼용, 정찬호, 조규백, 조병선, 최재영, 최정규

제2개정판(2003년) 권종진, 김용문, 김용수, 김일환, 박덕균, 박소연, 오영임, 우제택, 이영근, 이채은, 이현우, 정동곤, 정삼용, 정찬호, 주재욱, 최용은, 최정규

개정판(2000년) 곽종훈, 김일환, 박소연, 안승근, 오선주, 윤양희, 이경배, 이두형, 이현우, 최정규, 최진권, 황인수

초판(1999년) 권오승, 김용기, 김일환, 김진홍, 김홍근, 박진, 신재훈, 엄주용, 오선주, 이경배, 이민호, 이상철, 이춘근, 이치훈, 이현우, 이현, 장춘식, 한준철, 황인수

한울아카데미 2131

핵심 정보통신기술 총서 6
기업정보시스템

지은이 삼성SDS 기술사회 ┆ **펴낸이** 김종수 ┆ **펴낸곳** 한울엠플러스(주) ┆ **편집** 박준혁

초판 1쇄 발행 1999년 3월 5일 ┆ **전면개정판 1쇄 발행** 2010년 7월 5일
전면2개정판 1쇄 발행 2014년 12월 15일 ┆ **전면3개정판 1쇄 발행** 2019년 4월 8일

주소 10881 경기도 파주시 광인사길 153 한울시소빌딩 3층
전화 031-955-0655 ┆ **팩스** 031-955-0656 ┆ **홈페이지** www.hanulmplus.kr
등록번호 제406-2015-000143호

ⓒ 삼성SDS 기술사회, 2019.
Printed in Korea.

ISBN 978-89-460-7131-5 14560
ISBN 978-89-460-6589-5(세트)

* 책값은 겉표지에 표시되어 있습니다.